出入境检验检疫行业标准汇编

食品、化妆品检验卷

化妆品检验

国家认证认可监督管理委员会　编

中国质检出版社
中国标准出版社

北　京

图书在版编目(CIP)数据

出入境检验检疫行业标准汇编. 食品、化妆品检验卷. 化妆品检验/国家认证认可监督管理委员会编. —北京：中国标准出版社，2012
ISBN 978-7-5066-6704-3

Ⅰ.①出… Ⅱ.①国… Ⅲ.①国境检疫:卫生检疫-行业标准-汇编-中国②化妆品-国境检疫-行业标准-汇编-中国 Ⅳ.①R185.3-65②TQ658-65

中国版本图书馆 CIP 数据核字(2012)第 020274 号

中国质检出版社
中国标准出版社 出版发行
北京市朝阳区和平里西街甲 2 号(100013)
北京市西城区三里河北街 16 号(100045)
网址:www.spc.net.cn
总编室:(010)64275323 发行中心:(010)51780235
读者服务部:(010)68523946
中国标准出版社秦皇岛印刷厂印刷
各地新华书店经销
*
开本 880×1230 1/16 印张 25.5 字数 699 千字
2012 年 6 月第一版 2012 年 6 月第一次印刷
*
定价 133.00 元

《出入境检验检疫行业标准汇编》

总编委会

《出入境检验检疫行业标准汇编　食品、化妆品检验卷》

编　委　会

序

检验检疫标准化工作始于上世纪二十年代末，由于进出口贸易的需要，品质检验机构开始制定部分商品的品质和检测方法标准。新中国成立后，为促进和规范我国商品进出口工作，国家规定进出口商品检验部门可制定外贸标准。1992年，为配合《中华人民共和国标准化法》的实施，进出口商品检验部门将原外贸标准和专业标准调整为进出口商品检验行业标准，代号SN。1998年，原国家进出口商品检验局、动植物检疫局和卫生检疫局“三检”合并，进出口商品检验行业标准随之更名为检验检疫行业标准。2001年底，国家质量监督检验检疫总局成立，检验检疫标准化工作整体划归国家认证认可监督管理委员会管理，由此开启了检验检疫标准化工作新篇章。

时光荏苒，不知不觉中检验检疫标准化工作已经走过了八十多个年头。2003年我曾主持编写了《出入境检验检疫行业标准汇编》，八年来，检验检疫标准化工作又有了长足的发展：行业标准数量从当初的1484项发展到现在的3181项；标准的质量也稳步提升，方法标准验证要求已比肩国际权威机构，规程标准也已开始向国际通行的合格评定程序靠拢；国际地位显著提升；标准制修订各个环节管理更加科学系统；与检验检疫业务和科技工作的联动机制逐渐成熟；检验检疫标准对检验检疫业务的覆盖日趋完善，检验检疫标准体系不断健全。今天，我非常高兴地看到检验检疫标准化工作不断推进，检验检疫行业标准再次修订汇编成册，作为检验检疫行政执法的技术依据，行业标准多年来在保国安民、服务外贸、服务质检事业发展等方面发挥着越来越重要的作用，成为检验检疫业务工作不可或缺的技术支撑。

作为一个在检验检疫部门工作了几十年的老兵，我衷心希望检验检疫标准化工作能够在继承和发扬老一辈优良作风和传统的基础上，站在国家和社会的高度，开拓创新，不断进取，持之以恒，再创辉煌；也祝愿检验检疫行业标准进一步提升国际地位，更好地为检验检疫业务工作服务，在严把国门、促进外贸，推动检验检疫事业科学发展方面做出更大贡献。

2011年9月

前　言

出入境检验检疫行业标准是检验检疫系统技术执法的主要依据，自1992年起，检验检疫系统已发布的行业标准达3753项，现行有效的3181项。一直以来，检验检疫行业标准受到了系统内外相关部门的普遍关注和使用。为了便于检验检疫技术执法，更好地服务外贸，也便于生产部门和相关单位的人员在工作中及时掌握、查找和使用检验检疫行业标准，组织出版《出入境检验检疫行业标准汇编》丛书，它在一定程度上反映了检验检疫行业标准化事业发展的基本情况和主要成就。

《出入境检验检疫行业标准汇编》是我国检验检疫行业标准化方面的一套大型丛书，按专业分类分别立卷。本套丛书收录了截至2011年7月1日前发布并有效的出入境检验检疫行业标准3181项，其中有36项标准因各种原因仅收录了标准名称。本套丛书由中国标准出版社陆续出版，分卷情况如下：

——动物检疫卷；

——纺织检验卷；

——化工品、矿产品及金属材料卷；

——机电卷；

——鉴定卷；

——轻工检验卷；

——食品、化妆品检验卷；

——卫生检疫卷；

危险品包装检验卷；

——植物检疫卷；

——管理卷。

本卷为食品、化妆品检验卷，收集了截至2011年7月1日批准发布的食品、化妆品检验方面行业标准1030项。食品、化妆品检验卷分为食品检验规程分册，食品检测通用方法、感官评审和一般理化检测方法分册，农药残留检测方法分册，兽药残留检测方法分册，生物毒素和有机污染物残留检测方法分册，生物污染物检测方法分册，无机元素和放射性元素及其他检测方法分册，化妆品检验分册。

化妆品检验分册内容包括：通用标准、检验方法标准和检测方法标准。

本汇编可供出入境检验检疫行业管理部门、科研机构、技术部门、出口企业的技术人员，各级出入境检验检疫局、检验机构、检测机构的相关人员使用。

编　者

2011年9月

目　录

通用标准

检验方法标准

检测方法标准

通用标准

中华人民共和国出入境检验检疫行业标准

SN/T 2287—2009

进出口化妆品HACCP应用指南

HACCP applied guidelines in cosmetics for import and export

2009-02-20 发布　　　　2009-09-01 实施

中华人民共和国
国家质量监督检验检疫总局　发布

前 言

本标准的附录 A 为资料性附录。

本标准由国家认证认可监督管理委员会提出并归口。

本标准起草单位：中华人民共和国广东出入境检验检疫局、中华人民共和国广州出入境检验检疫局、中华人民共和国厦门出入境检验检疫局。

本标准主要起草人：席静、张源、骆劲松、陈胜、陈胤瑜、周昱。

本标准系首次发布的出入境检验检疫行业标准。

进出口化妆品 HACCP 应用指南

1 范围

本标准规定了化妆品 HACCP 体系的建立、实施和保持的基本要求，适用于整个化妆品供应链-从初级(原料)生产到最终消费。

本标准所有要求都是通用的，适用于各种生产规模和产品类别的进出口化妆品企业。

2 规范性引用文件

下列文件中的条款通过本标准的引用而成为本标准的条款。凡是注日期的引用文件，其随后所有的修改单(不包括勘误的内容)或修订版均不适用于本标准，然而，鼓励根据本标准达成协议的各方研究是否可使用这些文件的最新版本。凡是不注日期的引用文件，其最新版本适用于本标准。

GB 5296.3 消费品使用说明 化妆品通用标签

GB 7916 化妆品卫生标准

GB/T 19538 危害分析与关键控制点(HACCP)体系及其应用指南

GB/T 22000 食品安全管理体系 食品链中各类组织的要求

3 术语和定义

下列术语和定义适用于本标准。

3.1

化妆品 cosmetics

是以涂抹、喷洒或其他类似方法，施于人体表面(如：表皮、毛发、指甲、口唇等)，起到清洁、保养、美化或消除不良气味作用的产品，该产品对使用部位可以有缓和作用。

3.2

危害 hazard

化妆品中所含有的对健康有潜在不利影响的生物、化学或物理性因素或化妆品存在的状态。

3.3

危害分析 hazard analysis

收集和评估有关的危害以及导致这些危害存在的资料，以确定哪些危害对化妆品安全有重要影响因而需要在 HACCP 计划中予以解决的过程。

3.4

关键控制点 critical control point，CCP

能够进行控制，并且该控制对防止、消除某一产品安全的危害或将其降低到可接受水平是必需的某一步骤。

3.5

HACCP 体系 hazard analysis and critical control point system

对产品安全有显著意义的危害加以识别、评估和控制的体系。

3.6

HACCP 小组 HACCP team

负责制定 HACCP 计划及组织实施的工作小组。

3.7

流程图　flow diagram

对某个特定产品加工或生产过程的所有步骤进行的连续性描述。

3.8

HACCP 计划　HACCP plan

依据 HACCP 原理制定的一套文件,用于确保在产品生产、加工、销售等流程各阶段与产品安全有重要关系的危害得到控制。

3.9

控制点　control point,CP

能控制生物、化学或物理因素的任何点、步骤或过程。

3.10

关键控制点判定树　CCP decision tree

通过一系列问题来判断一个控制点是否是关键控制点的组图。

3.11

控制措施　control measure

指能够预防或消除一个产品安全危害,或将其降低到可接受水平的任何措施和行动。

3.12

关键限值　critical limits

区分可接受和不可接受水平的标准值。

3.13

操作限值　operating limits

比关键限值更严格的,由操作者用来减少偏离风险的指标或参数。

3.14

偏离　deviation

未能符合关键限值。

3.15

纠正措施　corrective action

当监控表明偏离关键限值或不符合关键限值时所采取的程序或行动。

3.16

监控　monitor

为评估关键控制点(CCP)是否得到控制,而对控制指标进行有计划地观察或检测。

3.17

确认　validation

通过提供客观证据,采用除监控方法以外的其他方法、程序、检测和审核手段,对 HACCP 计划运行的符合性和有效性的认定。

3.18

验证　verification

用于确定 HACCP 计划是否正确运行所采用的除监控方法以外的其他方法、程序、检测和审核手段。

4　HACCP 原理

HACCP 计划包括以下 7 个原理:

——原理 1:进行危害分析;

——原理 2:确定关键控制点(CCP);
——原理 3:建立关键限值;
——原理 4:建立监控体系以监控每个关键控制点的控制情况;
——原理 5:建立当关键控制点失去控制时应采取的纠偏措施;
——原理 6:建立确认 HACCP 系统有效运行的验证程序;
——原理 7:建立有关上述原理及其应用的必要程序和记录。

5 制定 HACCP 计划的准备工作

5.1 组建 HACCP 工作小组

要求 HACCP 工作小组对化妆品的生产技术、加工工艺、产品特性、质量控制及安全管理了解。

HACCP 工作小组应熟悉企业情况及 HACCP 原理,并经过 HACCP 培训,具有必要的知识、经验和资格,能确认潜在不安全因素及危害程度,提出控制方法、监督程序和补救措施,在 HACCP 计划重要信息不完整的情况下,能提出解决办法。

HACCP 小组的成员应参加 HACCP 计划的制定、验证活动,确认危害分析和 HACCP 计划的完整性,确保建立、实施、保持和更新 HACCP 管理体系。

5.2 描述产品特性

HACCP 工作小组的首要任务是对实施 HACCP 系统管理的特定产品进行描述。描述内容包括:产品名称、原料及主要成分、理化性质、生产工艺、预期用途及消费人群(包括进口国家/地区,以及进口国对该化妆品的法规要求)、包装方式、标签内容、储存和运输要求等,必要时,提供有关化妆品安全的背景资料(例如:安全性评估资料)。

5.3 绘制流程图

流程图应对原辅料及包装材料采购验收、加工到产品销售、运输的各个步骤,作出完整、简明、清晰的描述,并为评价可能出现、增加或引入的危害提供基础,应包括:

a) 操作中所有步骤的顺序和相互关系;
b) 源于外部的过程和分包工作;
c) 原材料、辅料和半成品投入点;
d) 返工点和循环点;
e) 终产品、半成品和副产品放行点及废弃物的排放点。

5.4 获取信息

需要获取的信息:

a) 化妆品生产所需的原材料、辅料及包装材料清单;
b) 原材料、辅料进入生产的加工工艺及步骤;
c) 工艺控制的内容;
d) 原材料、半产品、产品在生产过程中的温度、时间、压力等工艺技术参数;
e) 产品的循环或再利用;
f) 高、低危害区的分隔;
g) 人流、物流的进出路线;
h) 可能存在的污染路线;
i) 消毒和清洗。

5.5 验证流程图

将生产流程图与实际过程进行比较分析,以验证流程图的准确性。经过验证的流程图应作为记录予以保持。

6 HACCP计划的制定和实施

6.1 危害分析

6.1.1 危害来源

6.1.1.1 生物危害

包括细菌、病毒及其毒素、寄生虫和有害生物因子。

6.1.1.2 化学危害

化学危害包括:天然的化学物质(如杂醇油等)、有意加入的化学品(如香精香料、防腐剂、色素添加剂、禁、限用物质)和生产过程中所产生的有害化学物质(如禁、限用物质、有毒有害物质)。

6.1.1.3 物理危害

任何通常不存在于化妆品中,会引起使用者疾病或损伤的物理学物质,如玻璃、金属、塑料等。

6.1.2 危害分析

HACCP工作小组列出危害分析工作单,并考虑对每一危害可采取哪种控制措施。

6.1.2.1 危害识别

HACCP工作小组在对产品成分、加工工艺和使用设备、最终产品及其贮藏和销售方式、预期用途和消费人群进行审查的基础上,列出每一步骤可能引入的潜在危害(生物的、物理的及化学的)。

6.1.2.2 危害评价

HACCP小组对潜在危害进行评价,确定应列入HACCP计划的显著危害。在危害评价时要考虑该危害在未予控制条件下发生的可能性和潜在后果的严重性。

6.1.2.3 控制危害的措施

在完成危害分析的基础上,列出用于控制危害的措施。控制某一特定危害可能需要一项以上的控制措施。另一方面,某项特定的控制措施也可以控制一个以上的危害。

6.2 确定关键控制点(CCP)并建立相应的关键限值

6.2.1 应用判定树的逻辑推理方法,确定HACCP系统中的CCP。

6.2.2 每个CCP会有一项或多项控制措施确保预防、消除已确定的显著危害或将其降低至可接受的水平。每一项控制措施要有一或多个相应的关键限值。关键限值的确定可以来源于科技文献、法规性指南、专家、试验研究等。用来确定关键限值的依据和参考资料应作为HACCP方案支持文件的一部分。关键限值所使用的指标一般应简单操作,便于量化,通常是一些理化指标(如温度、时间、pH值、香精、防腐剂及色素等添加剂的添加量)以及可简单量化的感官指标(如外观和气味等)。

6.3 建立CCP的监控系统

6.3.1 监控目的

监控系统应能及时发现在CCP上关键限值的失控。其目的是对加工过程进行跟踪,使关键限值有失控趋势时能采取措施,恢复到控制状态;确定CCP何时失控并发生偏离,如发生偏离则应及时采取纠偏行动;为HACCP计划的验证提供书面文件。

6.3.2 操作限值

操作限值是比关键限值更严格的限值,是操作人员用以降低偏离风险的标准。加工工序应当在超过操作限值时就进行调整,以避免违反关键限值。加工人员可以通过使用这些调整措施避免失控和避免采取纠偏行动,及早发现失控的趋势,并采取行动可以防止产品返工,或者造成产品报废,只有在超出关键限值时才采取纠偏行动。

6.3.3 监控内容

即通过观察和测量来评估一个CCP的操作是否在关键限值内。

6.3.4 监控方法

即如何进行监控关键限值和预防措施。监控措施应能够快速提供结果。通常来说理化检测手段比微生物检测进行的要快。常用的理化监测指标包括时间和温度组合、时间、温度和杀菌剂浓度组合(常用来监控杀死或控制微生物生长的有效程度)、pH 值(一定的 pH 值水平可限制微生物的生长)、感官检验(一种检测化妆品的直观方法)。

6.3.5 监控设备

例如温湿度计、钟表、天平、pH 计、化学分析设备等。监控设备应定期校准和检定,确保其准确性。

6.3.6 监控频率

监控可以是连续的或非连续的,如有可能,应采取连续监控。如果监测不是连续进行的,那么监测的数量或频率应确保关键控制点是在控制之下。

6.3.7 监控人员

监控人员包括:生产线上的操作人员、设备操作者、监督员、维修人员、质量保证人员等。负责监控 CCP 的人员应接受有关 CCP 监控技术的培训,完全理解 CCP 监控的重要性,能及时进行监控活动,准确报告每次监控工作,随时报告违反关键限值的情况以便及时采取纠偏活动。

6.4 建立纠偏措施

建立纠偏措施的目的是防止不安全的化妆品进入产品加工环节和消费领域,当关键限值发生偏离时,应采取纠偏行动。在 HACCP 计划中,对每一个 CCP 点都应预先建立相应的纠偏措施,以便在出现偏离时实施。纠偏措施应包括:

a) 纠正、消除产生偏离的原因,将 CCP 重新处于受控状态;
b) 隔离、评估和处理在偏离期间生产的产品。若经安全评估,发现危害处于可接受水平指标内,则可放行产品至后续操作,否则需要返工、重新加工、改作他用、销毁产品等;
c) 记录纠偏行动,包括产品确认(如:产品处理,留置产品的数量)、描述偏离、采取的纠偏行动(包括对受影响产品的最终处理)、采取纠偏行动人员的姓名、必要的评估结果。

6.5 产品的撤回

6.5.1 为能够并便于完全、及时地撤回被确定为不安全批次的终产品,HACCP 体系应建立、保持相应文件程序,以便:

a) 通知相关人员(如:政府部门、消费者);
b) 处理撤回产品及库存中受影响的产品。

6.5.2 撤回的产品在被销毁、改作他用,确定按原有(或其他)预期用途使用是安全的或为确保安全重新加工之前,应处于监控状态,并保留撤回原因、范围和结果的相关记录。HACCP 工作小组应对撤回方案的有效性加以验证并记录。

6.6 建立验证程序

通过验证、审查、检测(包括随机抽样检验),可确定 HACCP 是否有效运行。验证程序包括对 CCP 的验证和对 HACCP 体系的验证。

6.7 CCP 的验证

6.7.1 校准

CCP 验证活动应包括对监控设备的校准,以确保采取的测量方法的准确度。

6.7.2 校准记录的复查

复查设备的校准记录,设备检查日期和校准方法,以及实验结果。保存校准记录并加以复查。

6.7.3 针对性的采样检测

根据已确定的 CCP,定期(如每个生产班次)对原料、半成品及成品进行采样检测。

6.7.4 CCP 记录及纠偏措施记录的复查

HACCP 工作小组应对 CCP 记录及纠偏措施的记录予以定期复查,以确保 CCP 记录的准确性,及纠偏措施的可行性。

6.8 **HACCP体系的验证**

6.8.1 **验证频率**

验证频率应足以确认HACCP体系在有效运行。企业验证的频率可参照如下：

a) 验证活动的组织安排：每年至少一次或HACCP体系有变化时；

b) HACCP计划的首次确认：计划首次实施和执行中；

c) HACCP计划的随后确认：关键限值改变、加工过程发生显著变化、设备有明显改变，或出现新的显著危害时；

d) 对CCP监控的验证：按HACCP计划执行（如：1次/生产班次）；

e) 对监控、纠偏措施记录的审查：按HACCP计划执行（如：1次/月）。

6.8.2 **验证内容**

——检查产品说明和生产流程图的准确性；

——检查CCP是否按HACCP的要求被监控；

——监控活动是否在HACCP计划中规定的场所执行；

——监控活动是否按照HACCP计划中规定的频率执行；

——当监控表明发生了偏离关键限制的情况时，是否执行了纠偏措施；

——设备是否按照HACCP计划中规定的频率进行了校准；

——工艺过程是否在既定的关键限值内操作；

——检查记录是否准确和是否按照要求的时间来完成等。

6.9 **建立文件和记录档案**

HACCP体系的文件和记录内容应真实、准确，并得到有效保存。HACCP体系应保存的文件和记录应包括但不限于以下内容：

a) HACCP计划及支持性材料：应包括HACCP小组成员及其责任、建立和实施HACCP计划的前提方案，如GMP、SSOP情况、流程图等；

b) CCP监控记录及纠正措施记录：CCP监控记录为判断关键限值是否被违犯提供了一个有效途径。管理者定期审核记录可以确保CCP处于受控状态。它也为执法者判断一个公司是否有效的执行HACCP计划提供了原始依据。纠正措施记录有助于生产加工者识别、总结所发生的问题，以便于HACCP计划的完善。另外，纠正措施记录也为有问题产品的处理提供了证明；

c) 验证记录：包括对HACCP计划的修改说明、对供货方的审核记录、监控设备的校准记录、微生物、理化检测结果；包括对原料、半成品、成品、加工环境等、对设备的评估结果记录等。

6.10 **HACCP计划文件的更新**

制定HACCP计划后，必要时，组织应更新如下信息：

——产品特性；

——预期用途；

——流程图；

——过程步骤；

——控制措施。

必要时，应对HACCP计划以及程序和指导书进行修改。

6.11 危害分析及HACCP计划表示例参见附录A。

7 宣传与培训

由化妆品行业、政府部门和学术界对建立、实施及持续改进HACCP体系的人员进行HACCP培训，并由HACCP小组应负责对全体员工进行培训和宣传。培训的内容应至少包括前提方案、HACCP

原理、操作程序、CCP 监控、纠偏措施等。初级生产者、加工行业贸易集团、消费组织和主管机构之间的合作对于 HACCP 计划的宣传是至关重要的。

8 其他

HACCP 体系是针对具体的产品和生产工艺的，当生产工艺变化时，化妆品企业应对 HACCP 内容进行修改，并将实施 HACCP 和进行企业的基础设施、技术改造结合起来。

附　录　A
（资料性附录）
危害分析和 HACCP 计划示例——洗发水

A.1　工艺流程图

工艺流程图见图 A.1。

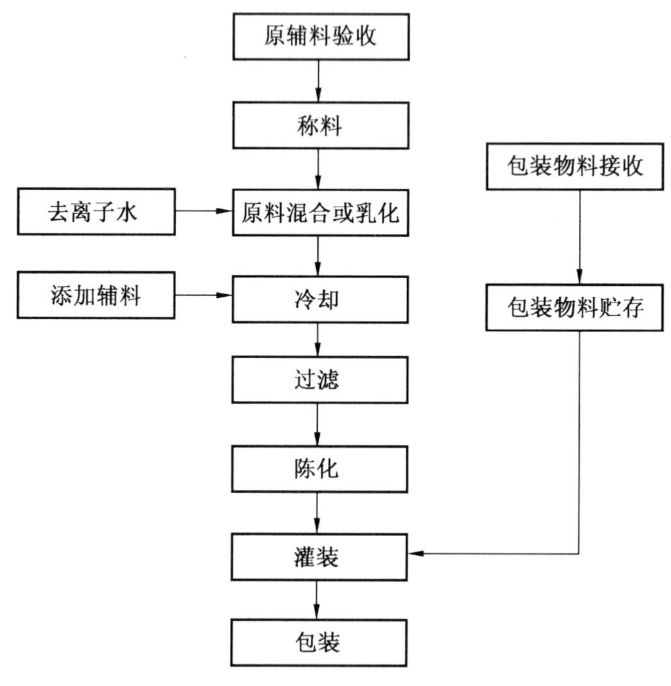

图 A.1　液洗类化妆品工艺流程图

A.2　危害分析工作单

危害分析工作单见表 A.1。

表 A.1　洗发水危害分析工作单

公司名：×××公司　　　　产品描述：乳白色不透明液体。

公司地址：×××　　　　储藏和分销的方法：常温通风、干燥、阴凉贮存。批发。

预期用途和消费者：液洗类化妆品

签名：　　　　日期：

(1) 加工步骤	(2) 确定潜在危害	(3) 是显著危害吗？ （是/否）	(4) 对(3)的判断的依据	(5) 采用什么预防措施来防治显著危害	(6) 这步是关键控制点吗？ （是/否）
原料验收	生物危害 致病菌、寄生虫	否	可能带有有害微生物。	混料及乳化过程中加入防腐剂，可抑制微生物生长。	否
	化学危害 农药、重金属	是	原料中可能存在农药残留，重金属超标的风险。	查验原料来源是否为既定的合格供方，并对原料进行定期检验。	是

表 A.1(续)

(1) 加工步骤	(2) 确定潜在危害	(3) 是显著危害吗? (是/否)	(4) 对(3)的判断的依据	(5) 采用什么预防措施 来防治显著危害	(6) 这步是关键 控制点吗? (是/否)
原料验收	物理危害 杂质	是	可能掺有土块、金属、塑料玻璃等颗粒杂质。	对原料品质加以控制,杂质不超 1%。后序过滤工序可除去颗粒杂质。	否
包装物料接收	生物危害 致病菌	是	包装材料在加工和运输过程中可能被微生物污染。	严格包装材料的采购程序,确定合格供应商,采购合格的内包装材料。并加强验收。	否
	化学危害 有害化学成分、重金属	是	加工材料不合格可能导致有害化学成分,重金属溶出。	采购合格的包装材料。	否
	物理危害 杂质	是	可能有金属、塑料、玻璃等碎屑脱落。	加强包装材料验收可以防止该问题的发生。	否
包装物料贮存	生物危害 致病菌	是	可能在贮存过程中受到微生物污染。	贮存地点应保持清洁、干燥,具有防虫、防霉、防鼠措施。	否
	化学危害 无				
	物理危害 无				
称料	生物危害 无				
	化学危害 重金属、禁限用物质	是	原辅料称量不准确,易造成产品重金属、禁限用物质超标。	严格按照产品技术要求添加色素、香料、防腐剂等辅料。	是
	物理危害 无				
去离子水添加	生物危害 致病菌	是	水中微生物超标可以对产品造成污染。	对生产用水进行灭菌处理,并检验合格后使用。	否
	化学危害 重金属	是	水质好坏可对产品质量稳定造成重要影响。	对生产用水进行去离子处理,检验合格后使用。	是
	物理危害 杂质	是	水中杂质过多可对产品质量稳定造成重要影响。	对生产用水进行过滤处理。	否
原料混合或乳化	生物危害 致病菌	是	添加防腐剂量不当,或灭菌温度控制不当,可能不能彻底杀灭细菌,造成杂菌生长风险。	严格按照技术要求添加防腐剂,温度达 70 ℃以上,确保抑菌效果。	否
	化学危害 无				
	物理危害 杂质	是	可能有金属、塑料、玻璃等杂质。	后序过滤工序可除去颗粒杂质。	否

表 A.1（续）

(1) 加工步骤	(2) 确定潜在危害	(3) 是显著危害吗？ （是/否）	(4) 对(3)的判断的依据	(5) 采用什么预防措施 来防治显著危害	(6) 这步是关键 控制点吗？ （是/否）
冷却	生物危害 无				
	化学危害 无				
	物理危害 无				
过滤	生物危害 无				
	化学危害 无				
	物理危害 杂质	是	可能有金属、塑料、玻璃等杂质。	采用合适的过滤装置可除去颗粒杂质。	否
陈化	生物危害 无				
	化学危害 无				
	物理危害 无				
灌装	生物危害 微生物	是	封口不严，可能有微生物污染的风险。	选择性能良好的灌装装置，由受过培训的操作人员检查产品灌装情况。	否
	化学危害 无				
	物理危害 无				
包装	生物危害 微生物				
	化学危害 无				
	物理危害 无				

A.3 HACCP 计划表

HACCP 计划表见表 A.2。

表 A.2 HACCP 计划表

公司名：×××公司　　产品描述：乳白色不透明液体。

公司地址：×××　　储藏和分销的方法：常温通风、干燥、阴凉贮存，批发。

预期用途和消费者：液洗类化妆品

签名：　　日期：

(1) CCP	(2) 显著危害	(3) 各种预防措施的关键限值	监控				(8) 纠偏措施	(9) 记录	(10) 验证
			(4) 监控什么	(5) 怎样监控	(6) 监控频率	(7) 谁来监控			
CCP1 原辅料验收	农药残留、重金属	符合原辅料品质要求	既定的合格供方证明	检查原辅料来源是否合格供方证明	每批	原辅料验收员	对来自非合格供方的原辅料，验收员拒绝收购。	CCP1 原辅料验收、检验监控记录、纠偏记录、CCP1 采样验证记录。	复核 CCP1 记录、纠偏记录，每月成品取样检测一个批次的农药和重金属残留。
CCP2 称料	重金属、禁限用物	符合产品混样技术要求	称料记录	称量工具	每批	操作工	严格按操作规程操作，并对未按规定进行称料的产品重新处理。	称料记录，校准记录、纠偏记录。	复核称料记录，定期校准。
CCP3 去离子水去除重金属	重金属	符合去离子水技术要求	重金属含量	仪器检验	每周	检测机构/企业实验室	重新去离子	检验记录、纠偏记录	复核记录

检验方法标准

中华人民共和国出入境检验检疫行业标准

SN/T 2286—2009

进出口化妆品检验检疫规程

Rules for the inspection and quarantine of cosmetics for import and export

2009-02-20 发布　　　　2009-09-01 实施

中华人民共和国国家质量监督检验检疫总局　发布

前　　言

本标准由国家认证认可监督管理委员会提出并归口。

本标准主要起草单位:中华人民共和国广东出入境检验检疫局。

本标准主要起草人:蔡纯、席静、李小丽、陆健。

本标准系首次发布的出入境检验检疫行业标准。

进出口化妆品检验检疫规程

1 范围

本标准规定了进出口化妆品(含原料、半成品、成品)的报检、抽样、检验检疫、合格评定、不合格品处置以及复验。

本标准适用于进出口化妆品(含原料、半成品、成品)的检验检疫。

2 规范性引用文件

下列文件中的条款通过本标准的引用而成为本标准的条款。凡是注日期的引用文件,其随后所有的修改单(不包括勘误的内容)或修订版均不适用于本标准,然而,鼓励根据本标准达成协议的各方研究是否可使用这些文件的最新版本。凡是不注日期的引用文件,其最新版本适用于本标准。

GB 5296.3 消费品使用说明 化妆品通用标签

GB/T 6678 化工产品采样总则

GB/T 6679 固体化工产品采样通则

GB/T 6680 液体化工产品采样通则

GB 7916 化妆品卫生标准

GB/T 7917 (所有部分)化妆品卫生化学标准检验方法

GB/T 7918 (所有部分)化妆品微生物标准检验方法

GB 7919 化妆品安全性评价程序和方法

化妆品卫生规范(卫生部)

进出口商品复验办法(国家质量监督检验检疫总局)

3 术语和定义

下列术语和定义适用于本标准。

3.1

化妆品 cosmetics

是以涂、擦、散布于人体表面任何部位(如表皮、毛发、指甲、口唇等)或口腔粘膜,以达到清洁、护肤、美容和修饰目的的产品。

3.2

成品 finished product

已完成所有生产加工过程,包括已完成销售包装过程的产品。

3.3

原料 raw material

化妆品生产过程中使用的所有投入物。

3.4

半成品 bulk product

已完成生产加工过程,未完成销售包装过程的产品。

3.5

检验批 inspection lot

以同一报检单的产品为一检验批。不同报检单中生产厂家相同、配方相同、加工工艺相同、生产批次(或日期)相同的产品也可作为一个检验批。

3.6

化妆品标签　labeling of cosmetics

粘贴、印刷在销售包装上或置于销售包装内的说明性材料。

3.7

格式版面　format

化妆品标签上所有标示内容。

3.8

符合性检验　inspection of conformability

对化妆品标签标示内容的真实性和准确性的检验。

4　报检

4.1　资料提供

4.1.1　进口

企业按《出入境检验检疫报检规定》等有关要求提供入境货物报检单、贸易合同/信用证、贸易发票、装箱单、提(运)单等单证及以下文件:

——进口化妆品卫生许可批件或备案证书、输出国或地区官方或授权机构出具的自由销售证明;

——销售包装化妆品的中文标签样张及外文标签的翻译件。列入免税范围的,可免除中文标签样张和外文标签的翻译件;

——进口《进境动植物检疫许可审批名录》内化妆品原料的企业应当按照规定办理检疫审批手续,提供《中华人民共和国进境动植物检疫许可证》或输出国或地区官方检疫证书;

——非销售用的展品,需提供主办(主管)单位出具的参展证明;

——测试用样品,属于企业自行测试使用的,须提供企业出具的检测用的书面声明;属于第三方检测机构使用的,须提供由检测机构出具的检测用证明;

——非销售用个人携带、邮寄化妆品,应提供不作为商业用途的书面保证;

——检验检疫机构要求的其他单证。

4.1.2　出口

企业按《出入境检验检疫报检规定》等有关要求提供出境货物报检单、贸易合同/信用证、贸易发票、装箱单等单证及以下文件:

——生产企业的工商营业执照、化妆品生产许可证(生产许可证主管部门规定可免予生产许可的出口化妆品生产企业除外)、化妆品生产企业卫生许可证、产品原料清单及配比;

——特殊用途化妆品,应提供国家认可的化妆品安全性评价机构和功效评价机构出具的安全性评价报告和功效评价报告;

——销售包装化妆品的外文标签样张和中文翻译件;

——检验检疫机构要求的其他单证。

4.2　资料审核

4.2.1　审核报检单填写内容是否完整;所附单证是否齐全;资料的一致性、有效性和真实性。

4.2.2　资料审核不符的,处理如下:

——报检单填写内容不清楚、不完整、不真实的,应由报检人重新填写或者补充、更正后受理;

——单证不全、可能影响实施检验检疫的,待单证齐全后受理;

——单证不全但不影响检验检疫的,可在受理报检的同时要求其补齐,在补齐所缺资料后,方可出证放行。

5 抽样

5.1 抽样要求

5.1.1 抽样环境应清洁、干燥。样品、抽样用具、样品容器等都不得受到环境污染。

5.1.2 抽样器具和样品容器应清洁、干燥、无异味，样品容器应密封性良好。

5.1.3 微生物检验的样品应在无菌环境下采用无菌技术采样。

5.1.4 微生物、理化和感官检验的样品同时抽取时，应先抽取微生物检验样品，再抽取其他样品。

5.1.5 在抽样过程中，应防止样品原有品质的改变，避免再次污染。

5.1.6 所抽取的样品按规定进行标记。

5.1.7 抽样过程做好相关记录。

5.2 抽样方案

5.2.1 抽样原则

按随机抽取原则，从检验批中抽取规定件数的样品，抽取的样品应满足检验、复检和备查用。

5.2.2 化妆品分类

将化妆品分成肤用化妆品、发用化妆品、美容化妆品、口腔用化妆品、特殊功能化妆品和香水 6 类。

5.2.3 成品

5.2.3.1 一般情况的抽样

对每一检验批的产品进行分类，依据以下规则抽取样品：

a) 肤用化妆品、发用化妆品、美容化妆品、口腔用化妆品、特殊功能化妆品：各类别化妆品按品种抽样，每个品种至少抽取最小包装产品数为 $3N$，其中 N 按表 1 抽样方案一确定。

表 1 抽样方案一

报检件数/件	N/件
＜500	2
501～3 000	3
3 001～10 000	6
＞10 001	7

b) 香水类的化妆品：每个品种至少抽取最小包装产品数为 $2N$，其中 N 按表 2 抽样方案二确定。

表 2 抽样方案二

报检件数/件	N/件
＜500	1
151～5 000	2
5 001～10 000	3
＞10 001	4

5.2.3.2 特殊情况的抽样

对进出口品种多、价值高、数量少、单个包装净含量少的特殊情况，按类别抽样，每类至少抽取 1 个品种，品种的确定按照以下顺序。所确定的抽样品种按 5.2.3.1 规定抽样，在满足检验和留样需要的前提下，可酌情减少或增加取样份数。

——第一次进出口的品种；

——过去曾经出现质量问题的品种；

——进出口数量较大的品种；

——有过进出口记录但未抽样检验过的品种。

5.2.4 半成品、原料

按参照 GB/T 6678、GB/T 6679 和 GB/T 6680 进行。

5.3 抽样凭证

检验检疫人员抽样时应出具《中华人民共和国出入境检验检疫 抽/采样凭证》，凭证应有检验检疫人员和货主双方签名，并加盖检验检疫印章。

5.4 样品保存

5.4.1 样品储存的温度、湿度应符合相关产品的要求，防止样品受潮、霉变、虫蛀、腐败、变质。样品保留应不改变其形态、特征。

5.4.2 对保存的样品应造册登记，标明报检号、报检单位、样品名称、样品数量、留样时间等。

5.4.3 留样数量应满足复检和备查的需要。

5.4.4 一般情况下，合格化妆品样品保存至证书发出后3个月；不合格化妆品样品保存至证书发出后6个月。涉及案件调查的样品，还应保存至案件结束，原则上样品留存时间不低于索赔有效期。样品留存期限不超过产品的保质截止日期。

6 检验检疫

6.1 检验检疫依据

6.1.1 进口

6.1.1.1 中国国家技术规范的强制性要求，包括国家现行的法律、法规、部门规章、强制性标准以及具有强制执行力的规范性文件。

6.1.1.2 中国与输出国或地区政府签订的双边协议、议定书或备忘录。

6.1.1.3 参考国际或相关国家的标准。

6.1.1.4 严于国家技术规范强制性要求的外贸信用证或合同列明的要求(企业申请按外贸信用证或合同列明的要求进行评判时适用)。

6.1.2 出口

6.1.2.1 进口国或地区的法律、法规及相关标准。

6.1.2.2 中国与输入国或地区政府签订的双边协议、议定书或备忘录。

6.1.2.3 严于进口国或地区规定的外贸信用证或出口合同列明的要求。

6.1.2.4 中国国家技术规范的强制性要求。

6.2 现场监督检验

6.2.1 检查产品的名称、规格、包装、标记及号码、批次、数/重量等与报检资料是否相符。

6.2.2 检查化妆品外包装是否完整、清洁、无破损、无污染、无发霉、无水湿现象。唛头、标记是否正确、清晰。内包装材料是否无毒和清洁。属于危险品的出口化妆品运输包装，应检查是否通过检验检疫机构的包装性能鉴定和使用鉴定。

6.2.3 核查贮存场所是否符合卫生要求，有无同时存放有毒有害或其他易腐、易燃物品；产品是否按品种、批次整齐堆放。

6.2.4 检验检疫人员应当做好现场监督检验记录，发现问题应及时取证并经货主或其代理人确认。

6.3 感官检验

各类产品应具有相应的色泽、气味等感官性状。检验样品的色泽、气味是否正常，有无异物，有无霉变现象。液体样品有无沉淀成分及浑浊变质现象，粉状样品有无水湿、结块现象。

6.4 理化检验

各类产品的 pH 值、耐热、耐寒等理化指标按照相应产品的标准要求进行检验。

6.5 卫生化学检验

铅、汞、砷、甲醇检验按 GB/T 7917 执行。其他禁、限用物质检验按相应的国家标准、行业标准规定的方法，或检验检疫主管部门指定的方法测定。

6.6 微生物检验

菌落总数、粪大肠菌群、金黄色葡萄球菌及绿脓杆菌检验按 GB/T 7918 执行。霉菌与酵母菌总数检验按《化妆品卫生规范》规定的方法执行。其他微生物检验按相应的国家标准、行业标准规定的方法，或检验检疫主管部门指定的方法进行检验。

6.7 安全性检验

按 GB 7919 执行。

6.8 检疫

按照检验检疫主管部门相关规定执行。

6.9 标签检验

6.9.1 标签检验包括格式版面检验和符合性检验。

6.9.2 进口化妆品标签检验按照 GB 5296.3 和 GB 7916 及检验检疫主管部门相关规定要求执行。

6.9.3 出口化妆品标签检验按照进口国或地区法律、法规及相关标准执行。

7 合格评定

7.1 检验检疫结果判定

7.1.1 现场监督检验判定

现场监督检验发现产品货证不符，包装严重破损、渗漏及污染，无生产日期或保质期(或保存期)、超过保质期(或保存期)的化妆品，可以直接判定不合格，不再实施实验室检验。

7.1.2 感官检验判定

有下列情况之一的进出口化妆品可做出不合格的判定：色泽、气味异常；有异物；有霉变现象；液体样品出现异常分层、浑浊现象；粉状样品有水湿、结块现象等。

7.1.3 理化检验判定

pH 值、耐热、耐寒等理化指标不符合相应产品标准要求者可做出不合格的判定。

7.1.4 卫生化学检验判定

各项卫生化学指标检验结果均符合检验依据的，判定为合格。

各项卫生化学指标检验结果中有一项不符合检验依据的，判定为不合格。

7.1.5 微生物检验判定

各项微生物指标检验结果均符合检验依据的，判定为合格。

各项微生物指标检验结果中有一项不符合检验依据的，判定为不合格。

7.1.6 安全性检验判定

安全性检验结果均符合检验依据的，判定为合格。

安全性检验结果中有一项不符合检验依据的，判定为不合格。

7.1.7 检疫结果判定

检疫结果均符合检疫依据的，判定为合格。

检疫结果不符合检疫依据的，判定为不合格。

7.1.8 标签检验判定

7.1.8.1 进口化妆品成品标签格式版面及符合性检验符合我国法规标准要求的，判定为合格；否则判定为不合格。

7.1.8.2 出口化妆品成品标签格式版面及符合性检验符合进口国或地区法律、法规及相关标准的，判定为合格；否则判定为不合格。

7.2 综合评定

7.2.1 根据单证资料审核、现场监督检验、感官检验、实验室检验、检疫、标签检验等结果，对进出口化妆品合格与否做出综合评定。

7.2.2 经检验检疫，7.2.1所规定的各项内容均符合6.1检验检疫依据规定要求，判定为合格，准予出口或进口；否则判定为不合格。

8 不合格品处置

8.1 不合格进口化妆品处置

8.1.1 不合格检验项目涉及安全、卫生、健康、环境保护的，应责令当事人在检验检疫机构监督下销毁或退货。

8.1.2 不合格检验项目不涉及安全、卫生、健康、环境保护的，可以在检验检疫机构的监督下进行技术处理，经重新检验合格后，允许销售、使用；不能进行技术处理或者经技术处理后，重新检验仍不合格的，应在检验检疫机构的监督下作销毁或退货处理。

8.1.3 检疫不合格的，按检疫有关规定处理。

8.1.4 销毁或退货处理期限一般不超过60天，特殊情况由企业提出申请经检验检疫机构批准后可延期30天；其他处理期限一般不超过30天，特殊情况由企业提出申请经检验检疫机构批准后可延期30天。

8.1.5 执行处理后企业应及时将有关证明资料（如：退货证明、销毁或改作他用证明等）提交检验检疫机构归档。

8.2 不合格出口化妆品处置

8.2.1 不合格检验项目涉及安全、卫生、健康、环境保护的，不予出口。

8.2.2 不合格检验项目不涉及安全、卫生、健康、环境保护的，可以在检验检疫机构的监督下进行技术处理（技术处理期限一般不超过30天），经重新检验合格后，允许出口；经技术处理后重新检验仍不合格或超过处理期限的，不准出口。

8.2.3 检疫不合格的，按检疫有关规定处理。

9 复验

按《进出口商品复验办法》规定执行。

中华人民共和国出入境检验检疫行业标准

SN/T 2359—2009/ISO 22716:2007

进出口化妆品良好生产规范

Good manufacturing practice for cosmetics for import and export

[ISO 22716:2007,Cosmetics—Good manufacturing practices(GMP)—Guideline on good manufacturing practices,IDT]

2009-09-02 发布　　　　2010-03-16 实施

中华人民共和国国家质量监督检验检疫总局　发布

前　　言

本标准等同采用ISO 22716:2007《化妆品　良好生产规范　良好生产规范指南》(Cosmetics—Good manufacturing practices(GMP)—Guideline on good manufacturing practices)。

为便于使用,本标准做了编辑性修改,将"本国际标准"一词改为"本标准"。

本标准由国家认证认可监督管理委员会提出并归口。

本标准起草单位:中华人民共和国广东出入境检验检疫局、中华人民共和国厦门出入境检验检疫局。

本标准主要起草人:陈胤瑜、李小丽、蔡纯、周昱、席静、李锐文。

本标准系首次发布的出入境检验检疫行业标准。

ISO 前言

国际标准化组织(ISO)是由各国标准化团体(ISO 成员团体)组成的世界性联合会。制定国际标准的工作通常由 ISO 的技术委员会完成,各成员团体若对某技术委员会确立的项目感兴趣,均有权参加该委员会的工作。与 ISO 保持联系的各国际组织(官方的或非官方的)也可参加有关工作。在电工技术标准化方面,ISO 与国际电工委员会(IEC)保持密切合作的关系。

国际标准遵照 ISO/IEC 导则第 2 部分的规则起草。

技术委员会的主要任务是制定国际标准。由技术委员会通过的国际标准草案提交各成员团体表决,需取得至少 75%参加表决的成员团体的同意,才能作为国际标准正式发布。

本标准中的某些内容有可能涉及一些专利问题,对此应引起注意。ISO 不负责识别任何这样的专利权问题。

ISO 22716 由 ISO/TC 217 化妆品技术委员会制定。

引　言

本标准旨在为化妆品良好生产规范提供指南。本标准基于化妆品行业并考虑该行业特定需要而制定。本标准对影响产品质量的人员、技术和管理等要素提供原则和实用性的建议。

本标准按照从产品接收到装运的流程编写。此外在主要章节前均有“原则”以阐明本标准如何达到其目标。

基于科学判断和风险评估，通过对工厂活动进行描述，本标准使质量保证理念得到实质的发展。本标准旨在规范各项活动以获得符合要求的产品。

文件是良好生产规范的组成部分。

进出口化妆品良好生产规范

1 范围

本标准提供了化妆品生产、控制、储存和装运的指南。

本标准涉及产品质量方面，但不涉及工厂人员安全和环境保护。安全和环境保护是企业本身的责任，按地方法律法规监管。

本标准不适用于研发和销售活动。

2 术语与定义

下列术语与定义适用于本标准。

2.1

接收标准　acceptance criteria

作为试验结果接收依据的数值限量、范围或其他适当的方法。

2.2

审核　audit

系统和独立的检查，以确定质量活动和相关结果是否符合计划安排、安排是否得到有效实施以及是否适合目标达成。

2.3

批　batch

由同一过程或同一系列过程生产的一定数量的相同的原料、包装材料或产品。

2.4

批号　batch number

用于识别“批”的一组数字、字母和(或)符号的组合。

2.5

半成品　bulk product

已完成制造过程，但未最后包装的产品。

2.6

校准　calibration

在规定条件下，将测量仪器或测量系统的测量值、物质的测量值跟相应参考标准的已知数值建立关联的一系列操作。

2.7

更改控制　change control

为确保所有制造、包装、控制和储存的产品符合规定的接收标准，与良好生产规范所涉及的一项或多项活动的计划内变更相关的内部组织及职责。

2.8

清洁　cleaning

确保清洁度和外观达到一定要求的所有操作，包括采用化学、机械、温度和时间等措施分离、去除表面可见的污垢。

2.9

投诉　complaint

声称产品不符合规定接收标准的外部信息。

2.10

污染　contamination

产品中出现化学、物理和(或)微生物等不符合要求的物质。

2.11

消耗品　consumables

在清洁消毒或维护中消耗的物质,如清洁剂和润滑油等。

2.12

合同接受方　contract acceptor

代表其他个人、公司或组织执行一项工作的个人、公司或外部组织。

2.13

控制　control

验证是否达到接收标准的要求。

2.14

偏差　deviation

由于与良好生产规范所涉及的一项或多项活动相关的计划或非计划和临时性事件,造成内部组织及责任与规定要求出现偏离。

2.15

成品　finished product

已完成全部生产过程,包括装入最终容器,等待装运的化妆品。

2.16

过程控制　in-process control

在生产过程中进行的控制,目的是为了监控并在适当情况下调整过程,以确保产品符合规定的接收标准。

2.17

内部审核　internal audit

由公司内部可胜任的人员进行系统的和独立的检查,旨在确定本标准所涉及活动以及相关结果是否符合计划安排、安排是否得到有效实施以及是否适合目标达成。

2.18

主要设备　major equipment

生产和实验室文件中指定的关键设备。

2.19

维护　maintenance

定期或不定期的支持和验证,使厂房设施和设备处于正常工作状态。

2.20

制造过程　manufacturing operation

从原料称重到制成半成品的一系列操作。

2.21

不合格　out-of-specification

检查、测量或试验结果不符合规定的接收标准。

2.22

包装过程　packaging operation

从半成品到成品所进行的所有包装步骤,包括充填、贴标签等。

2.23

包装材料 packaging material

化妆品包装使用的材料，不包括运输所用的外包装。

注：根据是否与产品直接接触，包装材料分为内包装材料和外包装材料。

2.24

工厂 plant

化妆品的生产场所。

2.25

厂房和设施 premises

用于接收、储存、制造、包装、控制和装运产品、原料和包装材料的物理场所、建筑物和支撑结构。

2.26

生产 production

制造和包装过程。

2.27

质量保证 quality assurance

为确保产品符合接收标准所必需的所有计划内和系统的活动。

2.28

原料 raw material

用于生产半成品的物质。

2.29

召回 recall

公司收回已投放市场的产品的决定。

2.30

返工 reprocessing

对某生产阶段产生的不合格成品或半成品的整批或部分进行再处理，通过一项或多项措施使其质量符合要求。

2.31

退货 return

将存在或不存在质量缺陷的成品退回工厂。

2.32

样品 sample

从某一系列内选择一个或多个代表性元素，以获得该系列有关信息。

2.33

抽样 sampling

与取样和制样相关的一系列操作。

2.34

消毒 sanitization

减少被污染的惰性表面的微生物的操作。

注：该行为通常是减少表面不可见的污染物。

2.35

装运 shipment

与定单准备和装载进运输工具相关的一系列操作。

2.36

废弃物　waste

产品生产、转运或使用的残留物质以及待丢弃的任何物质、材料和产品

3　人员

3.1　原则

从事与本标准有关活动的人员应经过适当的培训，以按照规定的质量生产、控制和储存产品。

3.2　组织

3.2.1　组织结构图

3.2.1.1　应规定组织结构，以明确企业的组织和员工职责分工。组织结构应与公司规模和产品相适应。

3.2.1.2　根据产品多样性，公司应确保人员数量满足不同活动范围的需要。

3.2.1.3　质量管理部门，如质量保证部门和质量控制部门，应独立于工厂其他部门。质量保证和质量控制的职责可分别由质量保证部门和质量控制部门承担，也可由单独一个部门承担。

3.2.2　人员数量

企业里从事本标准涉及活动的人员应当充足，并经过适当培训。

3.3　主要职责

3.3.1　管理职责

3.3.1.1　组织应得到公司最高管理者支持。

3.3.1.2　良好生产规范的实施应是最高管理者的职责，同时应要求所有员工参与和保证。

3.3.1.3　组织里的职责和权限应得到规定和沟通。

3.3.2　人员职责

所有员工应：

a）了解自身在组织结构中的位置；

b）了解自身的职责和活动；

c）能根据自身职责范围获得相关的文件并遵照执行；

d）符合个人卫生要求；

e）被鼓励报告自身职责范围内出现的异常或不符合情况；

f）经过适当的教育培训，具有履行工作职责所需的技能。

3.4　培训

3.4.1　培训和技能

基于相关的培训和经验，从事生产、控制、储存和运输的员工应具有与其工作职责相适应的技能。

3.4.2　培训和良好生产规范

3.4.2.1　应对全体员工进行与本标准涉及活动相关的良好生产规范的适当培训。

3.4.2.2　应确定全体员工的培训需求，制定相应的培训计划并实施。

3.4.2.3　培训课程应根据各个员工的专业和经验定制并与其工作和职责相适应。

3.4.2.4　根据需要及内部资源的情况，培训课程可由公司内部设计并执行，必要时由外部专家设计并执行。

3.4.2.5　培训应长期持续并定期更新。

3.4.3　新聘人员

除了良好生产规范理论和实践的基本培训外，新聘人员还应接受与其职责相适应的培训。

3.4.4　人员培训评估

在培训期间和（或）培训后，应评估员工所积累的知识。

3.5 人员卫生和健康

3.5.1 人员卫生

3.5.1.1 应制定适应工厂需要的卫生制度。进入生产、控制和储存区域的所有人员都应了解并遵守相关要求。

3.5.1.2 应指导员工使用洗手设施。

3.5.1.3 进入生产、控制和储存区域的人员应穿着适当的服装和防护服，以避免污染化妆品。

3.5.1.4 应避免在生产、控制或储存区域饮食、吸烟或储存食品、饮料、烟草制品或药品。

3.5.1.5 在生产、控制、储存区域或可能使产品受到不利影响的其他区域应禁止任何不卫生行为。

3.5.2 人员健康

应采取措施尽量确保患有明显疾病或在暴露的身体表面有开放性损伤的人员不直接接触产品，直至由医务人员治愈或确认其不会影响化妆品质量。

3.6 来访人员与未受训人员

来访人员与未受训人员尽量不进入生产、控制和储存区域。如不可避免，应事先告知其有关情况，尤其是注意个人卫生和穿着规定的防护服，并对其密切监督。

4 厂房和设施

4.1 原则

4.1.1 厂房和设施的地点、设计、建造和使用应：

a) 确保产品得到保护；

b) 允许进行有效的清洁，必要的消毒和维护；

c) 降低产品、原料和包装材料混淆的风险。

4.1.2 本标准对厂房设施的设计提出建议。最终的设计应根据所生产的化妆品类型、现有条件、清洁以及必要时采取的消毒措施而确定。

4.2 区域类型

应分别设置储存、生产、质量控制、辅助和盥洗等区域。

4.3 空间

应为接收、储存和生产提供足够的空间以便于操作。

4.4 流向

应规定物料、产品和人员在建筑物内部和建筑物之间的流向，避免产生交叉污染。

4.5 地面、墙壁、天花板、窗户

4.5.1 生产区的地面、墙壁、天花板和门窗的设计和构造应易于清洁和必要的消毒，保持清洁并维护完好。

4.5.2 在通风良好的地方，窗户应为封闭式设计。如窗户对外部环境打开，应有适当的掩蔽。

4.5.3 生产区新建的地面、墙壁、天花板和门窗应考虑适当的清洁和维护，其表面应光滑耐腐蚀。

4.6 盥洗设施

应为人员提供足够、洁净的盥洗设施。盥洗设施应与生产区分离，但易于到达生产区。适当时应提供足够的淋浴和更衣设施。

4.7 照明

4.7.1 所有区域应安装足够的照明设施，照度应满足操作的要求。

4.7.2 照明设施的安装应防止其破碎时碎片可能造成的污染，或采取相应措施保护产品。

4.8 通风

生产时应保证良好的通风，或采取特定措施保护产品。

4.9 管道工程管、排水管与输送管

4.9.1 管道工程管、排水管与输送管的安装应防止水滴或冷凝水对物料、产品、表面和设备造成污染。

4.9.2 排水管应保持清洁，防止回流。

4.9.3 设计应考虑：

a) 避免屋顶横梁、管道和输送管暴露在外；

b) 暴露在外的管道不应接触墙壁，应采用托架悬挂或支撑，与四周有足够的间隔以便于彻底清洁；

c) 或采取特定措施保护产品。

4.10 清洁和消毒

4.10.1 用于本标准所涉及活动的厂房和设施应保持清洁。

4.10.2 应进行清洁及必要的消毒，以达到保护产品的目的。

4.10.3 应规定所使用的清洁剂及必要的消毒剂并保证其有效性。

4.10.4 应根据各个区域的需要制定清洁及必要的消毒程序。

4.11 维护

用于本标准所涉及活动的厂房和设施应加以维护，保持良好状态。

4.12 消耗品

用于厂房和设施的消耗品不得影响产品质量。

4.13 虫害控制

4.13.1 厂房和设施的设计、建造和维护应能有效防止昆虫、鸟类、啮齿动物和其他害虫的进入。

4.13.2 应制定适当的厂房虫害控制制度。

4.13.3 应采取措施防止厂房外部虫害的聚集和孳生。

5 设备

5.1 原则

设备应满足预期目标的需要，易于清洗及必要的消毒和维护。本条适用于本标准范围内的所有设备。这些原则同样适用于本标准相关活动中使用的自动化系统。

5.2 设备设计

5.2.1 生产设备的设计应防止产品受到污染。

5.2.2 盛放的容器应保护半成品免受空气中灰尘和湿气等污染。

5.2.3 暂时不用的转接软管和配件应进行清洁和必要的消毒，保持干燥，免受灰尘、喷溅物或其他污染。

5.2.4 制作设备的材料应与盛放的产品以及所使用的清洁剂和消毒剂相容。

5.3 安装

5.3.1 设备的设计与安装应易于排空，以便清洁消毒。

5.3.2 设备的摆放应避免物料和设备的移动、人员的走动对质量造成影响。

5.3.3 设备的底部、内部和周围应便于维护和清洁。

5.3.4 主要设备应易于识别。

5.4 校准

5.4.1 与产品质量有重要关系的实验室和生产的测量器具应定期校准。

5.4.2 校准结果不符合接收标准的测量器具应做好标识并停止使用。

5.4.3 当发现测量器具不符合要求时，应调查是否对产品质量造成影响，并根据调查结果采取适当措施。

5.5 **清洁消毒**

5.5.1 应对所有设备制定清洁及必要的消毒程序。

5.5.2 应规定所使用的清洁剂及消毒剂并保证其有效性。

5.5.3 若设备连续生产,应在适当的时间间隔对设备进行清洁和必要的消毒。

5.6 **维护**

5.6.1 设备应定期维护。

5.6.2 设备的维护不应对产品质量造成影响。

5.6.3 发生故障的设备应加以标识并不得使用,可能时予以隔离。

5.7 **消耗品**

用于设备的消耗品不得影响产品质量。

5.8 **权限**

用于生产和控制的设备和自动化系统应由经授权的人员使用。

5.9 **备用系统**

发生故障情况下仍需要使用的系统应有充分的替代措施。

6 原料和包装材料

6.1 **原则**

采购的原料和包装材料应符合规定的与成品质量相关的接收标准。

6.2 **采购**

原料和包装材料的采购应基于:

a) 对供应商的评估和选择;

b) 技术性条款的设立,如选择类型、接收标准、出现缺陷或修改时采取的措施以及运输条件等;

c) 与供应商建立联系和沟通,如调查问卷、协助和审核等。

6.3 **接收**

6.3.1 采购订单、交付票据和交付的物料应相符合。

6.3.2 应检查原料和包装材料运输包装的完整性。必要时应对运输资料进行检查。

6.4 **标识与状态**

6.4.1 原料和包装材料的容器应加贴标签,以便识别该批物料的相关信息。

6.4.2 可能影响产品质量的有缺陷的原料和包装材料应予以控制等待处理。

6.4.3 原料和包装材料的状态应有适当标识,如接收、拒收或待处理。如能确保具有同等效果,其他系统可以取代物理标识系统。

6.4.4 原料和包装材料的标识应包含以下信息:

a) 交付票据上载明的产品名称;

b) 公司使用的产品名称(如与供应商提供的名称不同)和(或)其代码;

c) 适用时应提供收据的日期或号码;

d) 供应商名称;

e) 供应商提供的批号,若不同,应同时提供接收时分配的批号。

6.5 **放行**

6.5.1 应建立物理或其他系统,确保只有经放行的原料和包装材料才能使用。

6.5.2 只有经授权的质量负责人员才有权放行原料和包装材料。

6.5.3 只有当建立了技术要求、供应商具备相关的经验和知识且经过审核、供应商的试验方法经认定,才能根据供应商的分析报告接收原料和包装材料。

6.6 储存

6.6.1 原料和包装材料应在适宜的条件下储存。

6.6.2 原料和包装材料应根据其特性进行储存和处理。

6.6.3 对有特殊储存要求的应按规定条件储存，并对储存条件实施监控。

6.6.4 原料和包装材料的容器应密闭，并与地面保持一定距离。

6.6.5 若原料和包装材料重新包装，应加贴与原来一样的标签。

6.6.6 待处理或拒收的原料和包装材料应分区存放，或采取其他有效措施避免混淆。

6.6.7 应采取措施确保库存周转率。除特别情况，应采用先进先出的原则。

6.6.8 应定期进行盘点，确保库存可靠性。应对重大差异进行调查并采取纠正措施。

6.7 再评估

应建立再评估系统，对超过规定保存期限的物料再评估，以确定是否可以使用。该系统应能防止误用需要再评估的物料。

6.8 生产用水质量

6.8.1 水处理系统应提供符合质量要求的水。

6.8.2 应通过试验或监控过程参数验证水质。

6.8.3 水处理系统应允许进行消毒。

6.8.4 水处理设备的安装应避免积水及受污染。

6.8.5 应确保水处理系统使用的材料不会影响水质。

7 生产

7.1 原则

在制造和包装过程的不同阶段，应采取措施确保所生产的成品符合规定特性。

7.2 制造过程

7.2.1 获取相关文件

7.2.1.1 制造过程每个阶段都应能获取适当的相关文件。

7.2.1.2 制造过程应根据相关的文件执行，包括：

a) 适当的设备；

b) 产品配方；

c) 文件规定的原料清单，并载明批号和数量；

d) 制造过程各阶段的详细操作，如投料、温度、速度、混合时间、抽样、设备的清洁及必要的消毒、半成品的转移。

7.2.2 启动检查

开始制造过程前，应确保：

a) 制造过程所有的相关文件已准备；

b) 所有原料齐备并经放行；

c) 适用的设备到位并处于正常工作状态。设备已进行清洁及必要的消毒；

d) 场地已进行清理，以避免与前次生产的物料混淆。

7.2.3 批号分配

每批半成品应有批号加以识别。该批号与成品标签上的批号不一定需要一致，但如不一致，应易于对应。

7.2.4 过程操作的标识

7.2.4.1 所有原料应根据配方称量，盛放于适当标识的清洁容器中，或直接置于制造设备中。

7.2.4.2 主要设备、盛放原料和半成品的容器在任何时候均应有标识。

7.2.4.3 半成品容器的标识应载明：

a) 名称或代码；

b) 批号；

c) 与产品质量密切相关的储存条件。

7.2.5 过程控制

7.2.5.1 应规定过程控制及其接收标准。

7.2.5.2 应按照规定程序进行过程控制。

7.2.5.3 应报告不符合接收标准的结果并做适当的调查。

7.2.6 半成品储存

7.2.6.1 半成品应盛放于适当的容器里，在适宜的条件下存放于规定的区域内。

7.2.6.2 应规定半成品的保存期限。

7.2.6.3 超过保存期限的半成品使用前应再评估。

7.2.7 原料退仓

称量后不使用且被确认可以退回仓库的原料，其容器应密闭并做好标识。

7.3 包装过程

7.3.1 获取相关文件

7.3.1.1 包装过程的每个阶段都应能获取适当的相关文件。

7.3.1.2 包装过程应根据相关的文件执行，包括：

a) 适宜的设备；

b) 用于成品的包装材料清单；

c) 包装过程各阶段的详细操作，如充填、封装、贴标签和喷码。

7.3.2 启动检查

开始包装过程前，应确保：

a) 场地已进行清理，以避免与上次生产的物料混淆；

b) 包装过程所有的相关文件已准备；

c) 所有包装材料齐备；

d) 适用的设备到位并处于正常工作状态。设备已进行清洁和必要的消毒；

e) 已规定识别产品的代码。

7.3.3 批号分配

7.3.3.1 每件成品都应有批号。

7.3.3.2 成品的批号与半成品标签上的批号不一定需要一致，但如不一致，应易于对应。

7.3.4 包装线标识

任何时候包装线都能通过其名称或代码、成品的名称或代码以及批号进行识别。

7.3.5 在线控制设备的检查

应按照规定程序对使用的在线控制设备定期检查。

7.3.6 过程控制

7.3.6.1 应规定过程控制及其接收标准。

7.3.6.2 应按照规定程序进行过程控制。

7.3.6.3 应报告不符合接收标准的结果并做适当的调查。

7.3.7 包装材料退仓

包装过程后未使用并被确认可以退回仓库的包装材料，其容器应密闭并做好标识。

7.3.8 在制品的标识与处理

充填和贴标签通常为连续过程。如不连续，应采取隔离及标识等特别措施以避免混淆或贴错标签。

8 成品

8.1 原则

成品应符合相关的接收标准。储存、运输和退货的管理应能保证成品质量。

8.2 放行

8.2.1 投放市场之前，成品应按规定的试验方法进行控制并符合相关的接收标准。

8.2.2 只有经授权的质量负责人员才有权放行成品。

8.3 储存

8.3.1 成品应在适宜的条件下存放于规定的区域内，储存适当的时间。储存过程中必要时应对成品实施监控。

8.3.2 储存区域应整齐有序。

8.3.3 放行、待处理或拒收的成品应分区存放，或采取其他有效措施避免混淆。

8.3.4 成品容器的标识应载明：

a) 名称或代码；

b) 批号；

c) 与产品质量密切相关的储存条件；

d) 数量。

8.3.5 应采取措施确保库存周转率。除特别情况，应采用先进先出的原则。

8.3.6 应定期进行盘点，以确保：

a) 库存准确性；

b) 符合接收标准。

应对重大差异进行调查。

8.4 装运

应采取措施确保成品按规定装运。适当时应采取预防措施保证成品质量。

8.5 退货

8.5.1 退回的成品应明显标识并储存在指定的区域。

8.5.2 应根据规定的标准评价退回的成品，以决定处理措施。

8.5.3 退回的成品应经过放行才能重新投放市场。

8.5.4 应采取措施辨别返工的退货，避免因疏忽将未经放行的退货重新分销。

9 质量控制实验室

9.1 原则

9.1.1 人员、厂房、设备、分包和文件等部分所规定的原则同样适用于质量控制实验室。

9.1.2 质量控制实验室负责在其活动范围内对抽样和试验实施必要的控制，以确保只有符合接收标准的物料才能放行使用、符合接收标准的产品才能放行装运。

9.2 试验方法

9.2.1 质量控制实验室应采用必要的试验方法确定产品符合接收标准。

9.2.2 应按规定采用适宜可行的试验方法实施控制。

9.3 接收标准

应建立接收标准，规定原料、包装材料、半成品和成品应达到的要求。

9.4 结果

应对所有结果进行审查。审查后，应明确作出接受、拒绝或待定的结论。

9.5 不合格结果

9.5.1 不合格结果应由经授权人员审查并进行适当的调查。

9.5.2 应有充分的理由方允许进行复验。

9.5.3 调查后，经授权人员应明确作出偏差、拒绝或待定的结论。

9.6 试剂、溶液、标准物质、培养基

试剂、溶液、标准物质和培养基等应做好标识，载明：

a) 名称；

b) 浓度(适用时)；

c) 有效期限(适用时)；

d) 配制人员姓名和(或)签名(适用时)；

e) 开启日期；

f) 储存条件(适用时)。

9.7 抽样

9.7.1 应由经授权的人员负责抽样。

9.7.2 抽样应规定：

a) 抽样方法；

b) 使用的设备；

c) 抽样数量；

d) 防止污染或损坏的措施；

e) 样品标识；

f) 抽样频率。

9.7.3 样品应标识：

a) 名称或代码；

b) 批号；

c) 抽样日期；

d) 被抽样的容器；

e) 抽样点(适用时)。

9.8 留样

9.8.1 成品样品应在指定区域内用适当的方式保存。

9.8.2 成品留样数量应根据法规规定，满足分析检测的需要。

9.8.3 成品留样应保持内包装完好，在推荐的储存条件下保存适当的时间。

9.8.4 原料的留样根据企业或相关法规的规定执行。

10 不合格品处理

10.1 拒绝的成品、半成品、原料和包装材料

10.1.1 应由经授权人员对拒绝的成品或物料进行调查。

10.1.2 应由质量负责人员做出销毁或返工的决定。

10.2 返工的成品和半成品

10.2.1 如果一个批次的成品或半成品全部或部分不符合接收标准，通过返工使其符合质量要求的决定应得到质量负责人员的批准。

10.2.2 返工的方法应予以规定并得到批准。

10.2.3 应对返工的成品和半成品予以控制。应由经授权人员对结果进行审查，以验证成品或半成品是否符合接收标准。

11 废弃物

11.1 原则

废弃物的处理应及时、卫生。

11.2 废弃物类型

应确定生产过程及质量控制实验室所产生的可能影响产品质量的各种废弃物类型。

11.3 流向

11.3.1 废弃物的流向不应对生产和实验室操作造成影响。

11.3.2 应采取适当的措施收集、运输、储存和处置废弃物。

11.4 容器

应根据内容物和其他情况对废弃物的容器加以标识。

11.5 处置

废弃物的处置应采用适当的方法并进行充分的控制。

12 转包合同

12.1 原则

合同提供方与合同接受方应就转包事项共同确认和控制，并签订书面合同或协议，以确保合同接受方所提供的产品或服务符合合同提供方的要求。

12.2 转包类型

转包包括以下事项：

a) 制造；

b) 包装；

c) 分析；

d) 厂房设施的清洁消毒；

e) 虫害控制；

f) 设备和厂房设施的维护。

12.3 合同提供方

12.3.1 合同提供方应评估合同接受方履行合同的能力，确保合同接受方具备履行合同的所有方法。适当时，合同提供方应评估合同接受方遵循本指南的能力，确保合同的执行按协议进行。

12.3.2 合同提供方应向合同接受方提供正确操作所需要的所有信息。

12.4 合同接受方

12.4.1 合同接受方应确保具备方法、经验和能胜任的人员以满足合同的要求。

12.4.2 除非得到合同提供方的批准和同意，否则合同接受方不得将合同规定的任何活动再转包给第三方。第三方和合同接受方应确保合同提供方能够以原来合同规定的方式获得所有信息。

12.4.3 合同接受方应对合同提供方按照合同规定进行的检查和审核提供便利。

12.4.4 除非合同另有规定，合同接受方在实施之前应将可能影响到所提供的产品或服务质量的任何变化通知合同提供方。

12.5 合同

12.5.1 合同提供方和合同接受方应签订书面合同或协议，明确双方的义务和职责。

12.5.2 所有的资料应保存，确保合同提供方能获取。

13 偏差

13.1 背离规定要求的偏差应具有充分的资料以供做出决定。

13.2 应采取纠正措施，防止偏差再发生。

14 投诉和召回

14.1 原则

14.1.1 工厂收到的本标准范围内的所有投诉应予以评审、调查和适当跟进。

14.1.2 一旦做出产品召回决定，应采取适当措施完成本标准范围内的召回事宜，并采取纠正措施。

14.1.3 若有转包事宜，合同提供方和合同接受方应在产品投诉管理方面达成一致(见12.1)。

14.2 产品投诉

14.2.1 应由经授权人员集中管理所有的投诉事宜。

14.2.2 涉及产品缺陷的投诉应保留最初详情以及后续处理措施的资料。

14.2.3 应对投诉涉及批次的产品采取适当的跟进措施。

14.2.4 投诉的调查与跟进应包括：

a) 防止缺陷再发生的措施；

b) 适用时，检查其他批次的产品是否受到影响。

14.2.5 应定期对投诉进行分析，检查缺陷发生的趋势或再发生的情况。

14.3 产品召回

14.3.1 产品召回应由经授权人员进行协调处理。

14.3.2 产品召回的启动应迅速、及时。

14.3.3 应将可能影响到消费者安全的召回事件报告主管部门。

14.3.4 召回的产品应有明显的标识，储存于独立安全的区域等待处理。

14.3.5 应定期评估产品召回程序。

15 更改控制

任何可能影响产品质量的更改应基于充分的数据并由经授权人员批准和实施。

16 内部审核

16.1 原则

内部审核是用于监控良好生产规范的实施和状况，必要时建议采取纠正措施的工具。

16.2 方法

16.2.1 专门指定的能胜任的人员应定期或根据需要进行独立和详细的内部审核。

16.2.2 内部审核所有的审核发现应予以评估并汇报管理层。

16.3 跟进

内部审核的跟进应确认纠正措施得到完成或实施。

17 文件

17.1 原则

17.1.1 企业应根据组织结构和产品类型建立、设计、安装并维护文件系统。可以使用电子系统编制和管理文件。

17.1.2 文件是良好生产规范的组成部分。文件的目的是为了描述本标准规定的活动，以保持以往活动的可追溯性，并且防止语言沟通本身所带来的阐释、信息丢失、混淆或错误等风险。

17.2 文件类型

17.2.1 文件应包含与本标准所涉及活动相关的程序文件、作业指导书、标准、方案、报告、方法和记录等。

17.2.2 文件可以是纸质文件或电子文本。

17.3 编写、批准和发放

17.3.1 文件应详细规定并描述相关操作、预防措施以及应用于与本标准相关的所有活动的措施。

17.3.2 应写明文件的名称、种类和编写的目的。

17.3.3 文件应：

a) 清晰易读，易于理解；
b) 使用前应由经授权人员批准、签发并注明日期；
c) 编制、更新、回收、发放和分类；
d) 确保不使用作废文件；
e) 确保使用人员可获得；
f) 过期文件应从工作区域撤走并销毁。

17.3.4 手写的记录应：

a) 写明所记录的内容；
b) 用不易褪色的墨水清晰书写；
c) 签名并注明日期；
d) 记录内容如有修改，应使原文仍可辨认。适用时，应记录更改理由。

17.4 修订

必要时应对文件进行更新，并标明修订版本。

应保留每次修订的理由。

17.5 归档

17.5.1 只有文件原件应予以归档，只能使用受控文件。

17.5.2 应根据适用的法律法规规定文件原件的保存期。

17.5.3 文件原件的保存应确保安全。

17.5.4 归档的文件可以是电子文本或纸质文件，应确保易于辨认。

17.5.5 备份的资料应定期储存在独立、安全的地方。

检测方法标准

前　　言

本标准是按照 GB/T 1.1—1993《标准化工作导则　第1单元:标准的起草与表述规则　第1部分:标准编写的基本规定》的要求进行编写的。本标准测定方法的制定参考了国内外有关文献,并经研究、改进和验证。

本标准的附录 A 是提示的附录。

本标准由国家认证认可监督管理委员会提出并归口。

本标准起草单位:中国进出口商品检验技术研究所。

本标准主要起草人:祝明松、柳松、于文莲、邹连升、徐卫。

本标准系首次发布的检验检疫行业标准。

中华人民共和国出入境检验检疫行业标准

进出口化妆品中紫外线吸收剂的测定 液相色谱法

SN/T 1032—2002

Method for the determination of ultra-violet absorbents in cosmetics for import and export —Liquid chromatography

1 范围

本标准规定了检测进出口化妆品中 2-羟基-4-甲氧基二苯甲酮-5-磺酸、对-氨基苯甲酸、2,2,4,4-四羟基二苯甲酮、2-羟基-4-甲氧基二苯甲酮、水杨酸苯酯、对-二甲基氨基苯甲酸-2-乙基己酯、对甲氧基肉桂酸-2-乙基己酯、水杨酸-2-乙基已酯等 8 种紫外线吸收剂含量的高效液相色谱方法。

本标准适用于化妆品中上述 8 种紫外线吸收剂的检测。

2 引用标准

下列标准所包含的条文,通过在本标准中引用而构成为本标准的条文。本标准出版时,所示版本均为有效。所有标准都会被修订,使用本标准的各方应探讨使用下列标准最新版本的可能性。

GB 7916—1987 化妆品卫生标准

3 方法提要

化妆品中的各种紫外线吸收剂经溶剂溶解过滤后,采用反相高效液相色谱技术,进行分离、测定。根据其保留时间定性,以外标法定量。

4 试剂和材料

除另有规定外,所有试剂均为分析纯,水为二次蒸馏水。

4.1 甲氢呋喃。

4.2 甲醇。

4.3 蒸馏水。

4.4 混合溶液:甲醇+四氢呋喃+水=60+125+100($V/V/V$)。

4.5 各紫外线吸收剂标准品:纯度≥98%。

4.6 紫外线吸收剂标准贮备液。

4.6.1 2-羟基-4-甲氧基二苯甲酮-5-磺酸:称取 2-羟基-4-甲氧基二苯甲酮-5-磺酸 0.800 g,用混合溶液(4.4)定容至 100 mL,摇匀,配成 8 mg/mL 的贮备液,0℃~4℃保存。

4.6.2 对氨基苯甲酸:称取对氨基苯甲酸 0.200 g,用混合溶液(4.4)定容至 100 mL,摇匀,配成 2 mg/mL 的贮备液,0℃~4℃保存。

4.6.3 2,2,4,4-四羟基二苯甲酮:称取 2,2,4,4-四羟基二苯甲酮 0.400 g,用混合溶液(4.4)定容至 100 mL,摇匀,配成 4 mg/mL 的贮备液,0℃~4℃保存。

中华人民共和国国家质量监督检验检疫总局 2002-01-16 批准　　2002-06-01 实施

4.6.4 2-羟基-4-甲氧基二苯甲酮:称取2-羟基-4-甲氧基二苯甲酮0.800 g,用混合溶液(4.4)定容至100 mL,摇匀,配成8 mg/mL的贮备液,0℃~4℃保存。

4.6.5 水杨酸苯酯:称取水杨酸苯酯1.600 g,用混合溶液(4.4)定容至100 mL,摇匀,配成16 mg/mL的贮备液,0℃~4℃保存。

4.6.6 对-二甲基氨基苯甲酸-2-乙基己酯:称取对-二甲基氨基苯甲酸-2-乙基己酯0.280 g,用混合溶液(4.4)定容至100 mL,摇匀,配成2.8 mg/mL的贮备液,0℃~4℃保存。

4.6.7 对-甲氧基肉桂酸-2-乙基己酯:称取对-甲氧基肉桂酸-2-乙基己酯0.160 g,用混合溶液(4.4)定容至100 mL,摇匀,配成1.6 mg/mL的贮备液,0℃~4℃保存。

4.6.8 水杨酸-2-乙基己酯:称取水杨酸-2-乙基己酯0.200 g,用混合溶液(4.4)定容至100 mL,摇匀,配成2 mg/mL的贮备液,0℃~4℃保存。

4.7 紫外线吸收剂混合标准溶液:分别准确移取紫外线吸收剂标准贮备液1 mL(4.6.1,4.6.2,4.6.3,4.6.4,4.6.5,4.6.6)和5 mL(4.6.7),25 mL(4.6.8)于100 mL容量瓶中,用混合溶液(4.4)稀释至刻度,摇匀,待用。

5 仪器和设备

5.1 液相色谱仪:配有紫外检测器。

5.2 微量进样器:25 μL。

5.3 超声波清洗器。

5.4 离心机:12 000 r/min。

5.5 过滤器和0.5 μm过滤膜。

6 测定步骤

6.1 试样预处理

称取防晒化妆品0.5 g(精确至0.001 g)于50 mL具塞试管中,加入25 mL混合溶液(4.4),在超声波清洗器中超声振荡(15~20) min。样品完全分散后将溶液转移至100 mL容量瓶中,用混合溶液(4.4)清洗试管,洗液并入容量瓶中,用混合溶液(4.4)稀释至刻度,摇匀待用。样品溶液为乳浊液时,可用离心机分离,并用0.5 μm的滤膜过滤。

6.2 测定

6.2.1 色谱条件

a) 色谱柱:C18柱(250 mm×4.6 mm(i.d.),10 μm或相当者)。

b) 流动相:混合溶液(4.4),使用前经0.5 μm滤膜过滤并脱气。

c) 流速:1.0 mL/min。

d) 检测波长:310 nm。

6.2.2 工作曲线绘制

分别移取0,0.10,0.20,0.50,1.00,2.00,3.00,5.00 mL紫外吸收剂混合标准溶液(4.7)于10 mL容量瓶中,以混合溶液(4.4)稀释至刻度,摇匀。取10 μL进行液相色谱测定,根据保留时间以各色谱峰的峰面积与其对应的紫外线吸收剂浓度作图绘制标准工作曲线。

6.2.3 试样测定

根据试样中紫外线吸收剂的含量,以混合溶液(4.4)稀释样品提取液(6.1),用微量进样器准确量取10 μL进行液相色谱测定,记录各色谱峰的保留时间和峰面积。

7 结果计算和表述

用色谱数据处理机或按式(1)计算试样中紫外线吸收剂的含量。

$$X_i(\%) = \frac{c_i \times V_i}{m_i} \times 100 \qquad \cdots\cdots(1)$$

式中：c_i——从工作曲线上查出的样品溶液中紫外线吸收浓度，g/mL；

V_i——样液最终定容体积，mL；

m_i——最终样液代表的试样量，g；

X_i——被测紫外线吸收剂百分含量，%。

8 精密度

2-羟基-4-甲氧基二苯甲酮-5-磺酸（水平值1.60%）：标准偏差 S_R 为0.017，变异系数为1.06%；对氨基苯甲酸（水平值0.40%）：标准偏差 S_R 为0.001，变异系数为0.22%；2，2，4，4-四羟基二苯甲酮（水平值0.83%）：标准偏差 S_R 为0.004，变异系数为0.49%；2-羟基-4-甲氧基二苯甲酮（水平值1.60%）：标准偏差 S_R 为0.007，变异系数为0.08%；水杨酸苯酯（水平值3.20%）：标准偏差 S_R 为0.041，变异系数为1.30%；对-二甲基氨基苯甲酸-2-乙基己酯（水平值0.56%）：标准偏差 S_R 为0.003，变异系数为0.48%；对-甲氧基肉桂酸-2-乙基己酯（水平值1.69%）：标准偏差 S_R 为0.006，变异系数为0.37%；水杨酸-2-乙基己酯（水平值3.96%）：标准偏差 S_R 为0.003，变异系数为0.08%。

附 录 A
（提示的附录）
8 种防晒紫外吸收剂标准品液相色谱图

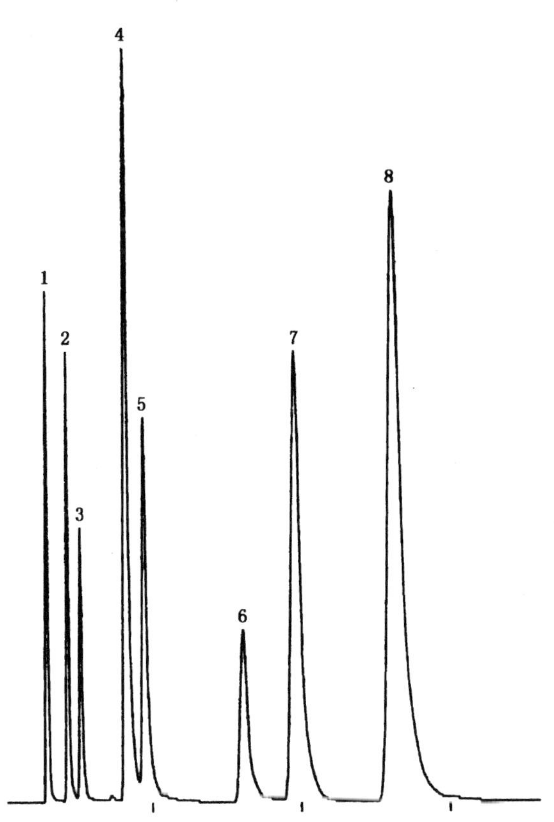

1—2-羟基-4-甲氧基二苯甲酮-5-磺酸(1.85 min)；2—对-氨基苯甲酸(2.78 min)；
3—2,2,4,4-四羟基二苯甲酮(3.38 min)；4—2-羟基-4-甲氧基二苯甲酮(5.39 min)；
5—水杨酸苯酯(6.22 min)；6—对-二甲基氨基苯甲酸-2-乙基己酯(10.67 min)；
7—对-甲氧基肉桂酸-2-乙基己酯(12.99)；8—水杨酸-2-乙基己酯(17.40 min)

图 A1　8 种防晒紫外吸收剂标准品液相色谱图

中华人民共和国出入境检验检疫行业标准

SN/T 1475—2004

化妆品中熊果苷的检测方法 液相色谱法

Determination of arbutin in cosmetics liquid chromatography

2004-11-17 发布　　2005-04-01 实施

中华人民共和国国家质量监督检验检疫总局　发布

前　　言

本标准的附录 A 为资料性附录。

本标准由国家认证认可监督管理委员会提出并归口。

本标准由中国检验检疫科学研究院负责起草。

本标准主要起草人:柳松、刘娟、蔡天培。

本标准系首次发布的出入境检验检疫行业标准。

化妆品中熊果苷的检测方法 液相色谱法

1 范围

本标准规定了化妆品中熊果苷的液相色谱检测方法。

本标准适用于化妆品中熊果苷的检测。

2 原理

化妆品中的熊果苷用水提取,过滤后,采用反相高效液相色谱技术进行分离、测定。根据其保留时间定性,标准工作曲线法定量。

3 试剂和材料

除非另有说明,所用试剂均为分析纯,水为二次去离子水。

3.1 甲醇,色谱纯。

3.2 熊果苷,纯度≥99%。

3.3 熊果苷标准储备液(1 g/L):准确称取 0.1 g 熊果苷,精确到 0.1 mg,于 50 mL 烧杯中,加适量水溶解,溶液定量移入 100 mL 容量瓶中,用水稀释至刻度,混匀。

4 仪器

4.1 液相色谱仪,配有紫外检测器。

4.2 微量进样器,10 μL。

4.3 超声波清洗器。

4.4 离心机,12 000 r/min。

4.5 溶剂过滤器和 0.45 μm 过滤膜。

5 测定步骤

5.1 试样的处理

称取化妆品试样约 0.5 g,精确到 1 mg,于 50 mL 具塞锥形瓶中,加入 20 mL 水,在超声波清洗器中超声震荡 20 min,将溶液移入 50 mL 容量瓶中,用水稀释至刻度,混匀。取部分溶液放入离心管中,在离心机上于 12 000 r/min 离心 10 min,离心后的上清液经 0.45 μm 滤膜过滤,滤液待测定用。

5.2 测定

5.2.1 色谱条件

5.2.1.1 色谱柱:ODS C_{18} 柱[250 mm×4.6 mm(内径),5 μm,或相当者]。

5.2.1.2 流动相:甲醇:水=15:85(体积分数)。

5.2.1.3 流速:1.0 mL/min。

5.2.1.4 检测波长:280 nm。

5.2.1.5 柱温:室温。

5.2.1.6 进样量:10 μL。

5.2.2 标准工作曲线绘制

移取熊果苷标准储备液 0.20 mL、0.50 mL、1.00 mL、2.00 mL、3.00 mL、4.00 mL、5.00 mL 到一系列 10 mL 容量瓶中,用水稀释至刻度,摇匀。取 10 μL 溶液注入液相色谱仪,按色谱条件(5.2.1)进行测定，以色谱峰的峰面积为纵坐标，与其对应的浓度为横坐标作图，绘制标准工作曲线。标准溶液色谱图参见附录A。

5.2.3 试样的测定

用微量进样器准确吸取10 μL试样溶液(5.1)注入液相色谱仪，按色谱条件(5.2.1)进行测定，记录色谱峰的保留时间和峰面积。熊果苷含量高的试样可取适量试样溶液用水稀释后进行测定。

6 结果计算

结果按下式(1)计算：

$$W = \frac{c \cdot V}{1\,000\,m} \times 100 \qquad \cdots\cdots(1)$$

式中：

W——化妆品中熊果苷的含量，%；

c——从工作曲线上查出的试样溶液中熊果苷的浓度，单位为毫克每升(mg/L)；

V——试样溶液定容体积，单位为升(L)；

m——试样的质量的数值，单位为克(g)。

计算结果表示到小数点后两位。

7 回收率和测定低限

7.1 回收率的实验数据

熊果苷浓度在0.50%～5.00%范围，回收率在102%～113%之间。

7.2 测定低限

本方法对熊果苷的测定低限为0.002%。

8 精密度

熊果苷含量在0.50%，测定结果(n=6)间的相对标准偏差为0.83%；

熊果苷含量在1.50%，测定结果(n=6)间的相对标准偏差为0.63%；

熊果苷含量在3.00%，测定结果(n=6)间的相对标准偏差为1.37%；

熊果苷含量在5.00%，测定结果(n=6)间的相对标准偏差为3.69%。

附 录 A
(资料性附录)
标准物液相色谱图

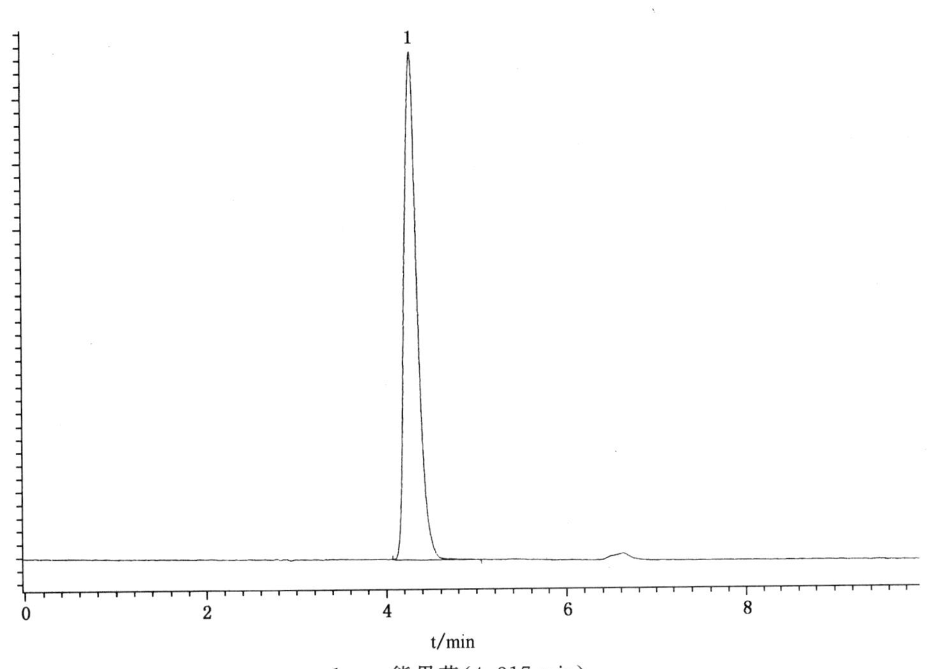

1——熊果苷(4.317 min)

图 A.1 标准物液相色谱图

中华人民共和国出入境检验检疫行业标准

SN/T 1478—2004

化妆品中二氧化钛含量的检测方法 ICP-AES法

Determination of titanium dioxide in cosmetics—ICP-AES

2004-11-17 发布　　2005-04-01 实施

中华人民共和国
国家质量监督检验检疫总局　发布

前 言

本标准由国家认证认可监督管理委员会提出并归口。

本标准由中国检验检疫科学研究院负责起草。

本标准主要起草人:王星、李翔、王超、张青。

本标准系首次发布的出入境检验检疫行业标准。

化妆品中二氧化钛含量的检测方法 ICP-AES 法

1 范围

本标准规定了化妆品中二氧化钛测定方法。

本标准适用于化妆品中二氧化钛含量的检验。

2 方法提要

用硫酸和硝酸的混合酸消解样品，使样品溶液澄清，然后用水定容，用 ICP-AES 测定含量。

3 试剂

除非另有说明，所用试剂均为分析纯，水为去离子水。

3.1 硝酸(ρ_{20}=1.42 g/mL)。

3.2 硫酸(ρ_{20}=1.84 g/mL)。

3.3 氢氟酸(ρ_{20}=1.13 g/mL)。

3.4 硫酸(5%，体积分数)：取硫酸(3.2)5 mL 缓慢加入 95 mL 水中。

3.5 钛的标准储备液：称取 0.5 000 g 金属钛(99.99%)于铂皿中，用氢氟酸(3.3)、硫酸(3.2)溶解，加热蒸发至冒三氧化硫白烟使氟除尽。用 5%(体积分数)硫酸(3.4)溶解并定容至 500 mL 容量瓶中。此溶液含钛 1 mg/mL。

3.6 钛标准系列：用 5%(体积分数)硫酸(3.4)稀释钛标准储备液，分别配制成含钛为 0.0 μg/mL、1.0 μg/mL、10.0 μg/mL、100.0 μg/mL 的标准系列溶液。

4 仪器和设备

ICP-AES 光谱仪。

5 分析步骤

5.1 试样的处理

根据试样中二氧化钛含量的不同，称取 0.02 g～0.2 g 试样，精确到 1 mg，于 50 mL 烧杯中，加 5 mL硝酸(3.1)、3 mL 硫酸(3.2)盖上表皿，在电炉上缓慢消解，直至冒三氧化硫白烟(烧杯中约剩 2.5 mL硫酸)，使样品消解至澄清(若出现碳化后的黑色，在盖着表皿的情况下小心滴加硝酸)。取下冷却，用水定容于 50 mL 容量瓶中(杯中为浓硫酸，要小心操作)。同时做空白实验。

5.2 测定

5.2.1 仪器条件根据仪器操作程序，调整好仪器工作条件亦可。

5.2.2 参考条件

5.2.2.1 频率：40 MHz。

5.2.2.2 射频功率：1 300 W。

5.2.2.3 辅助气：0.5 L/min。

5.2.2.4 冷却气：15 L/min。

5.2.2.5 载气:0.8 L/min。

5.2.2.6 提升量:1.0 mL/min。

5.2.2.7 干扰校正:BGC。

5.2.2.8 观测高度:15 mm。

5.2.2.9 波长:336.121 nm。

5.2.3 测定

按照5.2.1的仪器工作条件,使用标准系列制作校准曲线,然后在同样条件下测定试样溶液。

6 结果计算

结果按式(1)计算:

$$X = \frac{1.6683c \cdot V}{1000m} \times 100 \quad\cdots\cdots (1)$$

式中:

X——化妆品中二氧化钛含量,%

c——从标准曲线上查得样品中钛浓度,单位为毫克每升(mg/L);

V——试样溶液定容体积,单位为升(L);

m——称取样品的质量数,单位为克(g);

1.6683为钛转化为二氧化钛系数。

计算结果保留至小数点后两位。

7 回收率及测定低限

7.1 回收率的实验数据

二氧化钛浓度在0.050%~18.0%范围,回收率在97.1%~106%之间。

7.2 测定低限

本方法对二氧化钛的测定低限为0.02%。

8 方法的精密度

二氧化钛含量在17.0%,测定结果(n=7)间的相对标准偏差为2.09%;

二氧化钛含量在5.50%,测定结果(n=7)间的相对标准偏差为3.77%;

二氧化钛含量在0.02%,测定结果(n=7)间的相对标准偏差为4.70%。

中华人民共和国出入境检验检疫行业标准

SN/T 1495—2004

化妆品中酞酸酯的检测方法 气相色谱法

Determination of phthalates in cosmetics—Gas chromatography

2004-11-17 发布　　2005-04-01 实施

中华人民共和国国家质量监督检验检疫总局 发布

前　　言

本标准的附录A、附录B和附录C均为资料性附录。
本标准由国家认证认可监督管理委员会提出并归口。
本标准由中国检验检疫科学研究院负责起草。
本标准主要起草人：陈会明、王超、刘娟。
本标准系首次发布的出入境检验检疫行业标准。

化妆品中酞酸酯的检测方法
气相色谱法

1 范围

本标准规定了化妆品中六种酞酸酯：邻苯二甲酸二甲酯(DMP)、邻苯二甲酸二乙酯(DEP)、邻苯二甲酸二丁酯(DBP)、邻苯二甲酸丁基苄基酯(BBP)、邻苯二甲酸二(2-乙基己)酯(DEHP)、邻苯二甲酸二辛酯(DOP)的气相色谱测定方法。

本标准适用于固体、膏状和液体化妆品中六种酞酸酯的检验。

2 原理

用甲醇超声提取化妆品中的六种酞酸酯，离心，取上清液脱水，过滤，滤液注入配有 FID 检测器的气相色谱仪检测，外标法定量，采用气相色谱-质谱(GC/MSD)进行确证。

3 试剂与材料

除另有规定外，试剂均为分析纯。

3.1 甲醇：优级纯或者色谱纯。

3.2 无水硫酸钠：于 650℃灼烧 4 h，储于密闭干燥器中备用。

3.3 标准品：邻苯二甲酸二甲酯(DMP)、邻苯二甲酸二乙酯(DEP)、邻苯二甲酸二丁酯(DBP)、邻苯二甲酸丁基苄基酯(BBP)、邻苯二甲酸二(2-乙基己)酯(DEHP)、邻苯二甲酸二辛酯(DOP)：纯度≥99.0%。

3.4 标准储备液：准确称取 DMP、DEP、DBP、BBP、DEHP、DOP 各 0.500 0 g 置于 500 mL 容量瓶中，用甲醇定容，振荡均匀，即得六种酞酸酯浓度各为 1 000 mg/L 的混合标准储备液。

4 仪器

4.1 气相色谱配氢火焰离子化检测器(FID)。

4.2 气相色谱配质量检测器(MSD)。

4.3 超声波清洗仪。

4.4 高速离心机。

4.5 注射式样品过滤器(滤膜为 0.45 μm)。

4.6 实验所用的玻璃器皿，都经过丙酮淋洗，通风凉干，待丙酮完全挥发后置于干燥器中于 200℃烘 4 h。

4.7 锥形瓶：具磨口塞，50 mL。

4.8 比色管，20 mL(带 10 mL 刻度)。

4.9 容量瓶：50 mL。

5 分析步骤

5.1 样品处理

称取化妆品(固体、膏状)0.5 g，精确到 1 mg，置于 50 mL 锥形瓶中，准确加入甲醇 25 mL，于超声波清洗仪上超声 15 min，以 12 000 r/min 高速离心 15 min，取上清液加入 5 g 无水硫酸钠脱水，经注射式样品过滤器〔有机溶媒型，0.45 μm〕过滤，滤液供测定用。

称取液体化妆品（香水、爽肤水等）0.1 g，精确到 1 mg，置于 20 mL 比色管（有 10 mL 刻度）中，加甲醇到 10 mL 充分摇匀，加入 2 g 无水硫酸钠脱水，上清液供测定用。

5.2 标准工作溶液的配制

准确吸取 5 mL 混合标准储备液（3.4）于 50 mL 容量瓶中，用甲醇定容，充分摇匀，即得 100 mg/L 的混合标准工作溶液；同样方法，将上一级标准工作液逐级稀释 10 倍，即得到 10 mg/L、1 mg/L 的混合标准工作溶液，工作液供气相色谱仪分析测定可得到标准工作曲线。

5.3 测定

5.3.1 仪器条件

5.3.1.1 气相色谱（GC-FID）条件

a) 色谱柱：HP-5 毛细管柱[30 m×0.32 mm（内径）×0.25 μm，5% phenyl methyl-siloxane]或相当者；
b) 柱温程序：初始温度为 50℃，保持 2 min 后以 40℃/min 的速率升至 210℃，然后以 30℃/min 的速率升至 280℃，保持 10 min；
c) 进样口温度：280℃；
d) 检测器温度：280℃；
e) 载气：氮气 1.2 mL/min；
f) 进样方式：分流方式，分流比 5∶1；
g) 进样量：1 μL。

5.3.1.2 气相色谱-质谱（GC/MSD）条件

a) 色谱柱：HP-5MS 柱[30 m×0.25 mm（内径）×0.25 μm，5% phenyl methyl-siloxane]或相当者；
b) 柱温程序：初始温度为 50℃，保持 2 min 后以 40℃/min 的速率升至 210℃，然后以 30℃/min 的速率升至 280℃，保持 10 min；
c) 进样口温度：280℃；
d) 色谱-质谱接口温度：280℃；
e) 载气：氦气 1.2 mL/min；
f) 电离方式：EI；
g) 电离能量：70 eV；
h) 测定方式：总离子流（TIC）方式；
i) 监视离子范围：40～500 m/z，六种酞酸酯的总离子流图见附录 A 中图 A.1，六种酞酸酯的特征离子（m/z）见附录 B 中表 B.1；
j) 进样方式：分流方式，分流比 5∶1，溶剂延迟 3.5 min；
k) 进样量：1 μL。

5.3.2 仪器测定

5.3.2.1 气相色谱测定

分别准确吸取上述样品待测液（5.1）及标准工作溶液（5.2）1 μL 注入气相色谱仪，应用 5.3.1.1 色谱仪器条件进行测定。实际应用的标准工作溶液及样品待测液中，六种酞酸酯的响应值应相近并均应在线性范围内。5.3.1.1 气相色谱条件下，六种酞酸酯的出峰顺序为：DMP、DEP、DBP、BBP、DEHP、DOP，标准物的气相色谱图及各组分的参考保留时间见附录 C 中图 C.1。

5.3.2.2 气相色谱-质谱阳性结果确证

根据上述 5.3.2.1 的测定结果，如果样液与混合标准工作溶液在相同保留时间有色谱峰出现，则在 5.3.1.2 仪器条件下，对混合标准工作溶液和样液进行测定。如果样液与混合标准工作溶液的 TIC 图在相同保留时间仍有色谱峰出现，而且样液该色谱峰的质谱图的碎片离子的种类和丰度比均与表B.1一致，则可做出样品中有该种酞酸酯阳性检出的判断，否则判定该样品中不含有该种酞酸酯。

5.4 空白试验

除不加试样外，根据5.1进行处理，得到的样液根据5.3.1.1仪器条件进行测定。

6 结果计算

用色谱工作站或按下式(1)计算：

$$X_i = \frac{A_i \cdot c_{si} \cdot V}{A_{si} \cdot m \cdot 10\,000} \quad \cdots\cdots(1)$$

式中：

X_i——试样中每种酞酸酯的质量百分数，%；

10 000——换算因子；

A_i——样液中每种酞酸酯的峰面积；

A_{si}——标准工作溶液中每种酞酸酯的峰面积；

c_{si}——标准工作溶液中每种酞酸酯的浓度，单位为毫克每升(mg/L)；

V——样液最终体积，单位为毫升(mL)；

m——试样的质量，单位为克(g)。

计算结果表示到小数点后两位。

注：计算结果需扣除空白值。

7 回收率和精密度

六种酞酸酯的回收率和精密度见表1。

表1 六种酞酸酯的回收率和精密度(n=6)

酞酸酯名称	添加浓度/(%)	回收率/(%)	相对标准偏差(RSD)/(%)
邻苯二甲酸二甲酯(DMP)	0.100～2.50	97.0～99.0	1.84～4.22
邻苯二甲酸二乙酯(DEP)	0.100～2.50	98.7～101.4	2.31～4.52
邻苯二甲酸二丁酯(DBP)	0.100～2.50	99.4～103.3	0.98～5.25
邻苯二甲酸丁基苄基酯(BBP)	0.100～2.50	98.0～100.0	1.44～4.08
邻苯二甲酸二(2-乙基己)酯(DEHP)	0.100～2.50	96.0～99.0	1.45～5.31
邻苯二甲酸二辛酯(DOP)	0.100～2.50	99.3～102.8	1.50～4.00

8 测定低限

气相色谱测定低限(对每一种酞酸酯)为：0.000 5%(固体、膏状化妆品)，0.001%(香水、爽肤水等液体化妆品)。质谱确证低限(对每一种酞酸酯)为：0.000 5%(固体、膏状化妆品)，0.001%(香水、爽肤水等液体化妆品)。

附　录　A
（资料性附录）
六种酞酸酯标准物质总离子流图

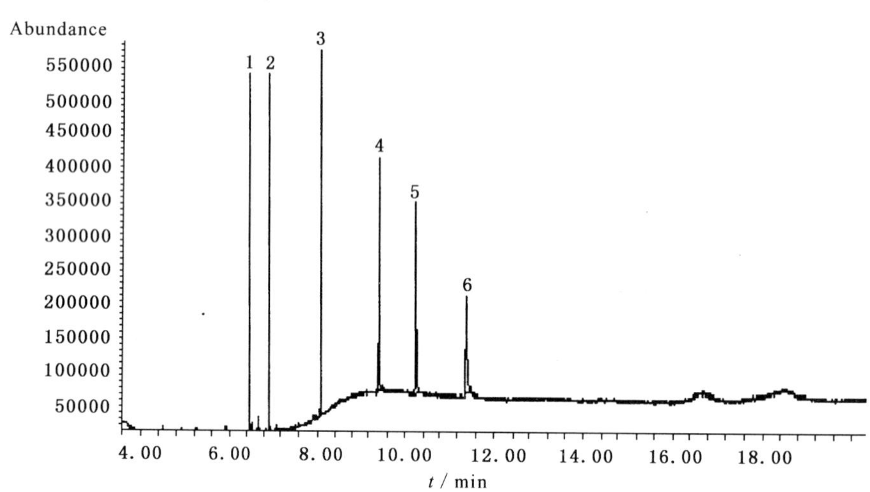

1——邻苯二甲酸二甲酯(DMP)；
2——邻苯二甲酸二乙酯(DEP)；
3——邻苯二甲酸二丁酯(DBP)；
4——邻苯二甲酸丁基苄基酯(BBP)；
5——邻苯二甲酸二(2-乙基己)酯(DEHP)；
6——邻苯二甲酸二辛酯(DOP)。

图 A.1　六种酞酸酯标准物质总离子流图(TIC)

附 录 B
（资料性附录）
六种酞酸酯特征离子表

表 B.1 六种酞酸酯的特征离子

序号	酞酸酯名称	分子式	CAS	特征选择离子及丰度比
1	邻苯二甲酸二甲酯(DMP)	$C_{10}H_{10}O_4$	131-11-3	163(100),77(18),194(6)
2	邻苯二甲酸二乙酯(DEP)	$C_{12}H_{14}O_4$	84-66-2	149(100),177(27),65(8)
3	邻苯二甲酸二丁酯(DBP)	$C_{16}H_{22}O_4$	84-74-2	149(100),223(5),57(6)
4	邻苯二甲酸丁基苄基酯(BBP)	$C_{19}H_{20}O_4$	85-68-7	149(100),91(72),206(23)
5	邻苯二甲酸二(2-乙基己)酯(DEHP)	$C_{24}H_{38}O_4$	117-81-7	149(100),167(50),57(35),279(32)
6	邻苯二甲酸二辛酯(DOP)	$C_{24}H_{38}O_4$	117-84-0	149(100),279(18),43(12)

附 录 C
（资料性附录）
六种酞酸酯标准物质气相色谱图

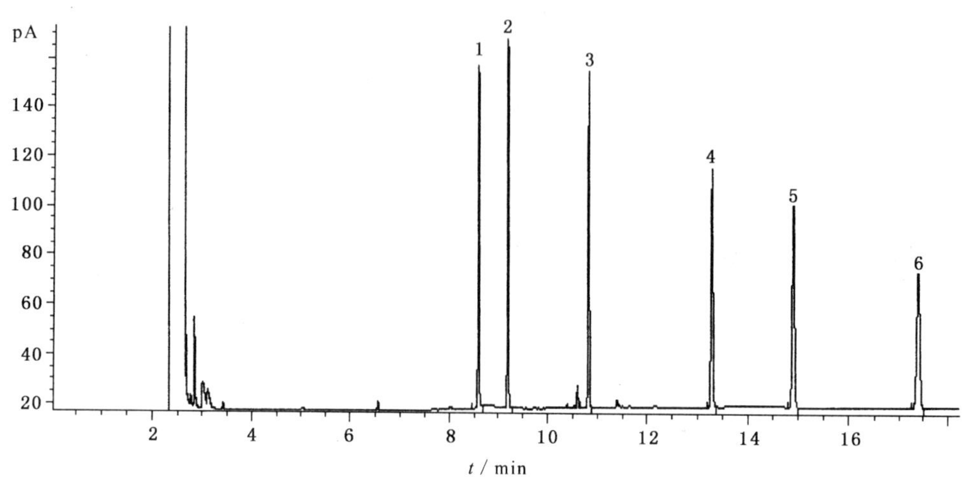

1——邻苯二甲酸二甲酯(DMP)；

2——邻苯二甲酸二乙酯(DEP)；

3——邻苯二甲酸二丁酯(DBP)；

4——邻苯二甲酸丁基苄基酯(BBP)；

5——邻苯二甲酸二(2-乙基己)酯(DEHP)；

6——邻苯二甲酸二辛酯(DOP)。

图 C.1 六种酞酸酯标准物质气相色谱图

中华人民共和国出入境检验检疫行业标准

SN/T 1496—2004

化妆品中生育酚及α-生育酚乙酸酯的检测方法　高效液相色谱法

Determination of tocopherol and α-tocopheryl acetate in cosmetics—High performance liquid chromatography

2004-11-17 发布　　　　2005-04-01 实施

中华人民共和国国家质量监督检验检疫总局　发布

前　言

本标准的附录A为资料性附录。

本标准由国家认证认可监督管理委员会提出并归口。

本标准由中国检验检疫科学研究院负责起草。

本标准主要起草人:李翔、王星、丁岩、蔡天培、王超。

本标准系首次发布的出入境检验检疫行业标准。

化妆品中生育酚及α-生育酚乙酸酯的检测方法　高效液相色谱法

1　范围

本标准规定了化妆品中生育酚总量及α-生育酚乙酸酯含量的液相色谱测定方法。

本标准适用于化妆品中生育酚总量及α-生育酚乙酸酯含量的检验。

2　原理

用乙醇、乙醚和正己烷的混合溶剂提取化妆品中α-生育酚、β-生育酚、γ-生育酚、δ-生育酚及α-生育酚乙酸酯，离心，取上清液，以邻苯二甲酸二正辛酯作为内标，用带紫外检测器高效液相色谱测定，根据其保留时间定性，内标法定量。

3　试剂和材料

除另有规定外，试剂均为分析纯。

3.1　甲醇，优级纯，用 0.45 μm 滤膜过滤。

3.2　正己烷。

3.3　乙醇。

3.4　乙醚。

3.5　α-生育酚，纯度 96.9%。

3.6　β-生育酚，纯度 96.9%。

3.7　γ-生育酚，纯度 99.5%。

3.8　δ-生育酚，纯度 92.4%。

3.9　α-生育酚乙酸酯，纯度 99.2%。

3.10　邻苯二甲酸二正辛酯，纯度 99.0%。

3.11　生育酚及α-生育酚乙酸酯标准储备液：分别称取适量(精确到 0.1 mg)α-生育酚、β-生育酚、γ-生育酚、δ-生育酚，α-生育酚乙酸酯，邻苯二甲酸二正辛酯，用正己烷定容至 100 mL，摇匀，配制成各物质浓度为 0.5 mg/mL 的混合标准储备液，4℃保存。

3.12　邻苯二甲酸二正辛酯内标储备液：称取适量邻苯二甲酸二正辛酯(精确至 0.1 mg)于 100 mL 容量瓶中，加正己烷至刻度，摇匀，配制成浓度为 3.3 mg/mL 的溶液，4℃保存。

3.13　邻苯二甲酸二正辛酯内标液：取内标储备液(3.12)5 mL 于 100 mL 容量瓶中，正己烷稀释至刻度，摇匀(此溶液保存期 1 d)。

4　仪器和设备

4.1　高效液相色谱仪：配紫外检测器。

4.2　振荡器。

4.3　离心机。

4.4　锥形瓶：具磨口塞，50 mL。

4.5　容量瓶：50 mL、100 mL。

5 测定步骤

5.1 提取

称取混合均匀的试样约 0.45 g(精确到 0.1 mg)于 50 mL 锥形瓶中，分别加入 3 mL 邻苯二甲酸二正辛酯内标液(3.13)，3 mL 乙醇和 3 mL 乙醚，振荡至样品均匀溶解。离心，取上清液供液相色谱测定。

5.2 生育酚及 α-生育酚乙酸酯标准溶液的制备

准确吸取生育酚及 α-生育酚乙酸酯标准储备液 1 mL(3.11)，再加入 2 mL 正己烷，3 mL 乙醇，3 mL 乙醚，摇匀，供液相色谱仪分析。

5.3 测定

5.3.1 色谱条件

5.3.1.1 色谱柱：C_{18} 不锈钢柱 250 mm×4.6 mm(内径)，填料为 ODS，粒径为 5 μm。

5.3.1.2 流动相：甲醇。

5.3.1.3 流速：1.5 mL/min。

5.3.1.4 检测波长：280 nm。

5.3.1.5 柱温：室温。

5.3.1.6 进样量：10 μL。

5.3.2 标准的色谱测定

用微量进样器准确吸取标准工作溶液(5.2)10 μL 注入液相色谱仪。按照色谱条件(5.3.1)进行测定，标准色谱图参见附录 A。

5.3.3 样品的测定

用微量进样器准确吸取样品溶液(5.1)10 μL 注入液相色谱仪。按照色谱条件(5.3.1)进行测定，记录色谱峰的保留时间和峰面积。以其保留时间定性，峰面积定量。

6 结果计算

结果按式(1)、式(2)计算：

$$f_i = \frac{A_{ss} \cdot W_{si}}{A_{si} \cdot W_{ss}} \qquad \cdots\cdots(1)$$

式中：

f_i——生育酚、α-生育酚乙酸酯相对内标的相对校正因子；

A_{ss}——标准溶液中内标的峰面积；

W_{si}——标准溶液中生育酚、α-生育酚乙酸酯的质量，单位为克(g)；

A_{si}——生育酚、α-生育酚乙酸酯的峰面积；

W_{ss}——标准溶液中内标的质量，单位为克(g)。

$$X_i = f_i \frac{W_s \cdot A_i}{W \cdot A_s} \times 100 \qquad \cdots\cdots(2)$$

式中：

X_i——样品中生育酚、α-生育酚乙酸酯的质量分数；

W_s——样品溶液中内标的质量，单位为克(g)；

A_i——样品溶液中生育酚、α-生育酚乙酸酯的峰面积；

W——称取样品的质量，单位为克(g)；

A_s——样品溶液中内标的峰面积。

化妆品中生育酚总质量分数为 α-生育酚、β-生育酚、γ-生育酚、δ-生育酚质量分数之和。

注：β-生育酚和 γ-生育酚在本标准方法条件下为一个峰，按一种物质计算质量分数 $X_{\beta\gamma}$。

7 回收率及测定低限

7.1 回收率

生育酚浓度在0.050%～1.000%范围，回收率在90%～104%之间。

α-生育酚乙酸酯浓度在0.050%～1.000%范围，回收率在94%～108%之间。

7.2 测定低限

本方法对生育酚的测定低限为0.001%，对α-生育酚乙酸酯的测定低限为0.001%。

8 精密度

测定次数 $n=10$

生育酚和α-生育酚乙酸酯含量在0.050%，测定结果的相对标准偏差分别为2.8%，2.7%。

生育酚和α-生育酚乙酸酯含量在0.200%，测定结果的相对标准偏差分别为1.5%，2.6%。

生育酚和α-生育酚乙酸酯含量在1.000%，测定结果的相对标准偏差分别为1.5%，1.3%。

附　录　A
（资料性附录）
标准物液相色谱图

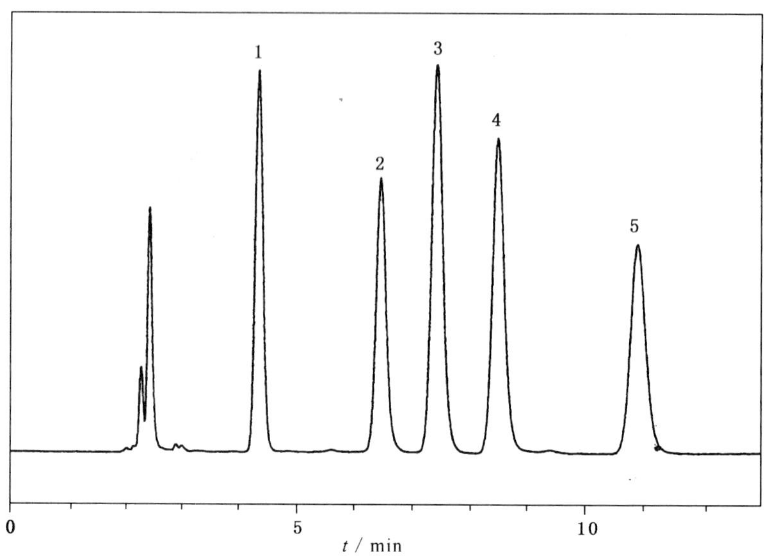

1——邻苯二甲酸二正辛酯；
2——δ-生育酚；
3——β、γ-生育酚；
4——α-生育酚；
5——α-生育酚乙酸酯。

图 A.1　生育酚以及 α-生育酚乙酸酯的高效液相色谱分离图

中华人民共和国出入境检验检疫行业标准

SN/T 1498—2004

化妆品中抗坏血酸磷酸酯镁的检测方法 液相色谱法

Determination of magnesium L-ascorbyl-2-phosphate in cosmetics—Liquid chromatography

2004-11-17 发布　　2005-04-01 实施

中华人民共和国国家质量监督检验检疫总局 发布

前　言

本标准的附录A为资料性附录。

本标准由国家认证认可监督管理委员会提出并归口。

本标准由中国检验检疫科学研究院负责起草。

本标准主要起草人：柳松、林远辉、孙海锋。

本标准系首次发布的出入境检验检疫行业标准。

化妆品中抗坏血酸磷酸酯镁的检测方法 液相色谱法

1 范围

本标准规定了化妆品中抗坏血酸磷酸酯镁的液相色谱检测方法。

本标准适用于化妆品中抗坏血酸磷酸酯镁的检测。

2 原理

化妆品中的抗坏血酸磷酸酯镁用水提取，过滤后，采用反相高效液相色谱技术进行分离、测定。根据其保留时间定性，标准工作曲线法定量。

3 试剂和材料

除非另有说明，所用试剂均为分析纯，水为二次去离子水。

3.1 磷酸二氢钾，0.005 mol/L。

3.2 抗坏血酸磷酸酯镁，纯度≥98%。

3.3 抗坏血酸磷酸酯镁标准储备液(1 g/L)：称取 0.1 g 抗坏血酸磷酸酯镁，精确到 0.1 mg，于 50 mL 烧杯中，加适量水溶解，溶液定量移入 100 mL 容量瓶中，用水稀释至刻度，混匀。

4 仪器

4.1 液相色谱仪，配有紫外检测器。

4.2 微量进样器，10 μL。

4.3 超声波清洗器。

4.4 离心机，12 000 r/min。

4.5 溶剂过滤器和 0.45 μm 过滤膜。

5 测定步骤

5.1 试样的处理

称取化妆品试样约 0.5 g，精确到 1 mg，于 50 mL 具塞锥形瓶中，加入 20 mL 水，在超声波清洗器中超声震荡 20 min，将溶液移入 50 mL 容量瓶中，用水稀释至刻度，混匀。取部分溶液放入离心管中，在离心机上于 12 000 r/min 离心 10 min，离心后的上清液经 0.45 μm 滤膜过滤，滤液待测定用。

5.2 测定

5.2.1 色谱条件

5.2.1.1 色谱柱：ODS C_{18} 柱[250 mm×4.6 mm(内径)，5 μm，或相当者]。

5.2.1.2 流动相：0.005 mol/L 磷酸二氢钾。

5.2.1.3 流速：1.0 mL/min。

5.2.1.4 检测波长：254 nm。

5.2.1.5 柱温：室温。

5.2.1.6 进样量：10 μL。

5.2.2 标准工作曲线绘制

准确移取抗坏血酸磷酸酯镁标准储备液 0.20 mL、0.50 mL、1.00 mL、2.00 mL、3.00 mL、4.00 mL、

5.00 mL到一系列 10 mL 容量瓶中，用水稀释至刻度，摇匀。取 10 μL 溶液注入液相色谱仪，按色谱条件(5.2.1)进行测定，以色谱峰的峰面积为纵坐标，与其对应的浓度为横坐标作图，绘制标准工作曲线。标准溶液色谱图参见附录 A。

5.2.3 试样的测定

用微量进样器准确吸取 10 μL 试样溶液(5.1)注入液相色谱仪，按色谱条件(5.2.1)进行测定，记录色谱峰的保留时间和峰面积。以其保留时间定性，峰面积定量。抗坏血酸磷酸酯镁含量高的试样可取适当试样溶液用水稀释后进行测定。

6 结果计算

结果按式(1)计算，计算结果表示到小数点后两位：

$$W = \frac{c \cdot V}{1\,000m} \times 100 \qquad \cdots\cdots(1)$$

式中：

W——化妆品中抗坏血酸磷酸酯镁的含量，%；

c——从标准工作曲线上查出的试样溶液中抗坏血酸磷酸酯镁的浓度，单位为毫克每升(mg/L)；

V——试样溶液定容体积，单位为升(L)；

m——试样的质量的数值，单位为克(g)。

7 回收率和测定低限

7.1 回收率的实验数据

抗坏血酸磷酸酯镁浓度在 0.50%～3.00%范围，回收率在 90.6%～96.2%之间。

7.2 测定低限

本方法对抗坏血酸磷酸酯镁的测定低限为 0.002%。

8 精密度

抗坏血酸磷酸酯镁含量在 0.50%，测定结果(n=6)的相对标准偏差为 2.89%；

抗坏血酸磷酸酯镁含量在 1.50%，测定结果(n=6)的相对标准偏差为 2.63%；

抗坏血酸磷酸酯镁含量在 3.00%，测定结果(n=6)的相对标准偏差为 0.71%。

附　录　A
（资料性附录）
标准物液相色谱图

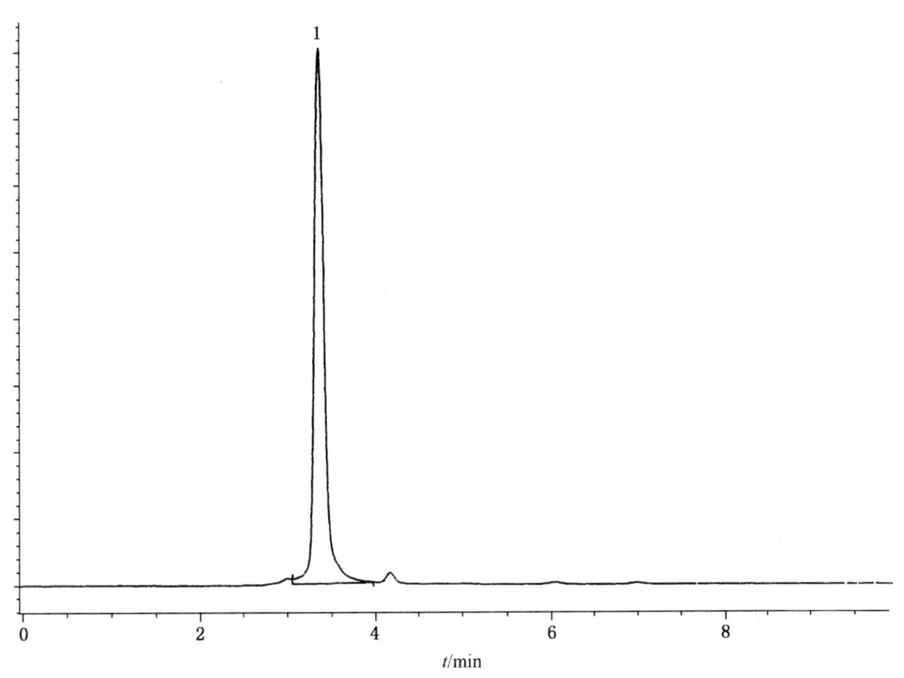

1——抗坏血酸磷酸酯镁(3.381 min)。

图 A.1　标准物液相色谱图

中华人民共和国出入境检验检疫行业标准

SN/T 1499—2004

化妆品中曲酸的检测方法 液相色谱法

Determination of kojic acid in cosmetics—Liquid chromatography

2004-11-17 发布　　2005-04-01 实施

中华人民共和国国家质量监督检验检疫总局　发布

前　　言

本标准的附录 A 为资料性附录。

本标准由国家认证认可监督管理委员会提出并归口。

本标准由中国检验检疫科学研究院负责起草。

本标准主要起草人：柳松、林远辉、陈伟。

本标准系首次发布的出入境检验检疫行业标准。

化妆品中曲酸的检测方法
液相色谱法

1 范围

本标准规定了化妆品中曲酸的液相色谱检测方法。

本标准适用于化妆品中曲酸的检测。

2 原理

化妆品中的曲酸用水提取,过滤后,采用反相高效液相色谱技术进行分离、测定。根据其保留时间定性,标准工作曲线法定量。

3 试剂和材料

除非另有说明,所用试剂均为分析纯,水为二次去离子水。

3.1 甲醇:色谱纯。

3.2 磷酸二氢钾:0.02 mol/L

3.3 曲酸:纯度≥99%;

3.4 曲酸标准储备液(200 mg/L):称取 0.02 g 曲酸,精确到 0.1 mg,于 50 mL 烧杯中,加适量水溶解,溶液定量移入 100 mL 容量瓶中,用水稀释至刻度,混匀。

4 仪器

4.1 液相色谱仪,配有紫外检测器。

4.2 微量进样器,10 μL。

4.3 超声波清洗器。

4.4 离心机,12 000 r/min。

4.5 溶剂过滤器和 0.45 μm 过滤膜。

5 测定步骤

5.1 试样的处理

称取化妆品试样约 0.5 g,精确到 1 mg,于 50 mL 具塞锥形瓶中,加入 20 mL 水,在超声波清洗器中超声震荡 20 min,将溶液移入 50 mL 容量瓶中,用水稀释至刻度,混匀。取部分溶液放入离心管中,在离心机上于 12 000 r/min 离心 10 min,离心后的上清液经 0.45 μm 滤膜过滤,滤液待测定用。

5.2 测定

5.2.1 色谱条件

5.2.1.1 色谱柱:ODS C_{18}柱[250 mm×4.6 mm(内径),5 μm,或相当者]。

5.2.1.2 流动相:甲醇:0.02 mol/L 磷酸二氢钾=18:82(体积分数)。

5.2.1.3 流速:1.0 mL/min;

5.2.1.4 检测波长:273 nm;

5.2.1.5 柱温:室温;

5.2.1.6 进样量:10 μL。

5.2.2 标准工作曲线绘制

准确移取曲酸标准储备液 0.20 mL、0.50 mL、1.00 mL、2.00 mL、3.00 mL、4.00 mL、5.00 mL 到一系列 10 mL 容量瓶中，用水稀释至刻度，摇匀。取 10 μL 溶液注入液相色谱仪进行测定，以色谱峰的峰面积为纵坐标，与其对应的浓度为横坐标作图，绘制标准工作曲线。标准溶液色谱图参见附录 A。

5.2.3 试样的测定

用微量进样器准确吸取 10 μL 试样溶液(5.1)注入液相色谱仪进行测定，记录色谱峰的保留时间和峰面积。以其保留时间定性，峰面积定量。曲酸含量高的试样可取适当试样溶液用水稀释后进行测定。

6 结果计算

结果按式(1)计算，计算结果表示到小数点后两位：

$$W = \frac{c \cdot V}{1\,000m} \times 100 \qquad \cdots\cdots(1)$$

式中：

W——化妆品中曲酸的含量，%；

c——从标准工作曲线上查出的试样溶液中曲酸的浓度，单位为毫克每升(mg/L)；

V——试样溶液定容体积，单位为升(L)；

m——试样的质量的数值，单位为克(g)。

7 回收率和测定低限

7.1 回收率的实验数据

曲酸浓度在 0.02%～3.00%范围，回收率在 98.50%～116.4%之间。

7.2 测定低限

本方法对曲酸的测定低限为 0.000 5%。

8 精密度

曲酸含量在 0.02%，测定结果(n=6)间的相对标准偏差为 0.28%；

曲酸含量在 0.50%，测定结果(n=6)间的相对标准偏差为 3.14%；

曲酸含量在 1.00%，测定结果(n=6)间的相对标准偏差为 2.58%；

曲酸含量在 2.00%，测定结果(n=6)间的相对标准偏差为 3.10%。

附 录 A
（资料性附录）
标准物液相色谱图

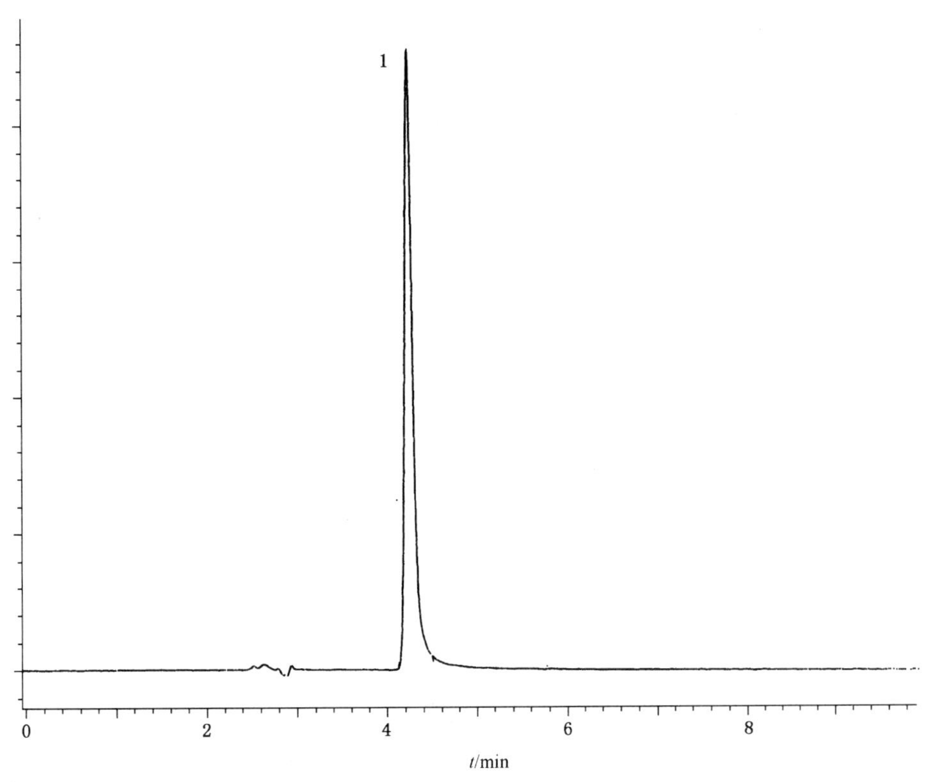

1——曲酸(4.246 min)。

图 A.1 标准物液相色谱图

中华人民共和国出入境检验检疫行业标准

SN/T 1500—2004

化妆品中甘草酸二钾的检测方法 液相色谱法

Determination of glycyrrhizic acid dipotassium in cosmetics—Liquid chromatography

2004-11-17 发布　　2005-04-01 实施

中华人民共和国国家质量监督检验检疫总局 发布

前　言

本标准的附录 A 为资料性附录。

本标准由国家认证认可监督管理委员会提出并归口。

本标准由中国检验检疫科学研究院负责起草。

本标准主要起草人：柳松、林远辉、刘娟。

本标准系首次发布的出入境检验检疫行业标准。

化妆品中甘草酸二钾的检测方法
液相色谱法

1 范围

本标准规定了化妆品中甘草酸二钾的液相色谱检测方法。

本标准适用于化妆品中甘草酸二钾的检测。

2 原理

化妆品中的甘草酸二钾用甲醇提取,过滤后,采用反相高效液相色谱技术进行分离测定。根据其保留时间定性,标准工作曲线法定量。

3 试剂和材料

除非另有说明,所用试剂均为分析纯,水为二次去离子水。

3.1 甲醇,色谱纯。

3.2 乙腈,色谱纯。

3.3 磷酸二氢钾,0.02 mol/L。

3.4 甘草酸二钾,纯度≥98%。

3.5 甘草酸二钾标准储备液(1 g/L):称取 0.1 g 甘草酸二钾,精确至 0.1 mg,于 50 mL 烧杯中,加适量甲醇溶解,溶液定量移入 100 mL 容量瓶中,用甲醇稀释至刻度,混匀。

4 仪器

4.1 液相色谱仪,配有紫外检测器。

4.2 微量进样器,10 μL。

4.3 超声波清洗器。

4.4 离心机,12 000 r/min。

4.5 溶剂过滤器和 0.45 μm 过滤膜。

5 分析步骤

5.1 试样的处理

称取化妆品试样约 0.5 g,精确到 1 mg,于 50 mL 具塞锥形瓶中,加入 20 mL 甲醇,在超声波清洗器中超声震荡 20 min,将溶液定量移入 50 mL 容量瓶中,用甲醇稀释至刻度,混匀。取部分溶液放入离心管中,在 12 000 r/min 离心 10 min,离心后的上清液经 0.45 μm 滤膜过滤,滤液待测定用。

5.2 测定

5.2.1 色谱条件

5.2.1.1 色谱柱:ODS C_{18} 柱(250 mm×4.6 mm(内径),5 μm,或相当者)。

5.2.1.2 流动相:乙腈∶0.02 mol/L 磷酸二氢钾=37∶63(体积分数)。

5.2.1.3 流速:1.0 mL/min。

5.2.1.4 检测波长:254 nm。

5.2.1.5 柱温:室温。

5.2.1.6 进样量：10 μL。

5.2.2 **标准工作曲线绘制**

准确移取甘草酸二钾标准储备液0.20 mL、0.50 mL、1.00 mL、2.00 mL、3.00 mL、4.00 mL、5.00 mL到一系列10 mL容量瓶中，用甲醇稀释至刻度，混匀。取10 μL注入液相色谱仪，按色谱条件(5.2.1)进行测定，以色谱峰的峰面积为纵坐标，与其对应的浓度为横坐标作图，绘制标准工作曲线。标准溶液色谱图参见附录A。

5.2.3 **试样的测定**

用微量进样器准确吸取10 μL试样溶液(5.1)注入液相色谱仪，按色谱条件(5.2.1)进行测定，记录色谱峰的保留时间和峰面积。以其保留时间定性，峰面积定量。甘草酸二钾含量高的试样可取适量试样溶液用甲醇稀释后进行测定。

6 结果计算

结果按式(1)计算，计算结果表示到小数点后两位：

$$W = \frac{c \cdot V}{1\,000m} \times 100 \quad \cdots\cdots(1)$$

式中：

W——化妆品中甘草酸二钾的含量，%；

c——从标准工作曲线上查出的试样溶液中甘草酸二钾的浓度，单位为毫克每升(mg/L)；

V——试样溶液定容体积，单位为升(L)；

m——试样的质量的数值，单位为克(g)。

7 方法的回收率和测定低限

7.1 回收率的实验数据

甘草酸二钾浓度在0.50%～1.50%范围，回收率在97.1%～100%之间。

7.2 测定低限

本方法对甘草酸二钾的测定低限为0.002%。

8 方法的精密度

甘草酸二钾含量在0.50%，测定结果(n=6)间的相对标准偏差为2.37%；

甘草酸二钾含量在1.00%，测定结果(n=6)间的相对标准偏差为0.46%；

甘草酸二钾含量在1.50%，测定结果(n=6)间的相对标准偏差为1.93%。

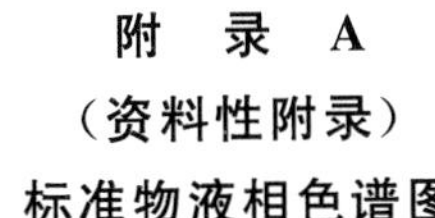

附 录 A
（资料性附录）
标准物液相色谱图

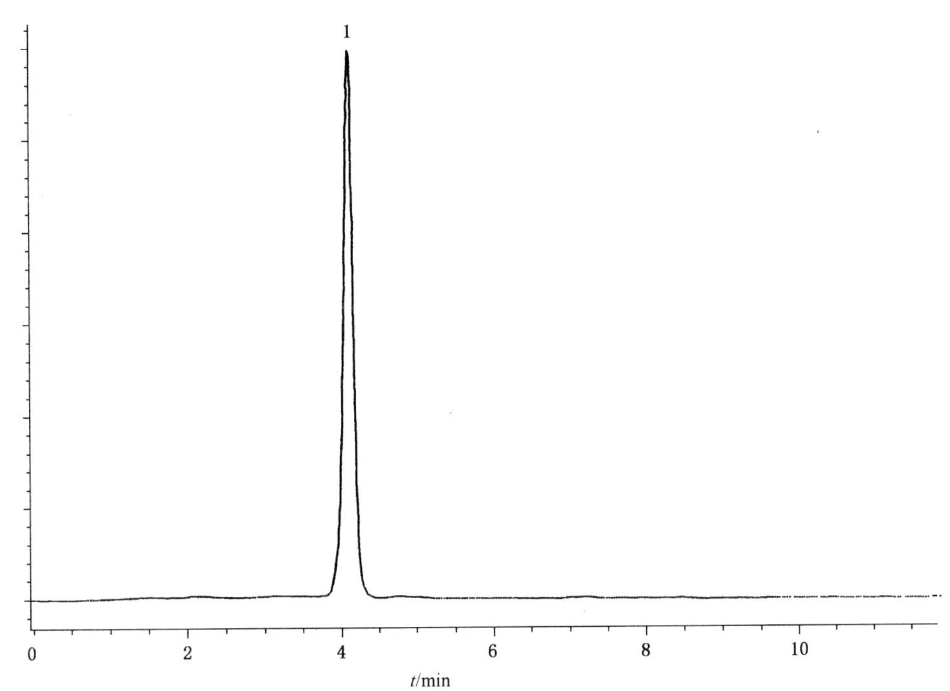

1——甘草酸二钾(4.068 min)。

图 A.1 标准物液相色谱图

中华人民共和国出入境检验检疫行业标准

SN/T 1780—2006

进出口化妆品中氯丁醇的测定 气相色谱法

Determination of chloroblltarlolum in cosmetics for import and export—Gas chromatography method

2006-04-25 发布　　2006-11-15 实施

中华人民共和国国家质量监督检验检疫总局 发布

前　言

本标准附录 A 为资料性附录。

本标准由国家认证认可监督管理委员会提出并归口。

本标准由中国检验检疫科学研究院负责起草。

本标准主要起草人:白桦、孙海峰、蔡天培、张青、于文莲。

本标准系首次发布的出入境检验检疫行业标准。

进出口化妆品中氯丁醇的测定
气相色谱法

1 范围

本标准规定了化妆品中氯丁醇的气相色谱测定方法。

本标准适用于化妆品中氯丁醇的测定。

2 原理

化妆品样品中加入三氯乙醇作内标，用无水乙醇提取，提取液经过滤后，用气相色谱法进行测定。根据其保留时间定性，内标法定量。

3 试剂和材料

除非另有说明，所用试剂均为分析纯。

3.1 无水乙醇：优级纯。

3.2 氯丁醇：纯度≥98%。

3.3 内标物：三氯乙醇，纯度≥98%。

3.4 氯丁醇标准储备液：准确称取适量氯丁醇标准品(精确至 0.1 mg)，以无水乙醇溶解、定容、混匀，配制成浓度为 100 μg/mL 的标准储备溶液。标准工作溶液根据需要用乙醇稀释到适用浓度。

3.5 内标储备液：准确称取适量三氯乙醇标准品(精确至 0.1 mg)，以无水乙醇溶解、定容、混匀，配制成浓度为 25 μg/mL 的内标储备溶液。

3.6 滤纸。

4 仪器

4.1 气相色谱仪，配有电子捕获检测器。

4.2 超声波清洗器。

5 测定步骤

5.1 试样处理

称取化妆品试样约 0.5 g(精确到 1 mg)，于 50 mL 具塞锥形瓶中，加入内标物 3 mL(3.5)，加入 15 mL无水乙醇，超声提取 20 min，将提取液用漏斗滤入 25 mL 容量瓶中，用无水乙醇定容至刻度，混匀。滤液供气相色谱测定用。

5.2 测定

5.2.1 色谱条件

5.2.1.1 色谱柱：DB-1701 柱 30 m×250 μm(内径)，膜厚 0.25 μm，或相当者；

5.2.1.2 柱温：$70℃ \xrightarrow{5℃/min} 150℃ \xrightarrow{10℃/min} 200℃(5\ min)$；

5.2.1.3 载气：氮气，纯度为 99.999%；

5.2.1.4 流速：1.0 mL/min；

5.2.1.5 进样口温度：250℃；

5.2.1.6 检测器温度：250℃；

5.2.1.7 进样量：1.0 μL；

5.2.1.8 进样方式：分流；

5.2.1.9 分流比：50∶1。

5.2.2 **试样测定**

根据样液中被测物含量情况，选定浓度相近的标准工作溶液。标准工作溶液和待测样液中氯丁醇的响应值均应在仪器检测的线性范围内。对标准工作溶液与样液(5.1)等体积进样测定。在上述仪器条件下(5.2.1)氯丁醇的保留时间约为 8.2 min，内标物的保留时间约为 7.2 min。标准品色谱图参见附录 A。

6 结果计算

结果按式(1)和式(2)计算，计算结果表示到小数点后两位：

$$f_i = \frac{A_{ss} \times W_{si}}{A_{si} \times W_{ss}} \qquad \cdots\cdots(1)$$

式中：

f_i——氯丁醇内标的相对校正因子；

A_{ss}——标准工作溶液中内标物的峰面积；

W_{si}——标准工作溶液中氯丁醇的质量，单位为克(g)；

A_{si}——氯丁醇的峰面积；

W_{ss}——标准工作溶液中内标物的质量，单位为克(g)。

$$X_i = f_i \frac{W_s \times A_i}{W \times A_s} \times 100 \qquad \cdots\cdots(2)$$

式中：

X_i——试样中氯丁醇的质量分数，%；

W_s——试样溶液中加入内标物的质量，单位为克(g)；

A_i——试样溶液中氯丁醇的峰面积；

A_s——试样溶液中内标物的峰面积；

W——称取试样的质量，单位为克(g)。

7 回收率和测定低限

7.1 回收率

——氯丁醇浓度在 0.000 1%，回收率在 95%～102%之间；

——氯丁醇浓度在 0.000 5%，回收率在 97%～101%之间；

——氯丁醇浓度在 0.005%，回收率在 93%～105%之间。

7.2 测定低限

本方法对氯丁醇的测定低限为 0.000 1%。

8 精密度

测定次数 $n=8$

——氯丁醇含量在 0.000 1%，测定结果间的相对标准偏差为 1%；

——氯丁醇含量在 0.000 5%，测定结果间的相对标准偏差为 0.7%；

——氯丁醇含量在 0.005%，测定结果间的相对标准偏差为 2%。

附 录 A
(资料性附录)
标准品气相色谱图

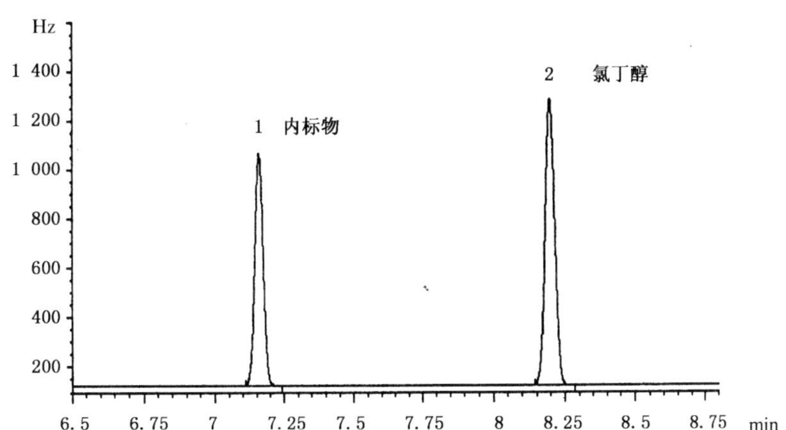

1——内标物,7.2 min;

2——氯丁醇,8.2 min。

图 A.1 标准品气相色谱图

中华人民共和国出入境检验检疫行业标准

SN/T 1781—2006

进出口化妆品中咖啡因的测定 液相色谱法

Determination of caffeine in cosmetics for import and export — Liquid chromatography method

2006-04-25 发布　　2006-11-15 实施

中华人民共和国国家质量监督检验检疫总局 发布

前　　言

本标准的附录 A、附录 B 均为资料性附录。

本标准由国家认证认可监督管理委员会提出并归口。

本标准由中国检验检疫科学研究院负责起草。

本标准主要起草人：王星、于文莲、王超、朱希、崔艳妮。

本标准系首次发布的出入境检验检疫行业标准。

进出口化妆品中咖啡因的测定
液相色谱法

1 范围

本标准规定了化妆品中咖啡因的液相色谱检测方法。

本标准适用于化妆品中咖啡因的检测。

本标准的咖啡因测定低限:10 mg/kg。

2 规范性引用文件

下列文件中的条款通过本标准的引用而成为本标准的条款。凡是注日期的引用文件,其随后所有的修改单(不包括勘误的内容)或修订版均不适用于本标准,然而,鼓励根据本标准达成协议的各方研究是否可使用这些文件的最新版本。凡是不注日期的引用文件,其最新版本适用于本标准。

GB/T 6379 测量方法与结果的准确度(正确度与精密度)(所有部分)

3 原理

化妆品中的咖啡因用甲醇超声提取,离心,取上清液过滤,采用配有紫外检测器的液相色谱仪测定。根据其保留时间定性,标准工作曲线法定量。

4 试剂与材料

除另有说明,所用试剂均为分析纯,水为超纯水。

4.1 甲醇:优级纯或者色谱纯。

4.2 标准品:咖啡因:纯度≥99.5%。

4.3 咖啡因标准储备液(500 mg/L):准确称取 0.05 g 咖啡因,精确到 0.000 1 g,于 50 mL 烧杯中,用适量甲醇溶解,溶液移入 100 mL 容量瓶中,用甲醇定容至刻度,混匀。

4.4 咖啡因标准工作液:分别准确移取咖啡因标准储备液(500 mg/L)(4.3)0.05 mL、0.5 mL、2.5 mL、5 mL、10 mL 至 25 mL 容量瓶中,用甲醇稀释至刻度,摇匀,即得 1 mg/L;10 mg/L、50 mg/L、100 mg/L、200 mg/L 的系列标准工作溶液;在 4℃保存,可使用一周。

5 仪器

5.1 液相色谱仪,配有紫外检测器。

5.2 超声波清洗仪。

5.3 高速离心机。

5.4 注射式样品过滤器(有机溶媒型,孔径 0.45 μm)。

5.5 锥形瓶:具磨口塞,50 mL。

6 测定步骤

6.1 试样的处理

称取化妆品 0.5 g,精确到 0.001 g,置于 50 mL 锥形瓶中,准确加入甲醇 8 mL,在超声波清洗仪上超声 20 min,将溶液转移至 10 mL 比色管中,用甲醇稀释至刻度,混匀。将溶液移入离心管中,在 12 000 r/min下离心 10 min 后,取上清液经 0.45 μm 注射式样品过滤器过滤,滤液供测定用。

6.2 测定

6.2.1 液相色谱测定条件

a) 色谱柱：C_{18}，5 μm，250 mm×4.6 mm 或相当者；

b) 流动相：甲醇＋水（50＋50）；

c) 流速：1.0 mL/min；

d) 检测波长：275 nm；

e) 进样体积：10 μL；

f) 柱温：室温。

6.2.2 定量测定

对咖啡因的标准溶液 4.4 分别进样，以峰面积为纵坐标，标准溶液浓度为横坐标绘制标准工作曲线，用标准工作曲线对样品进行定量，样品溶液中待测物的响应值应在仪器测定的线性范围内。咖啡因的标准物质液相色谱图参见附录 A。咖啡因的添加浓度及其平均回收率的试验数据参见附录 B。

6.3 平行试验

按以上步骤，对同一试样进行平行试验测定。

6.4 空白试验

除不加试样外，根据 6.1 进行处理，得到的样液根据 6.2.1 仪器条件进行测定。

7 结果计算

根据标准曲线按式(1)计算，计算结果需扣除空白值。

$$X_i = \frac{c_{Si} \times V}{m} \qquad \cdots\cdots(1)$$

式中：

X_i——试样中咖啡因含量，单位为毫克每千克(mg/kg)；

c_{Si}——标准工作曲线中查得咖啡因的浓度，单位为毫克每升(mg/L)；

V——样液定容体积，单位为毫升(mL)；

m——试样的质量，单位为克(g)。

8 精密度

本标准的精密度数据是按照 GB/T 6379 的规定确定的，其重复性和再现性的值是以 95%的可信度来计算。

8.1 重复性

在重复性条件下，化妆品中咖啡因的含量在 10 mg/kg～10 000 mg/kg 范围内，获得的两次独立测试结果的绝对差值不超过重复性限(r)，本部分的重复性限按式(2)计算：

$$\lg r = 0.916\,7 \lg m - 1.271\,6 \qquad \cdots\cdots(2)$$

式中：

m——咖啡因测定值，单位为毫克每千克(mg/kg)。

如果差值超过重复性限，应舍弃试验结果并重新完成两次单个试验的测定。

8.2 再现性

在再现性条件下，化妆品中咖啡因的含量在 10 mg/kg～10 000 mg/kg 范围内，获得的两次独立测试结果差值不超过再现性限(R)，本部分的再现性限按式(3)计算：

$$R = 0.041\,7\, m + 0.490\,2 \qquad \cdots\cdots(3)$$

式中：

m——咖啡因测定值，单位为毫克每千克(mg/kg)。

附 录 A
（资料性附录）
标准物液相色谱图

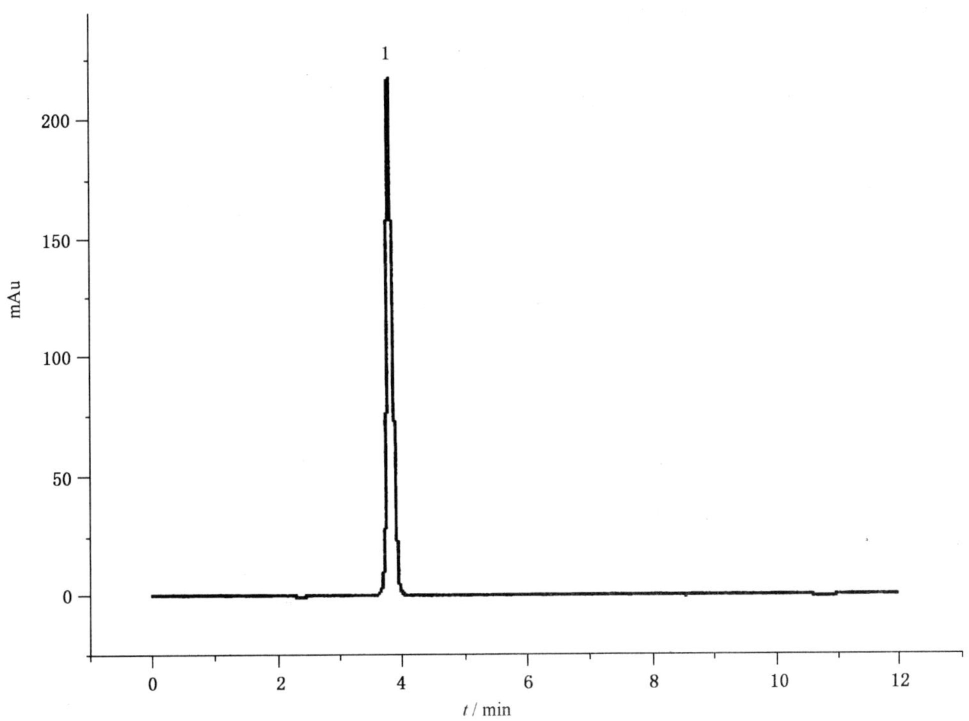

1——咖啡因(3.9 min)。

图 A.1 咖啡因标准物液相色谱图

附 录 B
（资料性附录）
回 收 率

化妆品中咖啡因添加浓度及平均回收率的试验数据：

——在添加量为 10 mg/kg 时，回收率为 99.0%；

——在添加量为 4 000 mg/kg 时，回收率为 102%；

——在添加量为 10 000 mg/kg 时，回收率为 100%。

中华人民共和国出入境检验检疫行业标准

SN/T 1782—2006

进出口化妆品中尿囊素的测定 液相色谱法

Determination of allantoin in cosmetics for import and export —
Liquid chromatography method

2006-04-25 发布　　　　2006-11-15 实施

中华人民共和国国家质量监督检验检疫总局　发布

前　言

本标准的附录 A、附录 B 均为资料性附录。

本标准由国家认证认可监督管理委员会提出并归口。

本标准由中国检验检疫科学研究院负责起草。

本标准主要起草人：王星、丁岩、王超、卢加文、陈伟。

本标准系首次发布的出入境检验检疫行业标准。

进出口化妆品中尿囊素的测定 液相色谱法

1 范围

本标准规定了化妆品中尿囊素(allantoin)的液相色谱测定方法。

本标准适用于化妆品中尿囊素的测定。

本标准的尿囊素的测定低限:0.001%。

2 规范性引用文件

下列文件中的条款通过本标准的引用而成为本标准的条款。凡是注日期的引用文件,其随后所有的修改单(不包括勘误的内容)或修订版均不适用于本标准,然而,鼓励根据本标准达成协议的各方研究是否可使用这些文件的最新版本。凡是不注日期的引用文件,其最新版本适用于本标准。

GB/T 6379 测量方法与结果的准确度(正确度与精密度)(所有部分)

3 原理

化妆品中的尿囊素用 pH 7 0.01 mol/L 磷酸二氢钾(KH_2PO_4)水溶液超声提取,加 1 g 氯化钠(NaCl)盐析后经离心过滤,采用高效液相色谱技术进行分离、测定。保留时间定性,外标法定量。

4 试剂与材料

除非另有说明,所用试剂均为分析纯,水为二次去离子水。

4.1 尿囊素,纯度≥98%。

4.2 尿囊素标准储备液(1 g/L):准确称取尿囊素(4.1)0.1 g,精确到 0.000 1 g,于 50 mL 烧杯中,加适量水溶解,溶液定量移入 100 mL 容量瓶中,用水稀释至刻度,混匀。此溶液浓度为 1 000 mg/L。储备液储存在 4℃冰箱中,可使用 2 个月。

4.3 尿囊素标准工作液:移取尿囊素标准储备液(4.2)0.20 mL、0.50 mL、1.00 mL、2.00 mL、3.00 mL到一系列 10 mL 容量瓶中,用水稀释至刻度,摇匀配制成浓度分别为 20 μg/mL、50 μg/mL、100 μg/mL、200 μg/mL、300 μg/mL 的标准工作溶液。在 4℃保存,可使用 1 周。

4.4 pH 7 的 0.01 mol/L 磷酸二氢钾水溶液:取磷酸二氢钾 0.68 g,加 0.1 mol/L 氢氧化钠溶液 29.1 mL用水稀释至 100 mL,即得。

4.5 氯化钠,分析纯。

5 仪器

5.1 液相色谱仪,配有紫外检测器。

5.2 微量进样器,10 μL。

5.3 超声波仪。

5.4 离心机,12 000 r/min。

5.5 0.45 μm 水性过滤膜。

6 测定步骤

6.1 样品处理

称取试样约 0.5 g(精确到 0.001 g),于 50 mL 具塞锥形瓶中,加入 20 mL(4.4)溶液,加入 1 g 氯化钠盐析,超声提取 20 min,将溶液移入 25 mL 容量瓶中,用(4.4)溶液定容至刻度,混匀。取约 10 mL 溶液于离心管中,在 6 000 r/min 下离心 10 min,离心后的上清液经 0.45 μm 水性滤膜过滤,滤液供测试。

6.2 测定

6.2.1 色谱条件

a) 色谱柱:C_8,粒度 10 μm,250 mm×4.6 mm(内径);

b) 流动相:0.01 mol/L 磷酸二氢钾水溶液(pH7);

c) 流速:0.9 mL/min;

d) 检测波长:210 nm;

e) 柱温:室温;

f) 进样量:10 μL。

6.2.2 定量测定

在仪器选定工作条件下,标准溶液(4.3)按浓度由稀至浓顺序依次进样,得到峰面积与浓度的标准工作曲线。试样溶液中待测物的响应值应在标准工作曲线范围内。尿囊素的参考保留时间约为:3.6 min。尿囊素标准的液相色谱图参见附录 A。尿囊素的添加浓度及其平均回收率的试验数据参见附录 B。

6.3 平行实验

按以上步骤,对同一试样进行平行试验测定。

6.4 空白试验

除不加试样外,根据 6.1 和 6.2 进行样品处理、测定。

7 结果计算

用色谱工作站或按式(1)计算(计算结果需扣除空白值)。

$$w = \frac{c \times V}{1\,000\, m} \times 100 \qquad \cdots\cdots (1)$$

式中:

w——试样中尿囊素的质量分数,%;

c——标准工作曲线中查得的样液中尿囊素的浓度,单位为毫克每升(mg/L);

V——样液最终定容体积,单位为升(L);

m——试样的质量,单位为克(g)。

计算结果精确到 0.001。

8 精密度

本标准的精密度数据是按照 GB/T 6379 的规定确定的,其重复性和再现性的值是以 95%的可信度来计算。

8.1 重复性

在重复性条件下,化妆品中尿囊素的含量在 0.05%~1.25%范围内,获得的两次独立测试结果的绝对差值不超过重复性限(r),本部分的重复性限按式(2)计算:

$$r = 0.018\,8\, m + 9 \times 10^{-5} \qquad \cdots\cdots (2)$$

式中：

m——尿囊素测定值的浓度，%。

如果差值超过重复性限，应舍弃试验结果并重新完成两次单个试验的测定。

8.2 再现性

在再现性条件下，化妆品中尿囊素的含量在 10 mg/kg～10 000 mg/kg 范围内，获得的两次独立测试结果差值不超过再现性限(R)，本部分的再现性限按式(3)计算：

$$R = 0.0186\,m + 0.0037 \qquad (3)$$

式中：

m——尿囊素测定值的浓度，%。

附 录 A
(资料性附录)
标准物液相色谱图

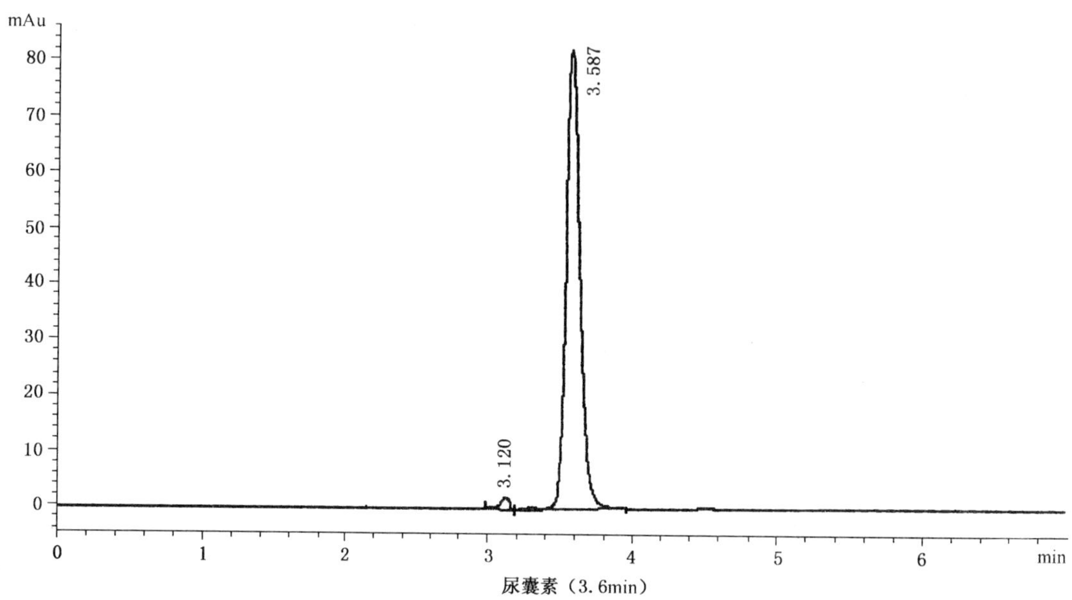

图 A.1 标准物液相色谱图

附 录 B
（资料性附录）
回 收 率

B.1 霜体化妆品中尿囊素添加浓度及平均回收率的试验数据：

——在添加量为0.001%时，回收率为92.5%；

——在添加量为0.04%时，回收率为105.0%；

——在添加量为0.20%时，回收率为94.0%；

——在添加量为1.00%时，回收率为91.4%。

B.2 液体化妆品中尿囊素添加浓度及平均回收率的试验数据：

——在添加量为0.001%时，回收率为96.2%；

——在添加量为0.04%时，回收率为95.0%；

——在添加量为0.20%时，回收率为98.5%；

——在添加量为1.00%时，回收率为99.3%。

中华人民共和国出入境检验检疫行业标准

SN/T 1783—2006

进出口化妆品中黄樟素和6-甲基香豆素的测定　气相色谱法

Determination of safrole and 6-methylcoumar in cosmetics for import and export — Gas chromatography method

2006-04-25 发布　　2006-11-15 实施

中华人民共和国国家质量监督检验检疫总局　发布

前　言

本标准的附录A、附录B、附录C和附录D均为资料性附录。

本标准由国家认证认可监督管理委员会提出并归口。

本标准由中国检验检疫科学研究院负责起草。

本标准主要起草人：王星、蔡天培、王超、季美琴、李翔。

本标准系首次发布的出入境检验检疫行业标准。

进出口化妆品中黄樟素和6-甲基香豆素的测定　气相色谱法

1　范围

本标准规定了进出口化妆品中黄樟素(safrole)和6-甲基香豆素(6-methylcoumarin)的气相色谱测定方法。

本标准适用于化妆品中黄樟素和6-甲基香豆素的测定。

本标准黄樟素的测定低限为0.000 5%,6-甲基香豆素的测定低限为0.001%。

质谱法的确证低限为黄樟素为0.000 5%,6-甲基香豆素为0.001%。

2　规范性引用文件

下列文件中的条款通过本标准的引用而成为本标准的条款。凡是注日期的引用文件,其随后所有的修改单(不包括勘误的内容)或修订版均不适用于本标准,然而,鼓励根据本标准达成协议的各方研究是否可使用这些文件的最新版本。凡是不注日期的引用文件,其最新版本适用于本标准。

GB/T 6379　测量方法与结果的准确度(正确度与精密度)(所有部分)

3　原理

用甲醇超声提取化妆品中的黄樟素和6-甲基香豆素,过滤,滤液注入配有FID检测器的气相色谱仪检测,外标法定量,采用气相色谱-质谱(GC/MSD)进行确证。

4　试剂与材料

除另有规定外,试剂均为分析纯。

4.1　甲醇:优级纯或者色谱纯。

4.2　无水硫酸钠:于650℃灼烧4 h,储于密闭干燥器中备用。

4.3　标准品:黄樟素:纯度≥99.0%,6-甲基香豆素:纯度≥99.0%。

4.4　标准储备液:准确称取黄樟素、6-甲基香豆素各0.100 0 g置于100 mL容量瓶中,用甲醇定容,振荡均匀,即得黄樟素、6-甲基香豆素浓度各为1 000 μg/mL的混合标准储备液。储备液储存在4℃冰箱中,可使用2个月。

4.5　标准工作液:准确吸取1 mL混合标准储备液(4.4)于10 mL容量瓶中,用甲醇定容,充分摇匀,即得100 μg/mL的混合标准工作溶液;分别吸取0.5 mL、1 mL、3 mL、5 mL、8 mL的标准工作液于10 mL容量瓶中定容,即得到5 μg/mL、10 μg/mL、30 μg/mL、50 μg/mL、80 μg/mL的混合标准工作溶液,在4℃保存,可使用1周。

5　仪器

5.1　气相色谱仪配氢火焰离子化检测器(FID)。

5.2　气相色谱-质谱仪(GC/MSD)。

5.3　超声波清洗仪。

5.4　注射式样品过滤器(有机溶媒型,0.45 μm)。

5.5　锥形瓶:具磨口塞,50 mL。

5.6 容量瓶。

6 测定步骤

6.1 样品处理

称取化妆品 1.0 g,精确到 0.001 g,置于 50 mL 锥形瓶中,准确加入甲醇 6 mL 混匀,于超声波清洗仪上超声 20 min,溶液转入 10 mL 的容量瓶中,用少量无水甲醇清洗锥形瓶,洗液转入 10 mL 容量瓶中,用甲醇定容后加入 3 g 无水硫酸钠(Na_2SO_4)脱水,经注射式样品过滤器(5.4)过滤,滤液供测定用。

6.2 测定

6.2.1 气相色谱(GC/FID)条件

a) 色谱柱:HP-5 毛细管柱[30 m×0.32 mm(内径)×0.25 μm]或相当者;

b) 柱温程序:初始温度为 90℃,保持 1 min 后以 10℃/min 的速率升至 210℃,保持 5 min;

c) 进样口温度:200℃;

d) 检测器温度:200℃;

e) 载气:氮气 1.0 mL/min(纯度为 99.999%);

f) 燃气:氢气 30 mL/min(纯度为 99.999%);

g) 助燃气:空气 300 mL/min;

h) 尾吹 N_2 流量 25 mL/min;

i) 进样方式:分流进样,分流比 1∶5;

j) 进样量:1 μL。

6.2.2 气相色谱-质谱仪(GC/MSD)条件

a) 色谱柱:HP-5MS 柱[30 m×0.25 mm(内径)×0.25 μm]或相当者;

b) 柱温程序:初始温度为 90℃,保持 1 min 后以 10℃/min 的速率升至 210℃,保持 5 min;

c) 进样口温度:200℃;

d) 色谱-质谱接口温度:280℃;

e) 载气:氦气 1.0 mL/min;

f) 电离方式:EI;

g) 电离能量:70 eV;

h) 测定方式:总离子流(TIC)方式,参见附录 C;

i) 监视离子范围(m/z):45～250;

j) 进样方式:分流方式,分流比 1∶5,溶剂延迟 3.0 min;

k) 进样量:1 μL。

6.2.3 定性测定

用气相色谱-质谱仪进行样品定性测定,如果检出的色谱峰的保留时间与标准品相一致,并且在扣除背景后的样品质谱图中,所选择的离子均出现,且所选择的离子比与标准样品的离子比相一致,则可判断样品中存在黄樟素和 6-甲基香豆素。

6.2.4 定量测定

用气相色谱氢火焰离子化检测器进行样品定量测定。用配制的标准工作溶液(4.5)分别进样,绘制峰面积对标准溶液浓度的五点标准工作曲线,用标准曲线对样品进行定量,样品溶液中黄樟素和 6-甲基香豆素的响应值均应在仪器测定的线性范围内。在上述色谱条件(6.2.1)下,黄樟素和 6-甲基香豆素的参考保留时间分别为 8.0 min 和 11.4 min。黄樟素和 6-甲基香豆素标准物质的气相色谱图和总离子流图及质谱图参见附录 A、附录 B 和附录 C。

6.3 平行试验

按以上步骤,对同一试样进行平行试验测定。

6.4 空白试验

除不加试样外，均按以上步骤进行，根据 6.1 进行处理，得到的样液根据 6.2.1 仪器条件进行测定。

7 结果计算

根据标准曲线按式(1)计算，计算结果需扣除空白值。

$$X_i = \frac{c_{Si} \times V}{10^6 \times m} \times 100 \quad \cdots\cdots (1)$$

式中：

X_i——试样中每种黄樟素、6-甲基香豆素的质量分数，%；

c_{Si}——标准工作曲线中查得的样液中黄樟素、6-甲基香豆素的浓度，单位为微克每毫升(μg/mL)；

V——样液最终体积，单位为毫升(mL)；

m——试样的质量，单位为克(g)。

计算结果保留两位有效数字。

8 精密度

本标准的精密度数据是按照 GB/T 6379 的规定确定的，其重复性和再现性的值是以 95%的可信度来计算。

8.1 重复性

在重复性条件下，化妆品中黄樟素的含量在 0.000 5%～0.01%范围内，6-甲基香豆素的含量在 0.001%～0.01%范围内，获得的两次独立测试结果的绝对差值不超过重复性限(r)，本部分的重复性限黄樟素和 6-甲基香豆素分别按式(2)和式(3)计算：

$$\lg r = 0.993\,0 \lg m_1 - 1.298\,4 \quad \cdots\cdots (2)$$

$$\lg r = 0.926\,1 \lg m_2 - 1.233\,6 \quad \cdots\cdots (3)$$

式中：

m_1——黄樟素的浓度，%；

m_2——6-甲基香豆素的浓度，%。

如果差值超过重复性限，应舍弃试验结果并重新完成两次单个试验的测定。

8.2 再现性

在再现性条件下，化妆品中黄樟素的含量在 0.000 5%～0.01%范围内，6-甲基香豆素的含量在 0.001%～0.01%范围内，获得的两次独立测试结果的绝对差值不超过重复性限(r)，本部分的重复性限黄樟素和 6-甲基香豆素分别按式(4)和式(5)计算：

$$R = 0.043\,4\, m_1 + 7 \times 10^{-5} \quad \cdots\cdots (4)$$

$$\lg R = 0.824\,9 \lg m_2 - 1.440\,9 \quad \cdots\cdots (5)$$

式中：

m_1——黄樟素的浓度，%；

m_2——6-甲基香豆素的浓度，%。

附　录　A
（资料性附录）
标准物质气相色谱图

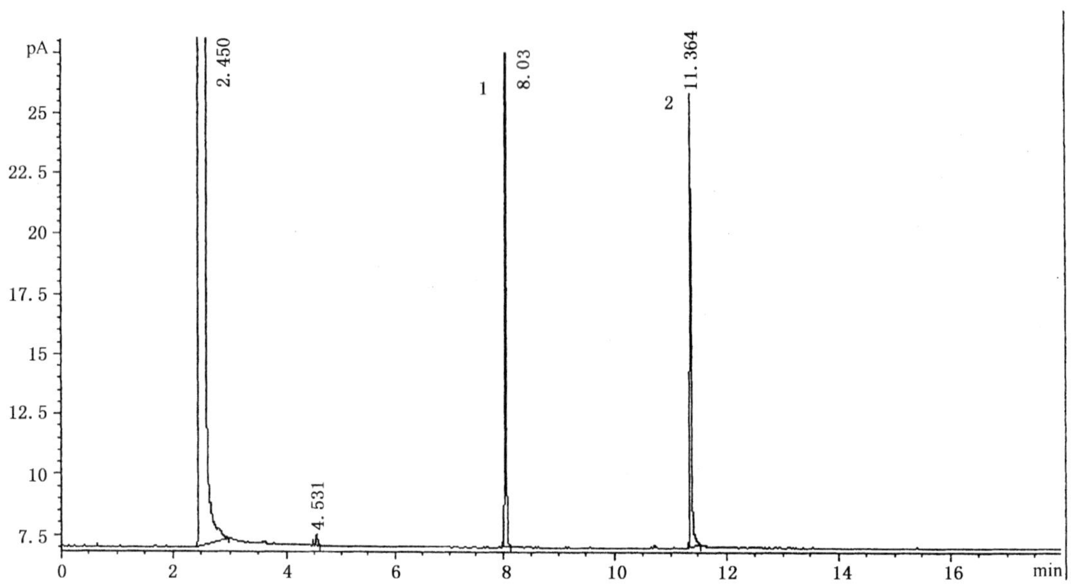

1——黄樟素(8.0 min)；

2——6-甲基香豆素(11.4 min)。

图 A.1　黄樟素、6-甲基香豆素标准物质的气相色谱图

附 录 B
（资料性附录）
标准物质 GC/MS 总离子流图

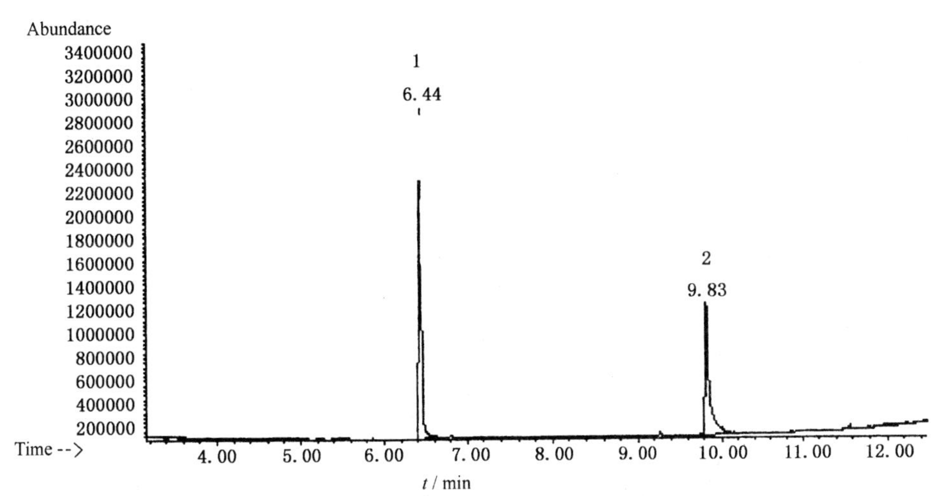

1——黄樟素(6.4 min)；

2——6-甲基香豆素(9.8 min)。

图 B.1 黄樟素、6-甲基香豆素标准物质 GC/MS 总离子流图

附　录　C
（资料性附录）
标准物质的标准质谱图和特征离子表

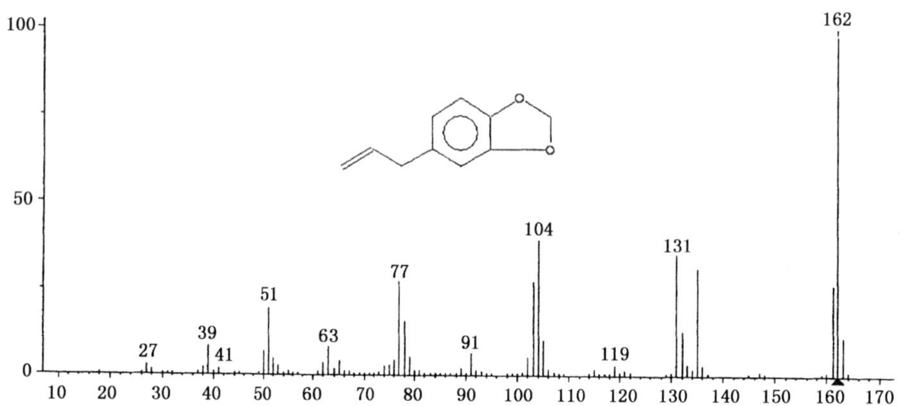

图 C.1　黄樟素标准物质质谱图

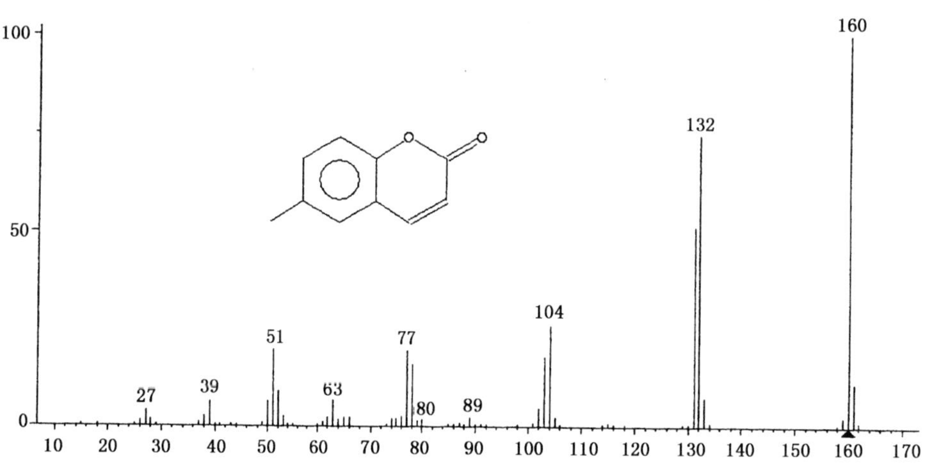

图 C.2　6-甲基香豆素标准物质质谱图

表 C.1　黄樟素、6-甲基香豆素特征离子表

名　称	分子式	CAS 编号	特征选择离子及丰度比
黄樟素	$C_{10}H_{10}O_2$	94-59-7	162(100),131(35),104(39)
6-甲基香豆素	$C_{10}H_8O_2$	92-48-8	160(100),132(74),131(51)

附　录　D
（资料性附录）
回　　收　　率

D.1　化妆品中黄樟素添加浓度及平均回收率的试验数据：

——在添加量为0.000 5%时，回收率为102.4%；

——在添加量为0.003%时，回收率为106.1%；

——在添加量为0.005%时，回收率为104.0%；

——在添加量为0.01%时，回收率为105.3%。

D.2　化妆品中6-甲基香豆素添加浓度及平均回收率的试验数据：

——在添加量为0.001%时，回收率为101.1%；

——在添加量为0.003%时，回收率为101.1%；

——在添加量为0.005%时，回收率为101.4%；

——在添加量为0.01%时，回收率为102.1%。

中华人民共和国出入境检验检疫行业标准

SN/T 1784—2006

进出口化妆品中二噁烷残留量的测定 气相色谱串联质谱法

Determination of dioxane residues in cosmetics for import and export — Gas chromatography-mass spectrometry method

2006-04-25 发布　　2006-11-15 实施

中华人民共和国国家质量监督检验检疫总局 发布

前　　言

本标准附录 A、附录 B 均为资料性附录。

本标准由国家认证认可监督管理委员会提出并归口。

本标准由中国检验检疫科学研究院负责起草。

本标准主要起草人：王超、季美琴、王星、郝楠、蔡天培。

本标准系首次发布的出入境检验检疫行业标准。

进出口化妆品中二噁烷残留量的测定 气相色谱串联质谱法

1 范围

本标准规定了采用气相色谱-质谱法测定化妆品中二噁烷残留量的方法。

本标准适用于化妆品中二噁烷残留量的测定。

本标准二噁烷的测定低限：2.5 mg/kg。

2 规范性引用文件

下列文件中的条款通过本标准的引用而成为本标准的条款。凡是注日期的引用文件，其随后所有的修改单（不包括勘误的内容）或修订版均不适用于本标准，然而，鼓励根据本标准达成协议的各方研究是否可使用这些文件的最新版本。凡是不注日期的引用文件，其最新版本适用于本标准。

GB/T 6379　测量方法与结果的准确度（正确度与精密度）（所有部分）

3 原理

试样在顶空瓶中经过加热提取后，用气相色谱-质谱（GC/MSD）法测定，外标法定量，采用选择离子检测进行确定。

4 试剂和材料

除另有规定外，所用试剂均为分析纯，水为二级水。

4.1　二噁烷：纯度98%。

4.2　二噁烷标准储备液：准确称取适量的二噁烷标准品（准确至0.000 1 g）。用水配置成浓度为1 000 μg/mL的标准储备液。储备液储存在4℃冰箱中，可使用2个月。

4.3　二噁烷标准工作溶液：用甲醇将上述（4.2）储备液分别配成二噁烷浓度为0.1 μg/mL、0.5 μg/mL、1 μg/mL、10 μg/mL、20 μg/mL、50 μg/mL、100 μg/mL标准工作溶液，在4℃保存，可使用1周。

5 仪器

5.1　气相色谱仪：配有质量选择检测器（MSD）。

5.2　顶空进样器。

5.3　顶空瓶：20 mL。

5.4　分析天平：感量0.000 1 g。

5.5　超声波清洗仪。

6 测定步骤

6.1 样品处理

准确称取混匀样品2.0 g，精确至0.001 g，置于顶空进样瓶中，加入1 g氯化钠固体，加入8 mL蒸馏水，密封后轻轻摇匀，置于顶空进样器中，在70℃下平衡40 min。取气液平衡后的上部气体1 mL，进入气相色谱-质谱检测。

6.2 测定

6.2.1 顶空进样器条件

a) 汽化室温度:70℃;定量管温度:150℃;传输线温度:200℃;

b) 振荡情况:振荡 5 min;

c) 汽液平衡时间:40 min;进样时间:1 min。

6.2.2 气相色谱-质谱(GC/MSD)条件

a) 色谱柱:HP-5 毛细管柱[30 m×0.25 mm(内径)×0.25 μm]或相当者;

b) 色谱柱温度:30℃(5 min)$\xrightarrow{50℃/min}$100℃(2 min);

c) 进样口温度:210℃;

d) 色谱-质谱接口温度:280℃;

e) 载气:氦气,纯度≥99.999%,1.0 mL/min;

f) 电离方式:EI;

g) 电离能量:70 eV;

h) 测定方式:选择离子监测方式(SIM);

i) 进样方式:分流进样,分流比为 10∶1;

j) 进样量:1.0 mL;

k) 选择监测离子(m/z)见表 1。

表 1

检测离子(m/z)	离子比/(%)	允许相对偏差/(%)
88	100	
58	79	±20
43	31	±25

6.2.3 定性测定

用气相色谱-质谱仪进行样品定性测定,进行样品测定时,如果检出的色谱峰的保留时间与标准品相一致,并且在扣除背景后的样品质谱图中,所选择的离子均出现,而且所选择的离子比与标准样品的离子比相一致,则可判断样品中存在二噁烷。

6.2.4 定量测定

用配制的标准工作溶液(4.3)分别进样,绘制峰面积对标准溶液浓度的七点标准工作曲线,用标准曲线对样品进行定量,样品溶液中二噁烷的响应值均应在仪器测定的线性范围内。在上述色谱条件(6.2.2)下,二噁烷的参考保留时间约为 3.6 min。二噁烷标准物质总离子流图及质谱图参见附录 A 中的图 A.1、图 A.2。二噁烷的添加浓度及其平均回收率的试验数据参见附录 B。

6.3 平行试验

按以上步骤,对同一试样进行平行试验测定。

6.4 空白试样

除不加试样外,均按上述测定步骤进行。

7 计算结果

试样中二噁烷的残留含量按式(1)计算:

$$X_i = \frac{A_i \cdot V_i}{m} \qquad \cdots\cdots(1)$$

式中:

X_i——试样中二噁烷的残留质量浓度,单位为毫克每千克(mg/kg);

A_i——标准曲线查得的二噁烷的浓度，单位为微克每毫升(μg/mL)；

V_i——样品稀释总体积，单位为毫升(mL)；

m——样品质量，单位为克(g)。

8 精密度

本标准的精密度数据是按照GB/T 6379的规定确定的，其重复性和再现性的值是以95%的可信度来计算。

8.1 重复性

在重复性条件下，化妆品中二噁烷的含量在2.5 mg/kg～50 mg/kg范围内，获得的两次独立测试结果的绝对差值不超过重复性限(r)，本部分的重复性限按式(2)计算：

$$r = 0.040\,1\,m + 0.247\,8 \qquad (2)$$

式中：

m——二噁烷测定值的浓度，单位为毫克每千克(mg/kg)。

如果差值超过重复性限，应舍弃试验结果并重新完成两次单个试验的测定。

8.2 再现性

在再现性条件下，化妆品中二噁烷的含量在2.5 mg/kg～50 mg/kg范围内，获得的两次独立测试结果差值不超过再现性限(R)，本部分的再现性限按式(3)计算：

$$R = 0.042\,0\,m + 0.240\,8 \qquad (3)$$

式中：

m——二噁烷测定值的浓度，单位为毫克每千克(mg/kg)。

附 录 A
（资料性附录）
二噁烷标准物 GC/MS 总离子流图

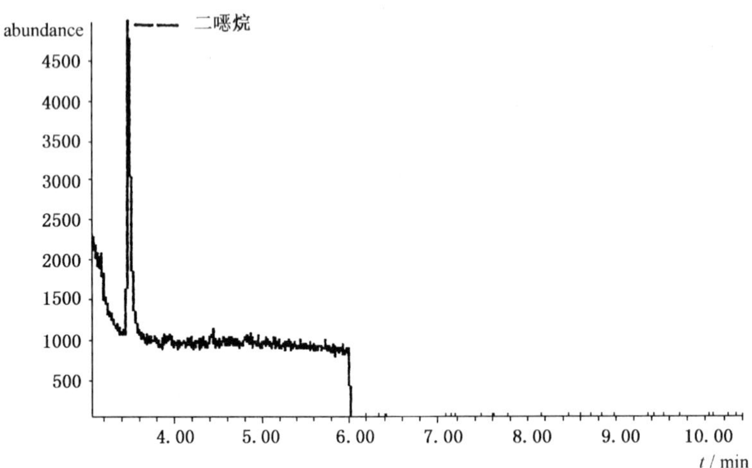

图 A.1 二噁烷标准品的 GC/MS 总离子流图

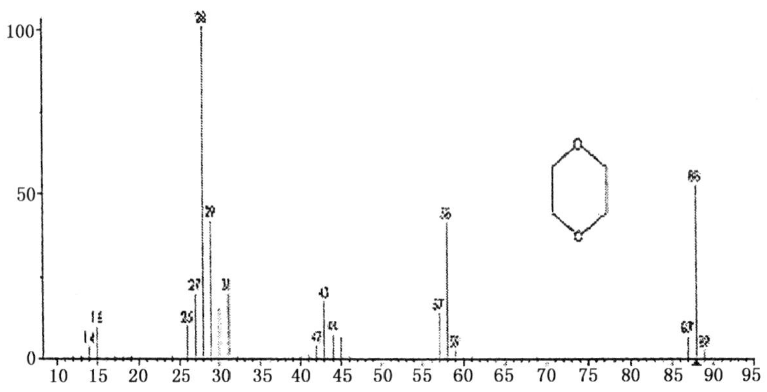

图 A.2 二噁烷的质谱图

附 录 B
（资料性附录）
回 收 率

化妆品中二噁烷添加浓度及平均回收率的试验数据：

——在添加量为 2.5 mg/kg 时，回收率为 84%；

——在添加量为 5.0 mg/kg 时，回收率为 92.7%；

——在添加量为 50 mg/kg 时，回收率为 99.6%。

中华人民共和国出入境检验检疫行业标准

SN/T 1785—2006

进出口化妆品中没食子酸丙酯的测定 液相色谱法

Determination of gallic acid propyl ester in cosmetics for import and export — Liquid chromatography method

2006-04-25 发布　　2006-11-15 实施

中华人民共和国国家质量监督检验检疫总局 发布

前　言

本标准附录A为资料性附录。

本标准由国家认证认可监督管理委员会提出并归口。

本标准由中国检验检疫科学研究院负责起草。

本标准主要起草人：白桦、丁岩、郝楠、陈会明、卢加文。

本标准系首次发布的出入境检验检疫行业标准。

进出口化妆品中没食子酸丙酯的测定 液相色谱法

1 范围

本标准规定了清洁类和护肤类化妆品中没食子酸丙酯的液相色谱测定方法。

本标准适用于清洁类和护肤类化妆品中没食子酸丙酯的测定。

2 原理

用甲醇提取化妆品中的没食子酸丙酯，提取液经离心过滤后，用高效液相色谱法进行测定。根据其保留时间定性，外标法定量。

3 试剂和材料

除非另有说明，所用试剂均为分析纯，水为二次去离子水或重蒸水。

3.1 甲醇：色谱纯。

3.2 没食子酸丙酯：纯度≥99%。

3.3 没食子酸丙酯标准储备液：准确称取适量没食子酸丙酯（精确到 0.1 mg），以甲醇配制成浓度为 1 000 μg/mL的标准储备溶液。根据需要用甲醇稀释成适当浓度的标准工作溶液。

4 仪器

4.1 液相色谱仪：配有紫外检测器。

4.2 微量进样器：10 μL。

4.3 超声波清洗器。

4.4 离心机。

4.5 0.45 μm 有机滤膜。

5 测定步骤

5.1 试样处理

称取化妆品试样约 0.5 g（精确到 1 mg），于 50 mL 具塞锥形瓶中，加入 15 mL 甲醇，在超声波清洗器中超声提取 20 min，将提取液移入 25 mL 容量瓶中，用甲醇稀释至刻度，混匀。取部分溶液放入离心管中，在 10 000 r/min 速度离心 10 min，离心后的上清液经滤膜过滤，滤液供液相色谱测定。

5.2 测定

5.2.1 色谱条件

5.2.1.1 色谱柱：C_{18}柱，250 mm×4.6 mm（内径），5 μm（粒径），或相当者；

5.2.1.2 流动相：甲醇+0.2%乙酸水溶液（65+35）；

5.2.1.3 流速：1.0 mL/min；

5.2.1.4 检测波长：280 nm；

5.2.1.5 柱温：室温；

5.2.1.6 进样量：10 μL；

5.2.2 标准工作曲线绘制

移取没食子酸丙酯标准工作溶液配制成0.1 mg/L、0.5 mg/L、1.0 mg/L、5.0 mg/L、10 mg/L、50 mg/L、100 mg/L标准工作溶液。取10 μL注入液相色谱仪，按色谱条件(5.2.1)进行测定，以色谱峰的峰面积为纵坐标，与其对应的浓度为横坐标作图，绘制标准工作曲线。

5.2.3 试样的测定

按色谱条件(5.2.1)进行测定，记录色谱峰的保留时间和峰面积。没食子酸丙酯含量高的试样可取适量试样溶液用甲醇稀释后进行测定。在上述仪器条件下，没食子酸丙酯的保留时间约为4.7 min。标准品色谱图参见附录A。

6 结果计算

结果按式(1)计算，计算结果表示到小数点后两位：

$$w = \frac{c \times V}{1\,000 \times m} \times 100 \qquad \cdots\cdots(1)$$

式中：

w——化妆品中没食子酸丙酯的质量分数，%；

c——从工作曲线上查出的试样溶液中没食子酸丙酯的浓度，单位为毫克每升(mg/L)；

V——试样定容体积，单位为升(L)；

m——试样的质量，单位为克(g)。

7 回收率及测定低限

7.1 回收率

没食子酸丙酯含量在0.000 5%~0.5%范围，回收率在93%~104%。

7.2 测定低限

本方法对没食子酸丙酯的测定低限为0.000 5%。

8 精密度

测定次数 $n=8$

没食子酸丙酯含量在0.000 5%，测定结果的相对标准偏差为4%。

没食子酸丙酯含量在0.1%，测定结果的相对标准偏差为1%。

没食子酸丙酯含量在0.5%，测定结果的相对标准偏差为1%。

附　录　A
（资料性附录）
标准品色谱图

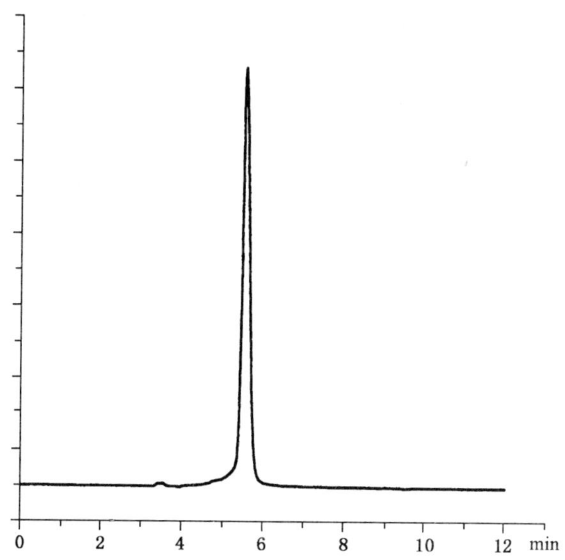

图 A.1　没食子酸丙酯标准品色谱图

中华人民共和国出入境检验检疫行业标准

SN/T 1786—2006

进出口化妆品中三氯生和三氯卡班的测定 液相色谱法

Determination of triclosan & triclocarban in cosmetics for import and export — Liquid chromatography method

2006-04-25 发布　　2006-11-15 实施

中华人民共和国
国家质量监督检验检疫总局　发布

前　言

本标准附录 A 为资料性附录。

本标准由国家认证认可监督管理委员会提出并归口。

本标准由中国检验检疫科学研究院负责起草。

本标准主要起草人：白桦、陈伟、郝楠、周新。

本标准系首次发布的出入境检验检疫行业标准。

进出口化妆品中三氯生和三氯卡班的测定
液相色谱法

1 范围

本标准规定了化妆品(包括牙膏)中三氯生和三氯卡班的液相色谱测定方法。

本标准适用于化妆品(包括牙膏)中三氯生和三氯卡班的测定。

2 原理

用甲醇提取化妆品中的三氯生和三氯卡班,提取液经离心过滤后,用高效液相色谱法进行测定。根据其保留时间定性,外标法定量。

3 试剂和材料

除非另有说明,所用试剂均为分析纯,水为二次去离子水或重蒸馏。

3.1 甲醇:色谱纯。

3.2 三氯生和三氯卡班:纯度≥99%。

3.3 三氯生和三氯卡班标准储备液:准确称取适量三氯生和三氯卡班(精确到0.1 mg),以甲醇配制成浓度均为1 000 μg/mL的标准储备溶液。根据需要用甲醇稀释成适用浓度的标准工作溶液。

4 仪器

4.1 高效液相色谱仪,配有紫外检测器。

4.2 微量进样器,10 μL。

4.3 超声波清洗器。

4.4 离心机。

4.5 溶剂过滤器

4.6 0.45 μm滤膜。

5 测定步骤

5.1 试样处理

称取化妆品试样约0.5 g(精确到1 mg),置于50 mL具塞锥形瓶中,加入15 mL甲醇,在超声波清洗器中超声提取20 min,将提取液移入25 mL容量瓶中,用甲醇稀释至刻度,混匀。取部分溶液放入离心管中,以10 000 r/min速度离心10 min,在10 000 r/min离心后的上清液经滤膜(4.6)过滤,所得滤液供液相色谱测定。

5.2 测定

5.2.1 色谱条件

5.2.1.1 色谱柱:C_8柱,250 mm×4.6 mm(内径),5 μm(粒径),或相当者。

5.2.1.2 流动相:甲醇+水(77+23)。

5.2.1.3 流速:1.0 mL/min。

5.2.1.4 检测波长:281 nm。

5.2.1.5 柱温:室温。

5.2.1.6　进样量：10 μL。

5.2.2　标准工作曲线绘制

移取三氯生 1.00 mg/L、2.00 mg/L、5.00 mg/L、10.00 mg/L、20.00 mg/L、50.00 mg/L、100.00 mg/L标准工作溶液；移取三氯卡班标准工作溶液配制成 0.050 mg/L、2.00 mg/L、5.00 mg/L、10.00 mg/L、20.00 mg/L、50.00 mg/L、100.00 mg/L 标准工作溶液。分别取 10 μL 注入液相色谱仪，按色谱条件（5.2.1）进行测定，以色谱峰的峰面积为纵坐标，与其对应的浓度为横坐标作图，绘制标准工作曲线。在上述仪器条件下（5.2.1）三氯卡班的保留时间约为 8.4 min，三氯生的保留时间约为 9.7 min。标准品色谱图参见附录 A。

5.2.3　试样测定

用微量进样器准确吸取 10 μL 试样溶液（5.1）注入液相色谱仪，按色谱条件（5.2.1）进行测定，记录色谱峰的保留时间和峰面积。三氯生和三氯卡班含量高的试样可取适量用甲醇稀释后进行测定。

6　结果计算

结果按式（1）计算，计算结果保留两位小数：

$$w = \frac{c \times V}{1\,000\,m} \times 100 \quad \cdots\cdots(1)$$

式中：

w——化妆品中三氯生和三氯卡班的质量分数，%；

c——从标准工作曲线上查出的试样溶液中三氯生和三氯卡班的浓度，单位为毫克每升（mg/L）；

V——试样定容体积，单位为升（L）；

m——试样的质量，单位为克（g）。

7　回收率及测定低限

7.1　回收率

三氯生含量在 0.005%～0.5%范围，回收率在 96%～102%。

三氯卡班含量在 0.002 5%～0.5%范围，回收率在 95%～105%。

7.2　测定低限

本方法对三氯生测定低限为 0.005%，对三氯卡班测定低限为 0.002 5%。

8　精密度

测定次数 $n=8$

三氯生含量在 0.005%，测定结果的相对标准偏差为 1%。

三氯生含量在 0.3%，测定结果的相对标准偏差为 1%。

三氯生含量在 0.5%，测定结果的相对标准偏差为 1%。

三氯卡班含量在 0.002 5%，测定结果的相对标准偏差为 1%。

三氯卡班含量在 0.2%，测定结果的相对标准偏差为 1%。

三氯卡班含量在 0.5%，测定结果的相对标准偏差为 2%。

附 录 A
（资料性附录）
标准品色谱图

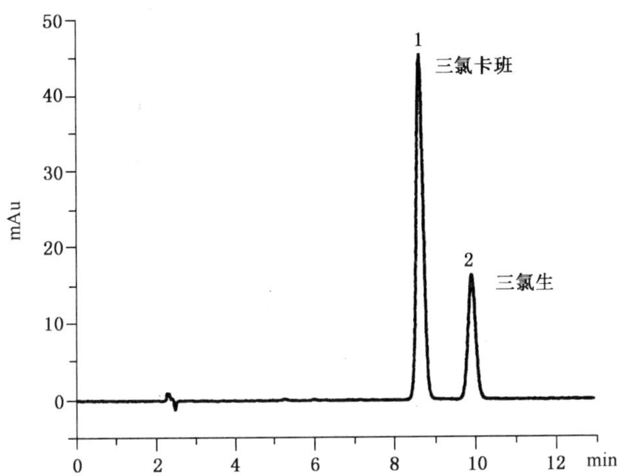

1——三氯卡班(8.4 min)；
2——三氯生(9.7 min)。

图 A.1 三氯生和三氯卡班标准品色谱图

中华人民共和国出入境检验检疫行业标准

SN/T 2103—2008

进出口化妆品中 8-甲氧基补骨脂素和 5-甲氧基补骨脂素的测定 液相色谱法

Determination of 8-methoxypsoralen and 5-methoxypsoralen in cosmetics for import and export—Liquid chromatography

2008-07-17 发布　　　　2009-02-01 实施

中华人民共和国国家质量监督检验检疫总局 发布

前　言

本标准的附录 A 为资料性附录。

本标准由国家认证认可监督管理委员会提出并归口。

本标准由中国检验检疫科学研究院负责起草。

本标准主要起草人:程艳、王星、肖海清、蔡天培、孙海锋、刘柳、王超。

本标准系首次发布的出入境检验检疫行业标准。

进出口化妆品中8-甲氧基补骨脂素和5-甲氧基补骨脂素的测定 液相色谱法

1 范围

本标准规定了进出口化妆品中8-甲氧基补骨脂素和5-甲氧基补骨脂素的液相色谱测定方法。

本标准适用于皮肤护理类、皮肤清洁类、皮肤美容/修饰类进出口化妆品中8-甲氧基补骨脂素和5-甲氧基补骨脂素的测定。

2 原理

化妆品中的8-甲氧基补骨脂素和5-甲氧基补骨脂素用甲醇超声提取，过滤后，采用反相高效液相色谱技术进行分离、测定。根据其保留时间定性，外标法定量。

3 试剂和材料

除非另有说明，所用试剂均为分析纯，水为二次去离子水。

3.1 甲醇，色谱纯。

3.2 8-甲氧基补骨脂素，纯度≥99%。

3.3 5-甲氧基补骨脂素，纯度≥99%。

3.4 8-甲氧基补骨脂素和5-甲氧基补骨脂素标准储备液(500 mg/L)：分别准确称取8-甲氧基补骨脂素(3.2)和5-甲氧基补骨脂素(3.3)0.05 g，精确到0.000 1 g，以甲醇定容至100 mL，冰箱冷藏保存。根据需要用甲醇稀释成适用浓度的标准工作溶液。

4 仪器

4.1 液相色谱仪，配有二极管阵列检测器。

4.2 微量进样器，10 μL。

4.3 超声波清洗器。

4.4 离心机，大于6 000 r/min。

4.5 溶剂过滤器和0.45 μm有机过滤膜。

5 测定步骤

5.1 试样处理

称取化妆品试样0.5 g，精确到0.001 g，加入甲醇(3.1)，在超声波清洗器中超声振荡20 min，用甲醇定容至25 mL，混匀。取部分溶液放入离心管中，在离心机上于6 000 r/min离心20 min，离心后的上清液经0.45 μm有机滤膜过滤，滤液待测定用。

5.2 样品测定

5.2.1 色谱条件

5.2.1.1 色谱柱：UG120 C_{18}柱[250 mm×4.5 mm(内径)，5 μm，或相当者]。

5.2.1.2 流动相：甲醇+水(58+42，体积比)。

5.2.1.3 流速：1.0 mL/min。

5.2.1.4 检测波长：301 nm。

5.2.1.5 柱温：室温。

5.2.1.6 进样量：10 μL。

5.2.2 标准工作曲线绘制

分别移取8-甲氧基补骨脂素和5-甲氧基补骨脂素标准储备液(3.4)配制成0.10,0.50,1.0,10,20,100 mg/L标准工作溶液。取10 μL注入液相色谱仪，按色谱条件(5.2.1)进行测定，以色谱峰的峰面积为纵坐标，与其对应的浓度为横坐标作图，绘制标准工作曲线。标准物质色谱图参见附录A。

5.2.3 试样测定

用微量进样器准确吸取10 μL试样溶液(5.1)注入液相色谱仪，按色谱条件(5.2.1)进行测定，记录色谱峰的保留时间和峰面积，由色谱峰的峰面积可从标准曲线上求出相应的被测物浓度。样品溶液中8-甲氧基补骨脂素和5-甲氧基补骨脂素的响应值均应在仪器测定的线性范围内。8-甲氧基补骨脂素和5-甲氧基补骨脂素含量高的试样可取适量试样溶液用甲醇稀释后进行测定。

6 结果计算

化妆品中的8-甲氧基补骨脂素和5-甲氧基补骨脂素的含量按式(1)计算：

$$X = \frac{c \times V}{m} \times 1\,000 \qquad \cdots\cdots(1)$$

式中：

X——化妆品中8-甲氧基补骨脂素和5-甲氧基补骨脂素的质量含量，单位为毫克每千克(mg/kg)；

c——从工作曲线上查出的样品溶液中8-甲氧基补骨脂素和5-甲氧基补骨脂素的浓度，单位为毫克每升(mg/L)；

V——试样定容体积，单位为升(L)；

m——试样的质量，单位为克(g)。

7 测定低限

本方法对8-甲氧基补骨脂素的测定低限为5.0 mg/kg；对5-甲氧基补骨脂素的测定低限为5.0 mg/kg。

8 回收率和精密度

8-甲氧基补骨脂素和5-甲氧基补骨脂素含量在5.0 mg/kg～1 000 mg/kg范围的回收率和精密度见表1所示。

表1 8-甲氧基补骨脂素和5-甲氧基补骨脂素的回收率和精密度

名称	添加浓度/(mg/kg)	平均回收率/%	相对标准偏差/%
8-甲氧基补骨脂素	5.0	97.3	2.61
	50.0	100.5	1.89
	1 000	100.5	0.56
5-甲氧基补骨脂素	5.0	97.0	3.65
	50.0	100.3	2.30
	1 000	100.5	1.09

附 录 A
（资料性附录）
标准物质液相色谱图

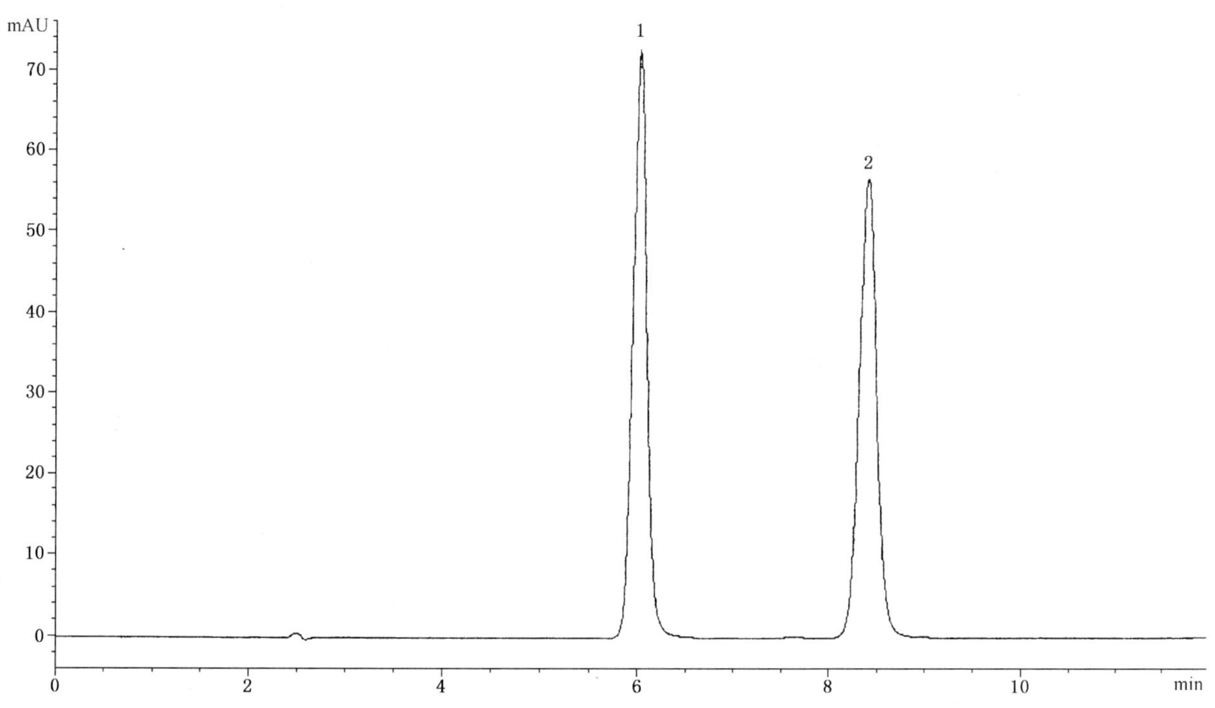

1——8-甲氧基补骨脂素(6.10 min)；

2——5-甲氧基补骨脂素(8.50 min)。

图 A.1 8-甲氧基补骨脂素和 5-甲氧基补骨脂素标准物质液相色谱图

中华人民共和国出入境检验检疫行业标准

SN/T 2104—2008

进出口化妆品中双香豆素和环香豆素的测定 液相色谱法

Determination of dicumarol and cyclocoumarol in cosmetics for import and export—Liquid chromatography

2008-07-17 发布　　　　2009-02-01 实施

中华人民共和国
国家质量监督检验检疫总局　发布

前　言

本标准的附录 A 为资料性附录。

本标准由国家认证认可监督管理委员会提出并归口。

本标准由中国检验检疫科学研究院负责起草。

本标准主要起草人：程艳、王星、武婷、陈伟、林远辉、张帆、刘柳、王超。

本标准系首次发布的出入境检验检疫行业标准。

进出口化妆品中双香豆素和环香豆素的测定 液相色谱法

1 范围

本标准规定了进出口化妆品中双香豆素和环香豆素的液相色谱测定方法。

本标准适用于皮肤护理类、皮肤清洁类、皮肤美容/修饰类进出口化妆品中双香豆素和环香豆素的测定。

2 原理

化妆品中的双香豆素和环香豆素用乙腈+0.1 mol/L 氢氧化钠溶液(9+1,体积比)超声提取,过滤后,采用反相高效液相色谱技术进行分离、测定。根据其保留时间定性,外标法定量。

3 试剂和材料

除非另有说明,所用试剂均为分析纯,水为二次去离子水。

3.1 乙腈,色谱纯。

3.2 甲醇,优级纯。

3.3 双香豆素,纯度≥99%。

3.4 环香豆素,纯度≥99%。

3.5 0.1 mol/L 氢氧化钠溶液:称取 0.40 g 氢氧化钠,加水溶解后转移至 100 mL 容量瓶中,定容至刻度。

3.6 1.0 mol/L 乙酸溶液:移取 5.7 mL 冰醋酸,加水溶解后转移至 100 mL 容量瓶中,定容至刻度。

3.7 0.05 mol/L 乙酸铵溶液(含 0.25%体积比的乙酸):称取 3.85 g 乙酸铵,加水溶解后转移至 1 000 mL 容量瓶中,加入 2.5 mL 冰醋酸,定容,过滤后备用。

3.8 双香豆素和环香豆素标准储备液(100 mg/L):分别准确称取双香豆素(3.3)和环香豆素(3.4) 0.01 g,精确至 0.000 1 g,加入 5 mL 二氯甲烷,再加入 5 mL 乙腈(3.1),超声使固体全部溶解,用乙腈定容至 100 mL,冰箱冷藏保存。根据需要用乙腈稀释成适用浓度的标准工作溶液,现用现配。

3.9 乙腈+氢氧化钠溶液:量取乙腈(3.1)90 mL,加入 0.1 mol/L 氢氧化钠溶液(3.5)10 mL,混合均匀,配制成 100 mL 溶液。

4 仪器

4.1 液相色谱仪:配有二极管阵列检测器。

4.2 微量进样器:10 μL。

4.3 超声波清洗器。

4.4 离心机:大于 6 000 r/min。

4.5 溶剂过滤器和 0.45 μm 有机过滤膜。

5 测定步骤

5.1 试样处理

称取化妆品试样 0.5 g 至聚四氟乙烯容器中,精确到 0.001 g,加入乙腈+氢氧化钠溶液(3.9) 15 mL,在超声波清洗器中超声振荡 20 min 后,加入 0.15 mL 乙酸溶液(3.6),并用乙腈+氢氧化钠溶液(3.9)定容至25mL,混匀。取部分溶液放入离心管中,在离心机上于6 000 r/min离心20 min,离心后的上清液经0.45 μm有机滤膜过滤,滤液待测定用。

5.2 样品测定

5.2.1 色谱条件

5.2.1.1 色谱柱:Kromasil C_{18}柱[250 mm×4.6 mm(内径),5 μm,或相当者]。

5.2.1.2 流动相:(A)相:5%甲醇(3.2)+95%乙腈(3.1);(B)相:5%甲醇(3.2)+95%的0.05 mol/L乙酸铵溶液(含0.25%体积比的乙酸)(3.7)。

5.2.1.3 梯度条件:如表1所示。

表1 梯度洗脱条件

时间/min	A/%	B/%
0	53	47
2	53	47
3	79	21
10	79	21
12	53	47

5.2.1.4 流速:1.0 mL/min。

5.2.1.5 检测波长:306 nm。

5.2.1.6 柱温:室温。

5.2.1.7 进样量:10 μL。

5.2.2 标准工作曲线绘制

分别移取双香豆素和环香豆素标准储备液(3.8)配制成0.10,0.50,1.0,10,20,50 mg/L标准工作溶液。取10 μL注入液相色谱仪,按色谱条件(5.2.1)进行测定,以色谱峰的峰面积为纵坐标,与其对应的浓度为横坐标作图,绘制标准工作曲线。标准物质色谱图参见附录A。

5.2.3 试样测定

用微量进样器准确吸取10 μL试样溶液(5.1)注入液相色谱仪,按色谱条件(5.2.1)进行测定,记录色谱峰的保留时间和峰面积,由色谱峰的峰面积可从标准曲线上求出相应的被测物浓度。样品溶液中双香豆素和环香豆素的响应值均应在仪器测定的线性范围内。双香豆素和环香豆素含量高的试样可取适量试样溶液用乙腈稀释后进行测定。

6 结果计算

化妆品中的双香豆素和环香豆素的含量按式(1)计算:

$$X = \frac{c \times V}{m} \times 1\ 000 \qquad (1)$$

式中:

X——化妆品中双香豆素和环香豆素的质量含量,单位为毫克每千克(mg/kg);

c——从工作曲线上查出的样品溶液中双香豆素和环香豆素的浓度,单位为毫克每升(mg/L);

V——试样定容体积,单位为升(L);

m——试样的质量,单位为克(g)。

7 测定低限

本方法对双香豆素的测定低限为5.0 mg/kg;对环香豆素的测定低限为5.0 mg/kg。

8 回收率和精密度

双香豆素和环香豆素含量在5.0 mg/kg～1 000 mg/kg范围的回收率和精密度如表2所示。

表2 双香豆素和环香豆素的回收率和精密度

名　　称	添加浓度/(mg/kg)	平均回收率/%	相对标准偏差/%
双香豆素	5.0	102.9	1.33
	50.0	99.3	1.50
	1 000	99.5	2.17
环香豆素	5.0	98.1	4.78
	50.0	97.9	4.93
	1 000	100.4	1.80

附　录　A
（资料性附录）
标准物质液相色谱图

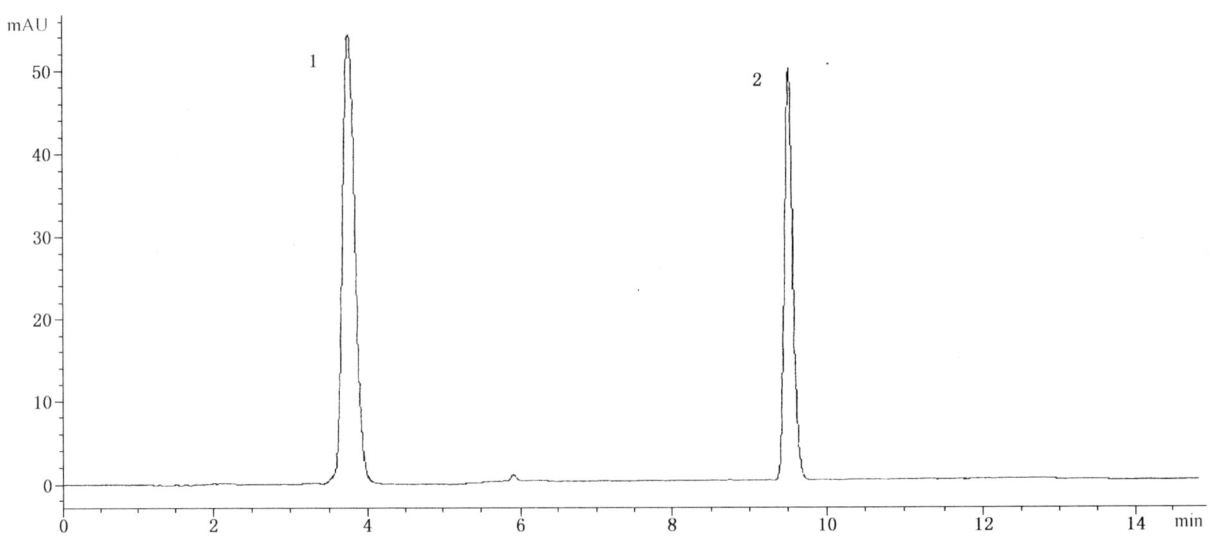

1——双香豆素(3.70 min)；
2——环香豆素(9.69 min)。

图 A.1　双香豆素和环香豆素标准物质液相色谱图

中华人民共和国出入境检验检疫行业标准

SN/T 2105—2008

化妆品中柠檬黄和桔黄等水溶性色素的测定方法

Determination of tartrazine & sunset yellow water-solubility colour in cosmetics

2008-07-17 发布　　　　2009-02-01 实施

中华人民共和国
国家质量监督检验检疫总局　发布

前　　言

本标准的附录A、附录B、附录C均为资料性附录。

本标准由国家认证认可监督管理委员会提出并归口。

本标准起草单位：中国检验检疫科学研究院。

本标准主要起草人：郝楠、白桦、丁岩、陈伟、陈娟、马强。

本标准系首次发布的出入境检验检疫行业标准。

化妆品中柠檬黄和桔黄等水溶性色素的测定方法

1 范围

本标准规定了化妆品中八种水溶性色素樱桃红、食品红17、柠檬黄、桔黄、苋菜红、胭脂红、靛蓝、亮蓝的液相色谱测定方法。

本标准适用于皮肤护理类和眼部修饰类化妆品中水溶性色素的测定。

2 原理

用水提取化妆品中的水溶性色素，提取液经离心过滤后，用高效液相色谱法进行测定。根据其保留时间定性，外标法定量。液相色谱-质谱法确证。

3 试剂和材料

除非另有说明，所用试剂均为分析纯，水为二次去离子水或重蒸水。

3.1 甲醇：高效液相色谱级。

3.2 乙酸铵。

3.3 樱桃红标准物质：纯度≥97%。

3.4 食品红17标准物质：纯度≥97%。

3.5 柠檬黄标准物质：纯度≥97%。

3.6 桔黄标准物质：纯度≥97%。

3.7 苋菜红标准物质：纯度≥97%。

3.8 胭脂红标准物质：纯度≥97%。

3.9 亮蓝标准物质：纯度≥97%。

3.10 靛蓝标准物质：纯度≥97%。

3.11 水溶性色素标准储备液：准确称取适量水溶性色素（精确到0.1 mg），以水配制成浓度均为1 000 μg/mL的标准储备溶液。根据需要用水稀释成适用浓度的标准工作溶液。冰箱冷藏保存，有效期1个月。

3.12 0.45 μm水性滤膜。

4 仪器与设备

4.1 高效液相色谱仪：配有二极管阵列检测器。

4.2 微量进样器：10 μL。

4.3 超声波清洗器。

4.4 离心机：大于5 000 r/min。

4.5 溶剂过滤器。

5 测定步骤

5.1 试样处理

5.1.1 液体样品

称取化妆品试样约1 g（精确到0.001 g），置于50 mL具塞锥形瓶中，加入15 mL水，在超声波清洗器中超声提取20 min，提取液移入25 mL容量瓶中，用水稀释至刻度，混匀，经滤膜（3.12）过滤，所得滤液供液相色谱测定。

5.1.2　固体样品

称取化妆品试样约1 g(精确到0.001 g),置于50 mL具塞锥形瓶中,加入15 mL水,3 g氯化钠固体,在超声波清洗器中超声提取20 min,提取液过滤,用水定容至25 mL,经滤膜(3.12)过滤,所得滤液供液相色谱测定。

5.2　测定

5.2.1　色谱条件

a)　色谱柱:Kromasil　C_{18} 250 mm×4.6 mm(内径),5 μm(粒径),或相当者;

b)　流动相A:甲醇;

c)　流动相B:0.005 mol/L乙酸铵;

d)　流动相梯度(见表1);

表1　流动相梯度程序

时间/min	流动相A	流动相B
0	10	90
2	20	80
6	98	2
10	98	2
13	10	90

e)　流速:1.0 mL/min;

f)　检测波长:樱桃红、食品红17、柠檬黄、桔黄、苋菜红、胭脂红、靛蓝:254 nm;亮蓝:630 nm;

g)　柱温:室温;

h)　进样量:10 μL。

5.2.2　标准工作曲线绘制

用水溶性色素标准储备液(3.11)分别配制成浓度为0.5 mg/L、1.0 mg/L、5.0 mg/L、10.0 mg/L、20.0 mg/L、50.0 mg/L、100.0 mg/L的混合标准工作溶液,分别取10 μL注入液相色谱仪,按色谱条件(5.2.1)进行测定,以色谱峰的峰面积为纵坐标,与其对应的浓度为横坐标作图,绘制标准工作曲线。在上述仪器条件下(5.2.1)柠檬黄的保留时间约为4.4 min,苋菜红的保留时间约为5.1 min,靛蓝的保留时间约为5.9 min,胭脂红的保留时间约为6.2 min,桔黄的保留时间约为6.6 min,食品红17的保留时间约为6.9 min,亮蓝的保留时间约为7.3 min,樱桃红的保留时间约为8.4 min,水溶性色素标准物种类表和色谱图参见附录A、附录B。

5.2.3　试样测定

用微量进样器准确吸取10 μL试样溶液(5.1)注入液相色谱仪,按色谱条件(5.2.1)进行测定,记录色谱峰的保留时间和峰面积。待测物质含量高,样液超过线性范围的,可用水稀释后进行测定。需要时,用液相色谱-质谱法进行确证(参见附录C)。

5.3　空白试验

除不称取试样外,均按上述步骤进行。

6　结果计算

结果按式(1)计算:

$$X = \frac{c \times V}{m} \times 1\,000 \qquad \cdots\cdots(1)$$

式中：

X——化妆品中待测物质的量，单位为毫克每千克(mg/kg)；

c——从标准工作曲线上查出的试样溶液中水溶性色素的浓度，单位为毫克每升(mg/L)；

V——试样定容体积，单位为升(L)；

m——试样的质量，单位为克(g)。

7 测定低限及精密度

7.1 测定低限

本方法对亮蓝测定低限为 2.5 mg/kg，对樱桃红、食品红 17、柠檬黄、桔黄、苋菜红、胭脂红和靛蓝测定低限为 10 mg/kg。

7.2 精密度

回收率和精密度见表 2。

表 2 水溶性色素回收率和精密度

名　称	添加浓度/(mg/kg)	平均回收率/%	相对标准偏差/%
柠檬黄	1 000	95.9	1.18
	100	95.3	2.36
	10	99.8	2.16
苋菜红	1 000	95.9	1.22
	100	92.5	4.74
	10	102	2.49
靛蓝	1 000	93.9	1.64
	100	86.0	4.83
	10	82.9	2.88
胭脂红	1 000	95.2	2.14
	100	98.1	3.53
	10	101	2.61
桔黄	1 000	95.9	1.00
	100	90.5	2.89
	10	88.8	2.42
食品红 17	1 000	95.8	1.15
	100	84.4	2.31
	10	90.0	2.98
樱桃红	1 000	95.2	3.41
	100	85.8	4.46
	10	104	3.69
亮蓝	1 000	95.2	1.29
	100	94.5	2.46
	2.5	102	2.96

附 录 A
（资料性附录）
八种水溶性色素种类表

表 A.1 八种水溶性色素种类表

序号	中文名称	英文名称	化学文摘号 CAS	色号 C.I.	分子式
1	柠檬黄	Tartrazine	1934-21-0	19140	$C_{16}H_9O_9N_4S_2Na_3$
2	桔黄	Sunset Yellow	2783-94-0	15985	$C_{10}H_{10}N_2O_7S_2Na_2$
3	樱桃红	Food Red 14	568-63-8	45430	$C_{20}H_6I_4Na_2O_5$
4	食品红 17	Fancy Red	25956-17-6	16035	$C_{18}H_{14}N_2Na_2O_8S_2$
5	胭脂红	Ponceau 4R	2611-87-2	16255	$C_{20}H_{11}N_2Na_3O_{10}S_3$
6	苋菜红	Amaranth	915-67-3	16185	$C_{20}H_{11}N_2Na_3O_{10}S_3$
7	亮蓝	Erioglaucine disodium salt	3844-45-9	42090	$C_{37}H_{34}N_2Na_2O_9S_3$
8	靛蓝	Food Blue 1	860-22-0	73015	$C_{16}H_8N_2Na_2O_8S_2$

附 录 B
（资料性附录）
水溶性色素标准物液相色谱图

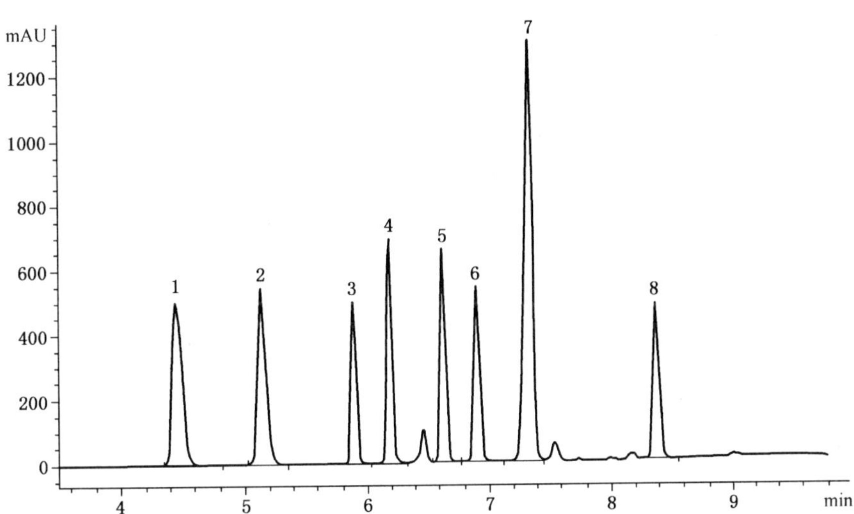

1——柠檬黄；
2——苋菜红；
3——靛蓝；
4——胭脂红；
5——桔黄；
6——食品红 17；
7——亮蓝；
8——樱桃红。

图 B.1 水溶性色素标准物的液相色谱图

附　录　C
（资料性附录）
确证试验

C.1　液相色谱条件

a）色谱柱：XTerra MS C_{18}柱，150 mm×2.1 mm（内径），5 μm（粒径），或相当者；

b）流动相：流动相梯度见表 C.1，A：甲醇，B：0.01 mol/L 乙酸铵溶液；

表 C.1　流动相梯度洗脱程序

时间/min	0	6	10	14	15
流动相 A	10	85	95	95	10
流动相 B	90	15	5	5	90

c）流速：0.2 mL/min；

d）柱温：30℃；

e）进样量：5 μL。

C.2　质谱条件

a）离子源：ESI；

b）离子化模式：正离子模式；

c）毛细管电压：3.5 kV；

d）萃取电压：3 V；

e）射频透镜电压：0.5 V；

f）离子源温度：120℃；

g）脱溶剂气温度：350℃；

h）数据采集方式：选择离子监测（MRM）。

C.3　定性测定

进行试样测定时，将样液适当稀释，按液相色谱-质谱条件测定样液和标准工作溶液，如果检出色谱峰的保留时间与标准物质相一致，并且在扣除背景后的样品质谱图中，所选择的离子均出现，而且所选择的离子比与标准物质的相对丰度一致，相对丰度不超过表 C.2 规定的范围，则可判断样品中存在该色素。

表 C.2　监测离子

目　标　物	母离子(m/z)	子离子(m/z)	相对丰度/%	允许相对误差/%
柠檬黄	468.9(20 V)	451.2(13 eV)	100	±20
		200.2(25 eV)	86	
苋菜红	538.9(20 V)	348.4(25 eV)	100	±20
		223.4(30 eV)	97	
胭脂红	539.0(25 V)	158.0(28 eV)	100	±20
		223.3(20 eV)	57	
靛蓝	423.1(25V)	313.3(25 eV)	100	±20
		342.5(28 eV)	67	
桔黄	409.1(20V)	173.1(22 eV)	100	±20
		236.2(25 eV)	76	

表 C.2（续）

目　标　物	母离子(m/z)	子离子(m/z)	相对丰度/%	允许相对误差/%
食品红 17	453.0(22 V)	217.2(28 eV)	100	±20
		202.1(30 eV)	51	
亮蓝	749.3(50 V)	171.2(50 eV)	100	±20
		306.2(48 eV)	65	
樱桃红	836.7(18 V)	582.8(50 eV)	100	±25
		329.2(55 eV)	44	

标准物质的离子监测图见图 C.1，质谱图见图 C.2～图 C.9。

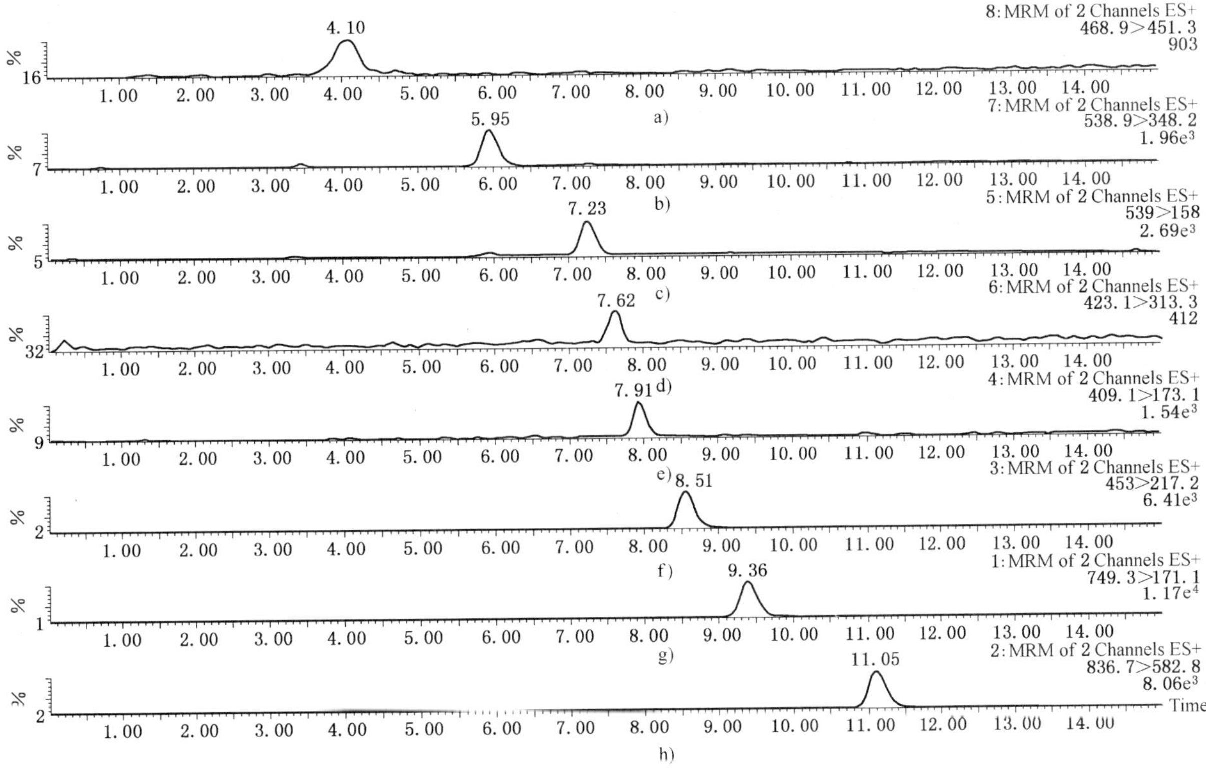

图 C.1　选择离子监测图

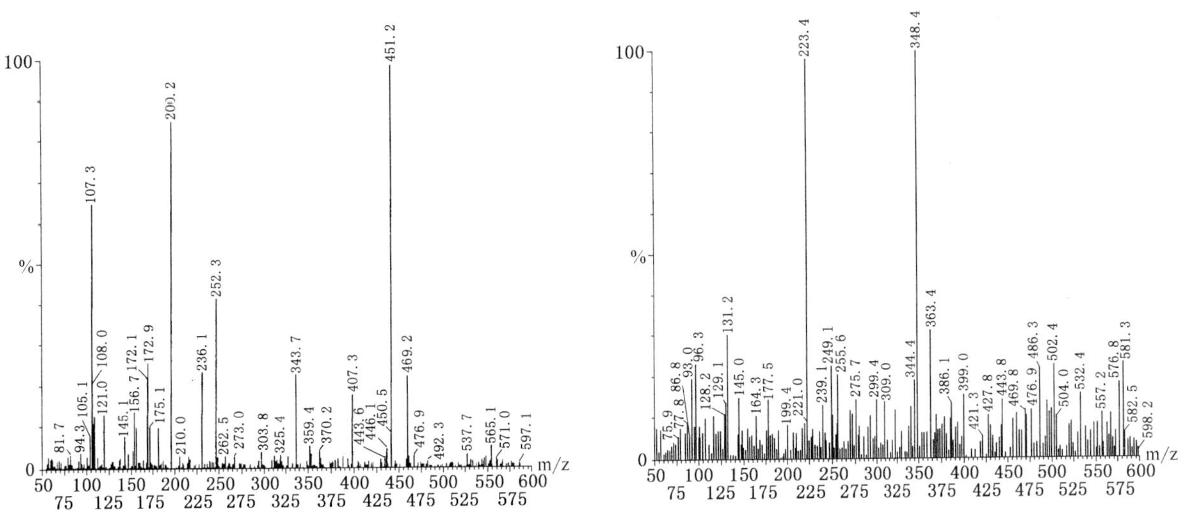

图 C.2　柠檬黄质谱图

图 C.3　苋菜红质谱图

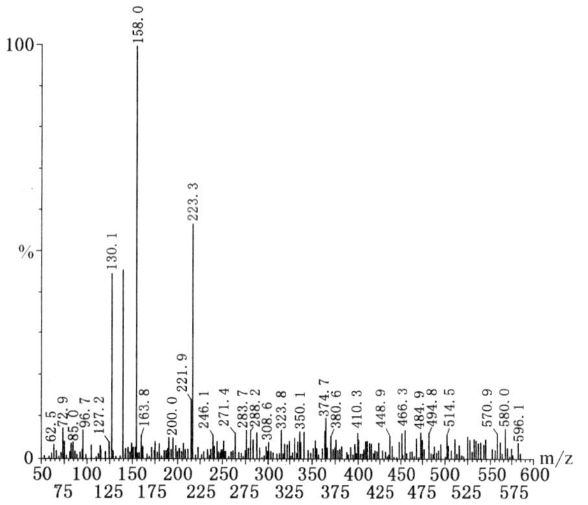

图 C.4 胭脂红质谱图

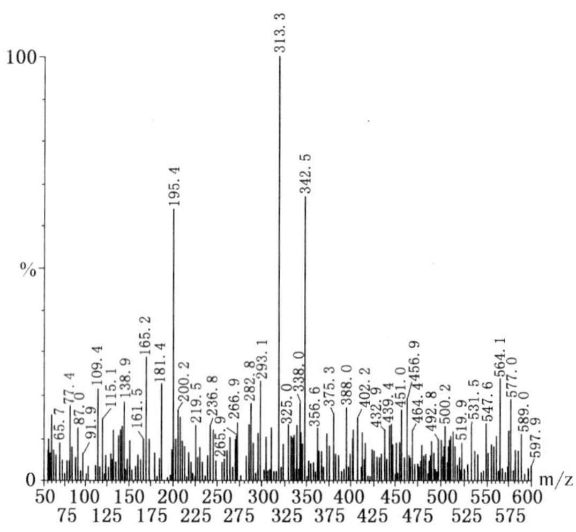

图 C.5 靛蓝质谱图

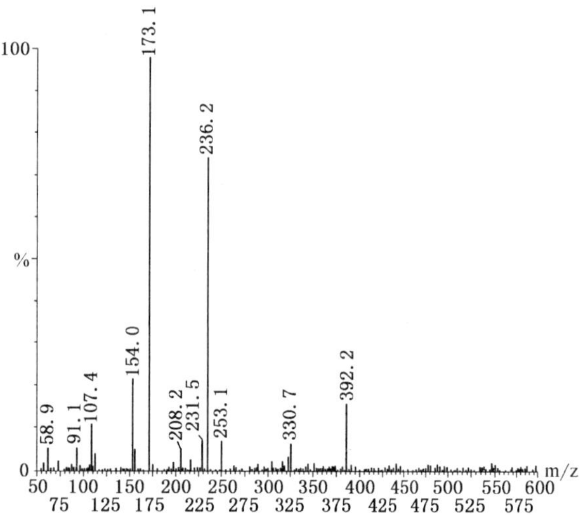

图 C.6 桔黄质谱图

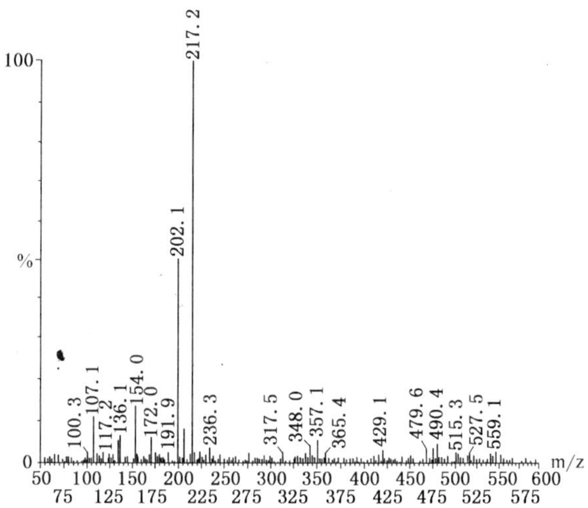

图 C.7 食品红 17 质谱图

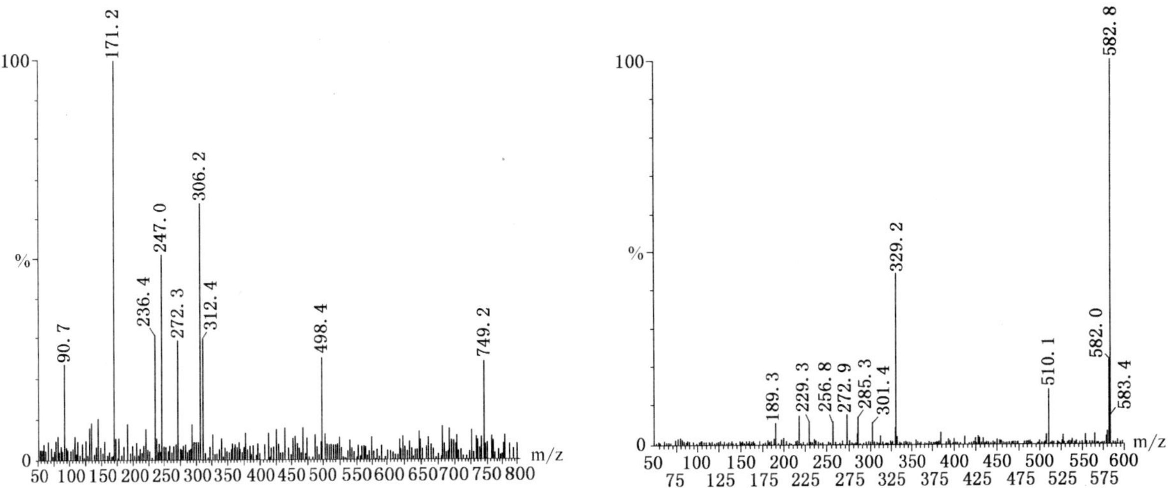

图 C.8 亮蓝质谱图

图 C.9 樱桃红质谱图

中华人民共和国出入境检验检疫行业标准

SN/T 2106—2008

进出口化妆品中甲基异噻唑酮及其氯代物的测定　液相色谱法

Determination of methylisothiazolinone and chloromethylisothiazolinone in cosmetics for import and export—Liquid chromatography

2008-07-17 发布　　　　2009-02-01 实施

中华人民共和国国家质量监督检验检疫总局　发布

前　言

本标准的附录 A 为资料性附录。

本标准由国家认证认可监督管理委员会提出并归口。

本标准由中国检验检疫科学研究院工业品所负责起草。

本标准主要起草人：王超、武婷、王星、程艳、林远辉、马强、丁岩、肖海清。

本标准系首次发布的检验检疫行业标准。

进出口化妆品中甲基异噻唑酮及其氯代物的测定 液相色谱法

1 范围

本标准规定了化妆品中甲基异噻唑酮(MIT)和氯化甲基异噻唑酮(CIT)的液相色谱测定方法。

本标准适用于皮肤清洁类、皮肤护理类化妆品中甲基异噻唑酮和氯化甲基异噻唑酮的测定。

2 原理

化妆品中的甲基异噻唑酮及其氯代物用甲醇超声提取,离心过滤,采用高效液相色谱技术进行分离、测定。保留时间定性,外标法定量。

3 试剂与材料

除非另有说明,所用试剂均为分析纯,水为二次去离子水。

3.1 甲醇,色谱纯。

3.2 甲基异噻唑酮(2-甲基-4-异噻唑啉-3-酮),纯度≥98%。

3.3 氯化甲基异噻唑酮(5-氯-2-甲基-4-异噻唑啉-3-酮),纯度≥98%。

3.4 甲基异噻唑酮及其氯代物标准储备混合溶液:分别准确称取甲基异噻唑酮(3.2)0.025 g、氯化甲基异噻唑酮(3.3)0.1 g,精确到0.000 1 g,于50 mL烧杯中,加适量甲醇溶解,溶液定量移入100 mL容量瓶中,用甲醇稀释至刻度,混匀。此溶液中甲基异噻唑酮浓度为250 mg/L、氯化甲基异噻唑酮浓度为1 000 mg/L。储备液放在冰箱冷藏保存。

3.5 甲基异噻唑酮及其氯代物标准工作液:移取标准混合储备液(3.4),分别配制成甲基异噻唑酮浓度为0.012 5、0.125、0.25、2.5、12.5、25 mg/L的标准工作溶液,氯化甲基异噻唑酮浓度为0.05、0.50、1.0、10、50、100 mg/L的标准工作液。冰箱冷藏保存。

4 仪器

4.1 液相色谱仪,配有二极管阵列检测器。

4.2 微量进样器,10 μL。

4.3 超声波清洗仪。

4.4 离心机,大于6 000 r/min。

4.5 0.45 μm有机相过滤膜。

5 测定步骤

5.1 样品处理

称取化妆品试样约0.5 g(精确到0.001 g),置于50 mL具塞锥形瓶中,加入15 mL甲醇,超声提取20 min,将提取液移入20 mL比色管中,用甲醇定容至20 mL,混匀。取约10 mL溶液于离心管中,在6 000 r/min下离心20 min,离心后的上清液经0.45 μm有机相滤膜过滤,所得滤液供液相色谱测定。

5.2 测定

5.2.1 色谱条件

a) 色谱柱:Kromasil C_{18},250 mm×4.6 mm(内径),5 μm或相当者;

b) 流动相：甲醇＋水(25＋75,体积比)；

c) 流速：1.0 mL/min；

d) 检测波长：276 nm；

e) 柱温：室温；

f) 进样量：10 μL。

5.2.2 标准工作曲线绘制

分别准确吸取标准工作溶液(3.5)10 μL 按浓度由稀至浓顺序注入液相色谱仪，按色谱条件(5.2.1)进行测定，以色谱峰的峰面积为纵坐标，与其对应的浓度为横坐标作图，绘制标准工作曲线。甲基异噻唑酮和氯化甲基异噻唑酮的标准物液相色谱图参见附录 A。

5.2.3 试样测定

用微量进样器准确吸取 10 μL 试样溶液(5.1)注入液相色谱仪，按色谱条件(5.2.1)进行测定，记录色谱峰的保留时间和峰面积。由色谱峰的峰面积可从标准曲线上求出相应的被测物浓度。试样溶液中，甲基异噻唑酮和氯化甲基异噻唑酮的响应值均应在仪器测定的线性范围内。被测物含量高的试样可取适量试样溶液用甲醇稀释后进行测定。

5.3 空白试验

除不称取试样外，按上述步骤进行。

6 结果计算

结果按式(1)计算：

$$W = \frac{c \times V}{1\,000m} \times 100 \qquad (1)$$

式中：

W——试样中甲基异噻唑酮或氯化甲基异噻唑酮的含量，%；

c——标准工作曲线中查得的样液中甲基异噻唑酮或氯化甲基异噻唑酮的浓度，单位为毫克每升(mg/L)；

V——样液最终定容体积，单位为升(L)；

m——试样的质量，单位为克(g)。

计算结果精确到 0.001。

7 测定低限

本标准对甲基异噻唑酮(MIT)的测定低限为 0.000 05%，对氯化甲基异噻唑酮(CIT)的测定低限为 0.000 2%。

8 回收率与精密度

回收率和精密度见表 1。

表 1 甲基异噻唑酮和氯化甲基异噻唑酮的回收率与精密度

名　称	添加浓度/%	平均回收率/%	相对标准偏差/%
甲基异噻唑酮	0.000 05	84.5	9.4
	0.001	92.4	6.9
	0.01	93.9	2.5
氯化甲基异噻唑酮	0.002	88.3	6.9
	0.004	88.5	5.8
	0.04	92.9	2.9

附 录 A
（资料性附录）
标准物质的液相色谱图

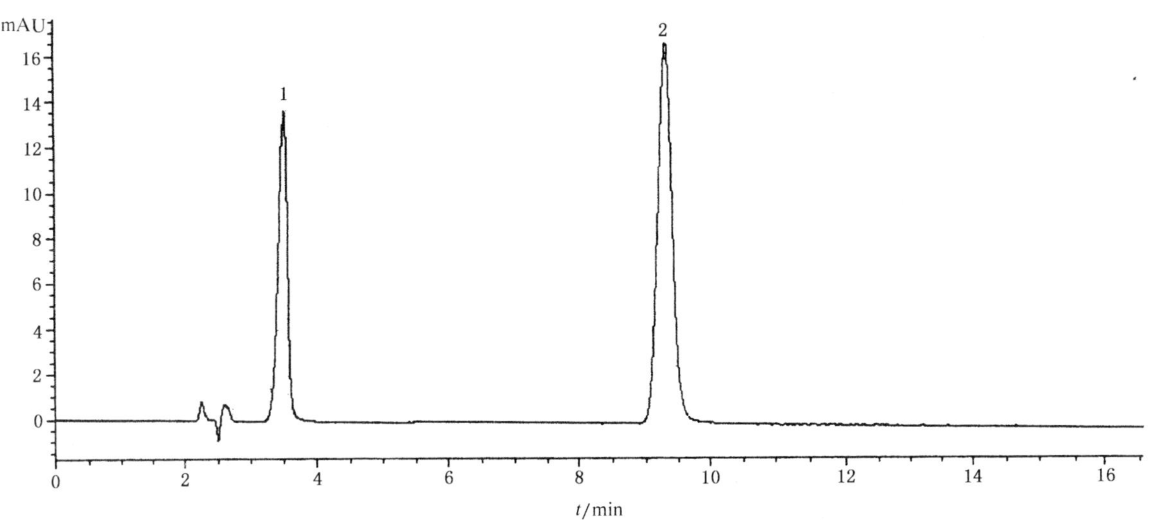

1——甲基异噻唑酮(3.3 min)；
2——氯化甲基异噻唑酮(8.8 min)。

图 A.1 甲基异噻唑酮和氯化甲基异噻唑酮的标准物液相色谱图

中华人民共和国出入境检验检疫行业标准

SN/T 2107—2008

进出口化妆品中一乙醇胺、二乙醇胺、三乙醇胺的测定方法

Determination of monoethanolamine, diethanolamine and triethanolamine in cosmetics for import and export

2008-07-17 发布　　2009-02-01 实施

中华人民共和国国家质量监督检验检疫总局 发布

前　言

本标准的附录A、附录B和附录C均为资料性附录。

本标准由国家认证认可监督管理委员会提出并归口。

本标准由中国检验检疫科学研究院工业品所负责起草。

本标准主要起草人：王星、蔡天培、武婷、肖海清、王超、马强、张帆、刘柳。

本标准系首次发布的出入境检验检疫行业标准。

进出口化妆品中一乙醇胺、二乙醇胺、三乙醇胺的测定方法

1 范围

本标准规定了化妆品中一乙醇胺、二乙醇胺、三乙醇胺的测定方法。

本标准适用于皮肤护理类化妆品中一乙醇胺、二乙醇胺、三乙醇胺的测定。

2 原理

化妆品中的一乙醇胺、二乙醇胺、三乙醇胺用乙醇超声提取，离心过滤，采用气相色谱进行分离、测定。保留时间定性，外标法定量，气相色谱质谱法确证。

3 试剂与材料

除非另有说明，所用试剂均为分析纯，水为二次去离子水。

3.1 一乙醇胺，纯度≥99%。

3.2 二乙醇胺，纯度≥99%。

3.3 三乙醇胺，纯度≥99%。

3.4 一乙醇胺、二乙醇胺、三乙醇胺标准储备溶液：分别准确称取一乙醇胺、二乙醇胺、三乙醇胺各0.5 g，精确到0.000 1 g，于50 mL烧杯中，加适量乙醇溶解，溶液定量移入100 mL容量瓶中，用乙醇定容至刻度，混匀。标准储备溶液浓度为5 000 mg/L。冰箱冷藏保存。

3.5 一乙醇胺、二乙醇胺、三乙醇胺标准混合储备液：分别准确移取一乙醇胺、二乙醇胺、三乙醇胺储备液各20 mL于100 mL容量瓶中，用乙醇定容至刻度，得到标准混合储备液。一乙醇胺、二乙醇胺、三乙醇胺的浓度均为1 000 mg/L。

3.6 一乙醇胺、二乙醇胺、三乙醇胺标准工作溶液：移取标准混合储备液(3.5)，分别配制成三种乙醇胺类物质的浓度为50、100、200、500、1 000 mg/L的标准工作溶液。冰箱冷藏保存。

4 仪器

4.1 气相色谱仪：配有氢火焰离子化检测器(FID)。

4.2 气相色谱仪：配质量检测器(MSD)。

4.3 微量进样器：10 μL。

4.4 超声波清洗仪。

4.5 离心机：大于6 000 r/min。

4.6 0.45 μm有机相过滤膜。

5 测定步骤

5.1 样品处理

称取化妆品试样1.0 g，精确到0.001 g，置于50 mL具塞锥形瓶中，准确加入10 mL乙醇，在超声波清洗器中超声提取10 min。取5 mL溶液放入离心管中，在6 000 r/min离心15 min，取上清液加入3 g无水硫酸钠脱水，静置后经滤膜(4.6)过滤，所得滤液供气相色谱测定。

5.2 测定

5.2.1 仪器条件

5.2.1.1 气相色谱(GC-FID)条件

a) 色谱柱:HP-5[30 m×0.32 mm(内径)×0.25 μm,5% phenyl methyl-siloxane]或相当者;

b) 升温程序:初始温度为 80 ℃,保持 3 min 后以 25 ℃/min 的速率升至 250 ℃,保持 5 min;

c) 载气:N_2(纯度为 99.999%),流量 1.5 mL/min,恒流模式;

d) 检测器气体:H_2(纯度为 99.999%),流量 30 mL/min;空气流量 300 mL/mim;尾吹 N_2 流量 25 mL/min;

e) 进样口温度:250 ℃;

f) 检测器温度:260 ℃;

g) 进样方式:分流进样,分流比 30∶1;

h) 进样量:1.0 μL。

5.2.1.2 气相色谱-质谱(GC/MSD)条件

a) GC-MS 条件:HP-5MS 柱[30m×0.25mm(内径)×0.25 μm,5% phenyl methyl-siloxane]或相当者;

b) 升温程序:初始温度为 80 ℃,保持 3 min 后以 25 ℃/min 的速率升至 250 ℃,保持 5 min;

c) 进样口温度:250 ℃;

d) 色谱-质谱接口温度:280 ℃;

e) 电离方式:EI;

f) 电离能量:70 eV;

g) 电子倍增器电压为自动调协电压 1 200 V;

h) 进样方式:分流进样,分流比 30∶1;

i) 溶剂延迟:1.5 min;

j) 数据采集方式:全扫描方式(Scan),监视离子范围 10 m/z~250 m/z;

k) 进样量:1.0 μL。

5.2.2 试样测定

5.2.2.1 标准工作曲线绘制

分别准确吸取标准工作溶液(3.6)1.0 μL 按浓度由稀至浓顺序注入气相色谱仪,按色谱条件(5.2.1.1)进行测定,以色谱峰的峰面积为纵坐标,与其对应的浓度为横坐标作图,绘制标准工作曲线。一乙醇胺、二乙醇胺、三乙醇胺的标准气相色谱图参见附录 A。

5.2.2.2 试样测定

用微量进样器准确吸取 1.0 μL 试样溶液(5.1)注入气相色谱仪,按色谱条件(5.2.1.1)进行测定,记录色谱峰的保留时间和峰面积,由色谱峰的峰面积可从标准曲线上求出相应的被测物的浓度。样品溶液中,一乙醇胺、二乙醇胺、三乙醇胺的响应值均应在仪器测定的线性范围内。被测物含量高的试样可取适量试样溶液用乙醇稀释后进行测定。

5.2.2.3 气相色谱-质谱结果确证

根据上述 5.2.2.1 的测定结果,如果样液与混合标准溶液在相同保留时间有色谱峰出现,则在 5.2.1.2 仪器条件下,对混合标准工作溶液和样液进行测定。如果检出色谱峰的保留时间与标准物质一致,并且在扣除背景后的样品质谱图中,所选择的离子均出现,而且所选择的离子比与标准物质相对丰度一致,则可判断试样中存在被测物质。一乙醇胺、二乙醇胺、三乙醇胺的特征选择离子参见附录 B。一乙醇胺、二乙醇胺、三乙醇胺的总离子流图参见附录 C。

5.3 空白试验

除不称取试样外,按上述步骤进行。

6 结果计算

结果按式(1)计算：

$$W = \frac{c \times V}{1\ 000\ m} \times 100 \qquad \cdots\cdots (1)$$

式中：

W——试样中一乙醇胺或二乙醇胺或三乙醇胺的含量，%；

c——标准工作曲线中查得的样液中一乙醇胺或二乙醇胺或三乙醇胺的浓度，单位为毫克每升(mg/L)；

V——样液最终定容体积，单位为升(L)；

m——试样的质量，单位为克(g)。

计算结果精确到0.01。

7 测定低限

本标准对一乙醇胺、二乙醇胺测定低限为0.05%；对三乙醇胺的测定低限为0.1%。

8 回收率与精密度

回收率和精密度见表1。

表1 一乙醇胺、二乙醇胺、三乙醇胺的回收率与精密度

名　　称	添加浓度/%	平均回收率/%	相对标准偏差/%
一乙醇胺	0.05	94.6	2.74
	0.5	101.0	1.99
	1	104.7	0.99
二乙醇胺	0.05	95.6	3.36
	0.5	100.4	3.10
	1	101.4	2.03
三乙醇胺	0.1	91.9	3.43
	0.5	94.3	3.04
	1	90.4	2.63

附　录　A
（资料性附录）
标准物质的气相色谱图

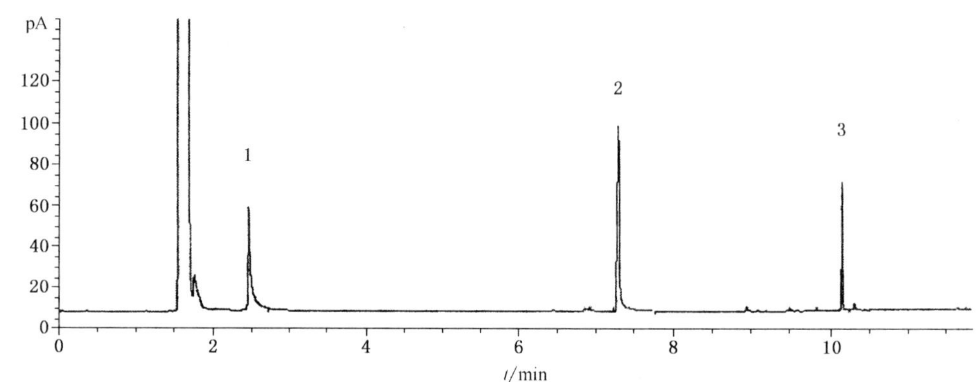

1——一乙醇胺（2.44 min）；
2——二乙醇胺（7.28 min）；
3——三乙醇胺（10.16 min）。

图 A.1　一乙醇胺、二乙醇胺、三乙醇胺的标准物气相色谱图

附　录　B
（资料性附录）
一乙醇胺、二乙醇胺、三乙醇胺的特征离子表

表 B.1　一乙醇胺、二乙醇胺、三乙醇胺的特征离子

名称	分子式	CAS No.	特征选择离子及丰度比
一乙醇胺	C_2H_7NO	141-43-5	30(100),28(34.7),42(38.9)
二乙醇胺	$C_4H_{11}NO_2$	111-42-2	74(100),56(56.0),30(42.0)
三乙醇胺	$C_6H_{15}NO_3$	102-71-6	118(100),74(40.4),56(37.8)

附 录 C
（资料性附录）
一乙醇胺、二乙醇胺、三乙醇胺的标准物总离子流图

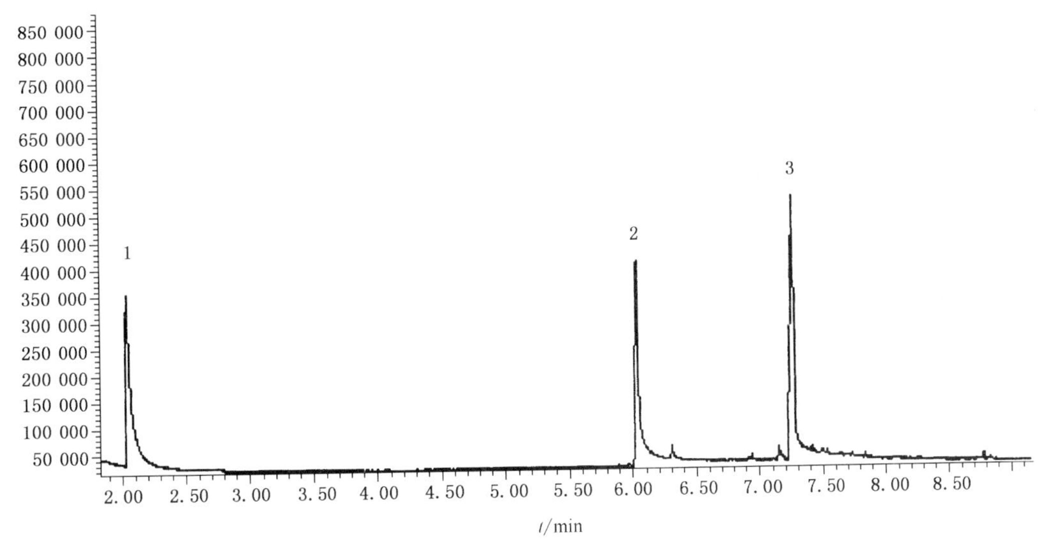

1——一乙醇胺(2.02 min)；
2——二乙醇胺(6.03 min)；
3——三乙醇胺(7.27 min)。

图 C.1 一乙醇胺、二乙醇胺、三乙醇胺的标准物总离子流图(TIC)

中华人民共和国出入境检验检疫行业标准

SN/T 2108—2008

进出口化妆品中巴比妥类的测定方法

Determination of barbitals in cosmetics for import and export

2008-07-17 发布　　　　2009-02-01 实施

中华人民共和国
国家质量监督检验检疫总局 发布

前　　言

本标准附录 A 和附录 B 为资料性附录。

本标准由国家认证认可监督管理委员会提出并归口。

本标准起草单位:中国检验检疫科学研究院。

本标准主要起草人:白桦、陈伟、郝楠、张青、周新、张帆。

本标准系首次发布的出入境检验检疫行业标准。

进出口化妆品中巴比妥类的测定方法

1 范围

本标准规定了化妆品中巴比妥、苯巴比妥、异戊巴比妥和司可巴比妥酸钠的液相色谱测定方法。

本标准适用于皮肤清洁类和护理类化妆品中巴比妥、苯巴比妥、异戊巴比妥和司可巴比妥酸钠的测定。

2 原理

用甲醇提取化妆品中的巴比妥类物质，提取液经离心过滤，用高效液相色谱进行测定。根据其保留时间定性，外标法定量，液相色谱-质谱法确证。

3 试剂和材料

除非另有说明，所用试剂均为分析纯，水为二次去离子水或重蒸水。

3.1 甲醇：优级纯。

3.2 乙腈：色谱纯。

3.3 巴比妥标准物质：纯度≥99%。

3.4 苯巴比妥标准物质：纯度≥99%。

3.5 异戊巴比妥标准物质：纯度≥99%。

3.6 司可巴比妥酸钠标准物质：纯度≥99%。

3.7 巴比妥类标准储备溶液：准确称取适量巴比妥、苯巴比妥、异戊巴比妥、司可巴比妥酸钠标准物质（精确到 0.1 mg），以甲醇配制成浓度均为 1 000 μg/mL 的标准储备溶液。

3.8 0.45 μm 滤膜。

4 仪器与设备

4.1 高效液相色谱仪：配有紫外检测器。

4.2 微量进样器，10 μL。

4.3 超声波清洗器。

4.4 离心机：大于 5 000 r/min。

4.5 溶剂过滤器。

5 分析步骤

5.1 试样处理

称取化妆品试样约 0.5 g（精确到 0.001 g），置于 50 mL 具塞锥形瓶中，加入 15 mL 甲醇，在超声波清洗器中超声提取 20 min，将提取液移入 25 mL 容量瓶中，用甲醇稀释至刻度，混匀。取部分溶液放入离心管中，在 5 000 r/min 离心 10 min，离心后的上清液经滤膜(3.8)过滤，所得滤液供液相色谱测定。

5.2 测定

5.2.1 色谱条件

a) 色谱柱：ZORBAX SB-C_{18}柱，250 mm×4.6 mm（内径），5 μm（粒径），或相当者；

b) 流动相：乙腈＋水＝35＋65(体积比)；

c) 流速：1.0 mL/min；

d) 检测波长：210 nm；

e) 柱温：室温；

f) 进样量：10 μL。

5.2.2 标准工作曲线绘制

移取巴比妥类标准储备溶液配制成巴比妥、苯巴比妥、异戊巴比妥、司可巴比妥酸钠浓度为1.0 mg/L、2.0 mg/L、10.0 mg/L、20.0 mg/L、50.0 mg/L标准工作溶液，取10 μL注入液相色谱仪，按色谱条件(5.2.1)进行测定，以色谱峰的峰面积为纵坐标，与其对应的浓度为横坐标作图，绘制标准工作曲线。标准物色谱图参见附录A。

5.2.3 试样测定

用微量进样器准确吸取10 μL试样溶液(5.1)注入液相色谱仪，按色谱条件(5.2.1)进行测定，记录色谱峰的保留时间和峰面积。巴比妥类物质含量高，样液超过线性范围的，可用甲醇稀释后进行测定。需要时，用液相色谱-质谱法进行确证(参见附录B)。

5.3 空白试验

除不称取试样外，均按上述步骤进行。

6 结果计算

结果按式(1)计算：

$$W = \frac{c \times V}{1\,000m} \times 100 \qquad \cdots\cdots(1)$$

式中：

W——化妆品中巴比妥类物质的质量分数，%；

c——从标准工作曲线上查出的试样溶液中巴比妥类物质的浓度，单位为毫克每升(mg/L)；

V——试样定容体积，单位为升(L)；

m——试样的质量，单位为克(g)。

7 测定低限及精密度

7.1 测定低限

本方法对巴比妥的测定低限为0.001%。

本方法对苯巴比妥的测定低限为0.001%。

本方法对异戊巴比妥的测定低限为0.002%。

本方法对司可巴比妥酸钠的测定低限为0.005%。

7.2 精密度和回收率

精密度和回收率见表1。

表1 化妆品中巴比妥类的回收率和精密度

名 称	添加浓度/%	平均回收率/%	相对标准偏差/%
巴比妥	0.001	101	2.67
	0.005	99.4	2.62
	0.050	101	1.48
	0.250	102	2.37

表 1（续）

名　称	添加浓度/%	平均回收率/%	相对标准偏差/%
苯巴比妥	0.001	99.6	2.78
	0.005	100	0.90
	0.050	102	0.73
	0.250	102	2.50
异戊巴比妥	0.002	100	2.26
	0.005	101	2.83
	0.050	102	1.30
	0.250	102	2.30
司可巴比妥酸钠	0.005	102	1.75
	0.050	101	1.35
	0.100	100	1.49
	0.250	103	3.21

附　录　A
（资料性附录）
巴比妥类标准物液相色谱图

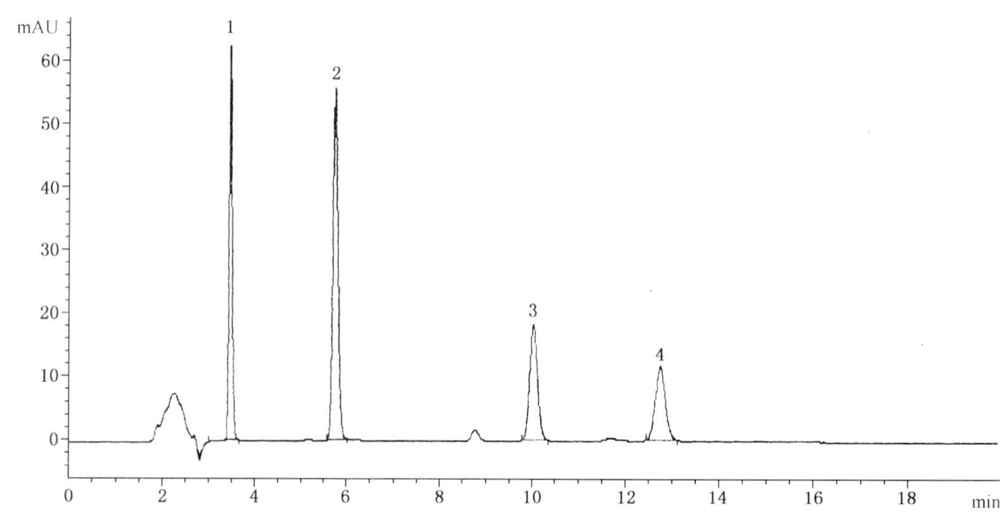

1——巴比妥；
2——苯巴比妥；
3——异戊巴比妥；
4——司可巴比妥酸钠。

图 A.1　巴比妥类标准物的液相色谱图

附 录 B
（资料性附录）
确 证 试 验

B.1 液相色谱条件

a) 色谱柱：sunfire™ C_{18}柱，150 mm×2.1 mm(内径)，5 μm(粒径)，或相当者；
b) 流动相：乙腈＋水＝40＋60(体积比)；
c) 流速：0.2 mL/min；
d) 柱温：室温；
e) 进样量：5 μL。

B.2 质谱条件

a) 离子源：ESI；
b) 离子化模式：负离子模式；
c) 毛细管电压：3.0 kV；
d) 锥孔电压：23 V；
e) 萃取电压：2.0 V；
f) 射频透镜电压：1.0 V；
g) 离子源温度：100 ℃；
h) 脱溶剂气温度：300 ℃；
i) 数据采集方式：选择离子监测(MRM)。

B.3 定性测定

进行试样测定时，将样液适当稀释，按液相色谱-质谱条件测定样液和标准工作溶液，如果检出色谱峰的保留时间与标准物质相一致，并且在扣除背景后的样品质谱图中，所选择的离子均出现，而且所选择的离子比与标准物质的相对丰度一致，相对丰度不超过表 B.1 规定的范围，则可判断样品中存在巴比妥类物质。

表 B.1 监测离子

目标物	母离子(m/z)	子离子(m/z)	丰度比/%	允许相对误差/%
巴比妥	183.0	139.8(13 eV) 84.5(13 eV)	100 24	±25
苯巴比妥	231.3	188.4(10 eV) 84.8(10 eV)	100 88	±20
异戊巴比妥	225.1	182.0(13 eV) 84.5(13 eV)	100 30	±25
司可巴比妥酸钠	237.2	194.1(13 eV) 84.5(13 eV)	100 37	±25

巴比妥类标准物液相色谱-质谱总离子流图见图 B.1，巴比妥类物质质谱图见图 B.2。

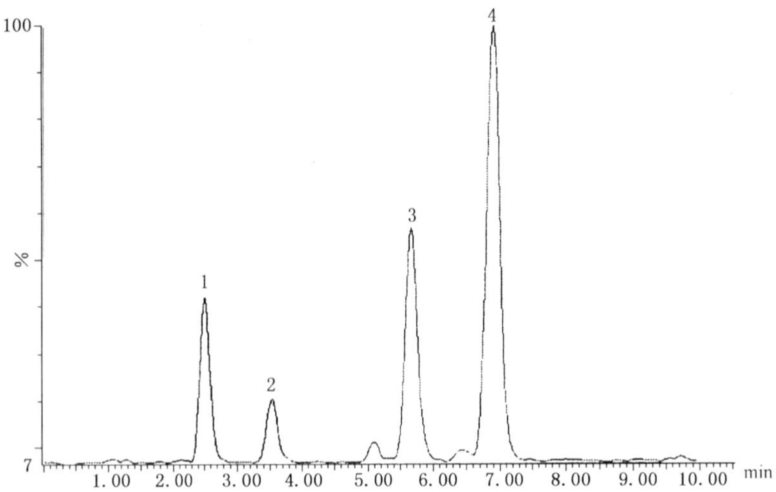

1——巴比妥；
2——苯巴比妥；
3——异戊巴比妥；
4——司可巴比妥酸钠。

图 B.1 巴比妥类标准物液相色谱-质谱总离子流图

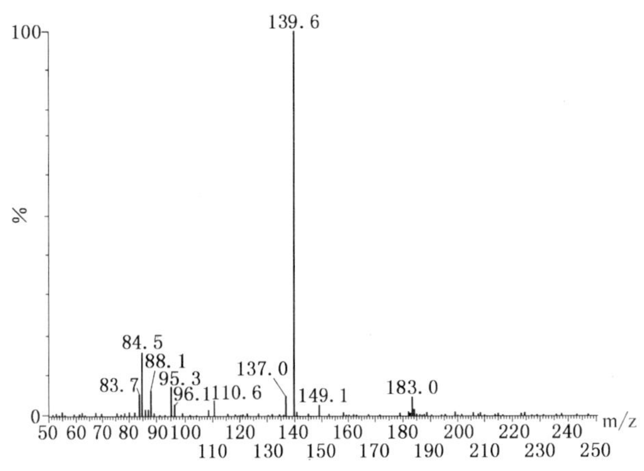

a）巴比妥质谱图

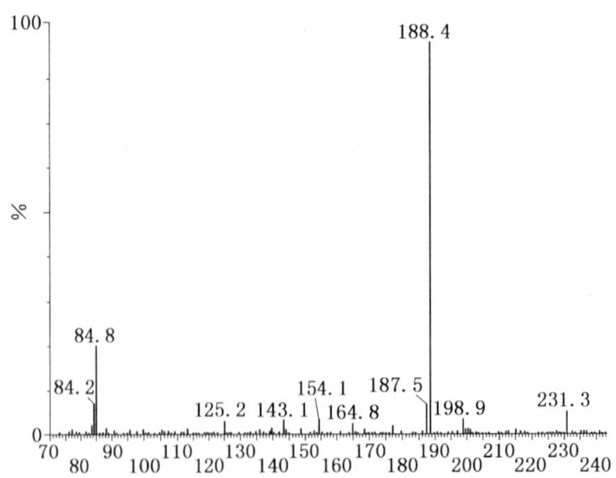

b）苯巴比妥质谱图

图 B.2 巴比妥类物质质谱图

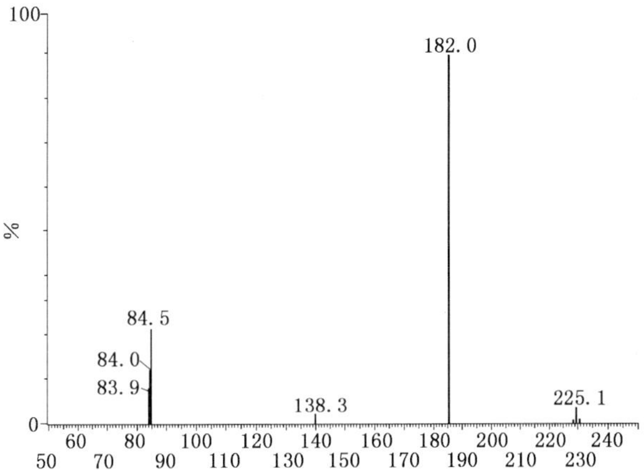

c）异戊巴比妥质谱图

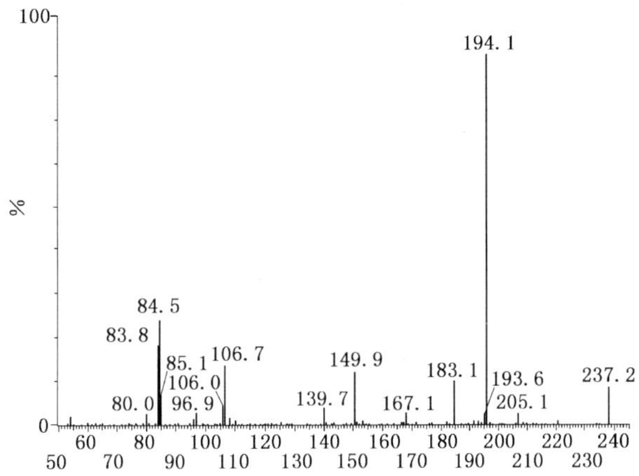

d）司可巴比妥酸钠质谱图

图 B.2（续）

中华人民共和国出入境检验检疫行业标准

SN/T 2109—2008

进出口化妆品中奎宁及其盐的测定方法

Determination of quinine and quinine salts in cosmetics for import and export

2008-07-17 发布　　　　2009-02-01 实施

中华人民共和国
国家质量监督检验检疫总局　发布

前 言

本标准附录A和附录B均为资料性附录。

本标准由国家认证认可监督管理委员会提出并归口。

本标准起草单位：中国检验检疫科学研究院。

本标准主要起草人：白桦、卢加文、于文莲、陈会明、刘柳。

本标准系首次发布的出入境检验检疫行业标准。

进出口化妆品中奎宁及其盐的测定方法

1 范围

本标准规定了化妆品中洗发水和护发素中奎宁、奎宁盐酸盐、奎宁硫酸盐的液相色谱测定方法。

本标准适用于毛发清洁类和护理类化妆品中奎宁、奎宁盐酸盐、奎宁硫酸盐的测定。

2 原理

用甲醇提取化妆品中的奎宁及其盐，提取液经离心过滤后，用高效液相色谱进行测定。根据其保留时间定性，外标法定量，液相色谱-质谱法确证。

3 试剂和材料

除非另有说明，所用试剂均为分析纯，水为二次去离子水或重蒸水。

3.1 甲醇：色谱纯。

3.2 磷酸氢二铵[$(NH_4)_2HPO_4$]。

3.3 奎宁标准物质：纯度≥99%。

3.4 磷酸氢二铵溶液：称取 1.32 g 磷酸氢二铵用水稀释至 500 mL。

3.5 奎宁标准储备溶液：准确称取适量奎宁(精确到 0.1 mg)，以甲醇配制成浓度为 1 000 μg/mL 的标准储备溶液。

3.6 0.45 μm 滤膜。

4 仪器与设备

4.1 高效液相色谱仪，配有紫外检测器。

4.2 微量进样器，10 μL。

4.3 超声波清洗器。

4.4 离心机：大于 5 000 r/min。

4.5 溶剂过滤器。

5 测定步骤

5.1 试样处理

称取化妆品试样约 0.5 g(精确到 0.001 g)，置于 50 mL 具塞锥形瓶中，加入 20 mL 甲醇，在超声波清洗器中超声提取 20 min，将提取液移入 25 mL 容量瓶中，用甲醇稀释至刻度，混匀。取部分溶液放入离心管中，在 5 000 r/min 离心 15 min，离心后的上清液经滤膜(3.6)过滤，所得滤液供液相色谱测定。

5.2 测定

5.2.1 色谱条件

a) 色谱柱：Symmetry C_{18}，250×4.6 mm(内径)5 μm(粒径)，或相当者；

b) 流动相：0.02 mol/L $(NH_4)_2HPO_4$＋甲醇＝20＋80(体积比)；

c) 流速：1.0 mL/min；

d) 检测波长：334 nm；

e) 柱温:30 ℃;

f) 进样量:10 μL。

5.2.2 标准工作曲线绘制

移取奎宁标准储备溶液配制成 0.5 mg/L、1.0 mg/L、5.0 mg/L、10.0 mg/L、50.0 mg/L、100.0 mg/L 标准工作溶液,取 10 μL 注入液相色谱仪,按色谱条件(5.2.1)进行测定,以色谱峰的峰面积为纵坐标,与其对应的浓度为横坐标作图,绘制标准工作曲线。奎宁标准物色谱图参见附录 A。

5.2.3 试样测定

用微量进样器准确吸取 10 μL 试样溶液(5.1)注入液相色谱仪,按色谱条件(5.2.1)进行测定,记录色谱峰的保留时间和峰面积。奎宁含量高的试样可取适量用甲醇稀释后进行测定。奎宁、奎宁盐酸盐、奎宁硫酸盐三种物质在同一时间出峰,奎宁盐的含量以奎宁计算。需要时,可用液相-质谱法进行确证(参见附录 B)。

5.3 空白试验

除不称取试样外,按上述步骤进行。

6 结果计算

结果(以奎宁计)按式(1)计算:

$$W = \frac{c \times V}{1\,000m} \times 100 \qquad \cdots\cdots(1)$$

式中:

W——化妆品中奎宁的质量分数,%;

c——从标准工作曲线上查出的试样溶液中奎宁的浓度,单位为毫克每升(mg/L);

V——试样定容体积,单位为升(L);

m——试样的质量,单位为克(g)。

7 测定低限及精密度

7.1 测定低限

本方法对奎宁测定低限为 0.001%。

7.2 回收率和精密度

回收率和精密度见表 1 和表 2。

表 1 毛发清洁类化妆品中奎宁回收率和精密度

名 称	添加浓度/%	平均回收率/%	相对标准偏差/%
奎宁	0.001	97.8	4.39
	0.020	98.8	0.66
	0.200	98.6	0.67
	0.500	100	0.57

表 2 毛发护理类化妆品中奎宁回收率和精密度

名 称	添加浓度/%	平均回收率/%	相对标准偏差/%
奎宁	0.001	99.9	2.73
	0.020	98.0	1.06
	0.200	101	1.31
	0.500	99.8	0.76

附　录　A
（资料性附录）
奎宁标准物液相色谱图

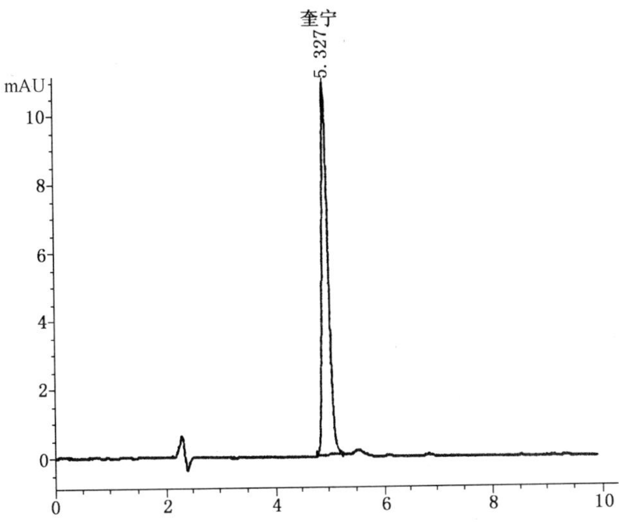

图 A.1　奎宁标准物的液相色谱图

附　录　B
（资料性附录）
确　证　试　验

B.1　液相色谱条件

a）色谱柱：Xterra® MS C_{18}柱，150 mm×2.1 mm（内径），5 μm（粒径），或相当者；

b）流动相：流动相梯度见表 B.1，A：水，B：甲醇；

表 B.1　流动相梯度

时间/min	0	1	1.1	10	11	15
流动相 A	90	90	0	0	90	90
流动相 B	10	10	100	100	10	10

c）流速：0.2 mL/min；

d）柱温：室温；

e）进样量：10 μL。

B.2　质谱条件

a）离子源：ESI；

b）离子化模式：正离子模式；

c）毛细管电压：3.0 kV；

d）锥孔电压：20 V；

e）萃取电压：3.0 V；

f）射频透镜电压：1.0 V；

g）离子源温度：100 ℃；

h）脱溶剂气温度：300 ℃；

i）数据采集方式：选择离子监测（MRM）。

B.3　定性测定

进行试样测定时，将样液适当稀释，按液相色谱-质谱条件测定样液和标准工作溶液，如果检出色谱峰的保留时间与标准物质相一致，并且在扣除背景后的样品质谱图中，所选择的离子均出现，而且所选择的离子比与标准物质的相对丰度一致，相对丰度不超过表 B.2 规定的范围，则可判断样品中存在奎宁。

表 B.2　监测离子

目标物	母离子（m/z）	子离子（m/z）	丰度比/%	允许相对误差/%
奎宁	325.1	160.1（29 eV） 172.1（28 eV）	100 68	±20

奎宁标准物液相色谱-质谱总离子流图见图 B.1，质谱图见图 B.2。

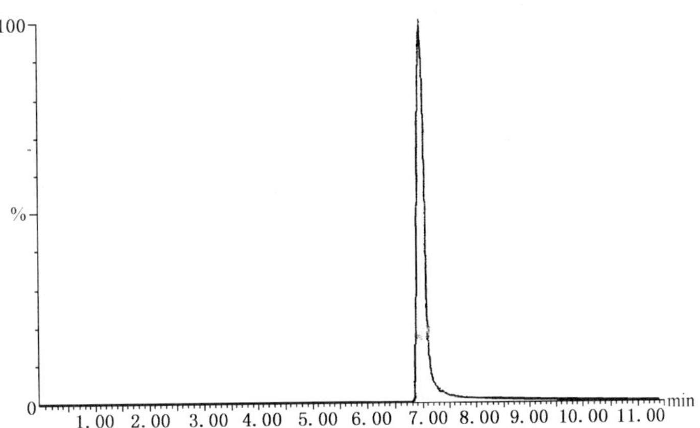

图 B.1 奎宁标准物液相色谱-质谱总离子流图

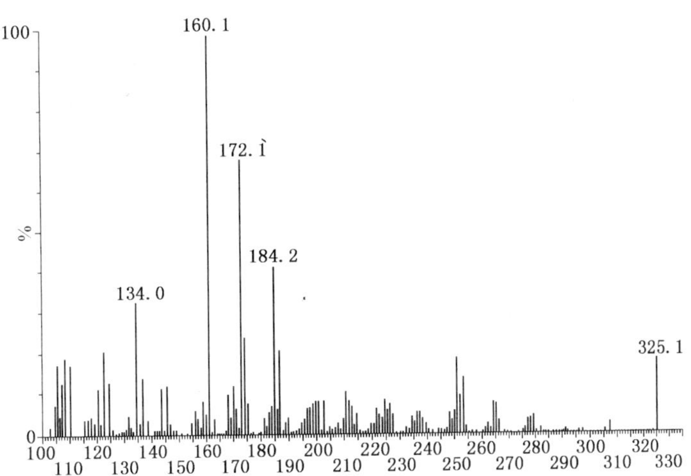

图 B.2 奎宁质谱图

中华人民共和国出入境检验检疫行业标准

SN/T 2110—2008

进出口染发剂中2-氨基-4-硝基苯酚和2-氨基-5-硝基苯酚的测定方法

Determination of 2-amino-4-nitrophenol and 2-amino-5-nitrophenol in hair dye for import and export

2008-07-17 发布　　2009-02-01 实施

中华人民共和国
国家质量监督检验检疫总局 发布

前　　言

本标准的附录A、附录B均为资料性附录。

本标准由国家认证认可监督管理委员会提出并归口。

本标准起草单位:中国检验检疫科学研究院。

本标准主要起草人:于文莲、陈伟、张青、周新、白桦、王超。

本标准系首次发布的出入境检验检疫行业标准。

进出口染发剂中2-氨基-4-硝基苯酚和2-氨基-5-硝基苯酚的测定方法

1 范围

本标准规定了氧化型染发剂中2-氨基-4-硝基苯酚和2-氨基-5-硝基苯酚的液相色谱测定方法。

本标准适用于氧化型染发剂中2-氨基-4-硝基苯酚和2-氨基-5-硝基苯酚的测定。

2 原理

氧化型染发剂中2-氨基-4-硝基苯酚和2-氨基-5-硝基苯酚用甲醇超声提取，离心，取上清液过滤，采用配有紫外检测器的液相色谱仪测定。根据其保留时间定性，外标法定量，液相色谱-质谱法确证。

3 试剂与材料

除非另有说明，所用试剂均为分析纯，水为超纯水。

3.1 甲醇：高效液相色谱级。

3.2 25 mmol/L 磷酸二氢钾溶液（pH=7.0）：称取3.7 g磷酸二氢钾用水稀释至1 000 mL，用10%氢氧化钾溶液调pH至7.0。

3.3 标准品：2-氨基-4-硝基苯酚（CAS 99-57-0）：纯度≥99.9%；2-氨基-5-硝基苯酚（CAS 121-88-0）：纯度≥90%。

3.4 标准储备溶液（500 mg/L）：准确称取适量2-氨基-4-硝基苯酚和2-氨基-5-硝基苯酚（精确到0.1 mg），以甲醇配制成浓度均为500 mg/L的标准储备溶液。冷冻避光保存2周内使用。

3.5 标准工作溶液：根据需要移取适量标准储备溶液，用甲醇稀释成适用浓度的标准工作溶液，当天配制，使用棕色容量瓶。

4 仪器和设备

4.1 液相色谱仪：配有紫外检测器。

4.2 液相色谱-串联质谱。

4.3 超声波清洗器。

4.4 高速离心机。

4.5 涡旋振荡器。

5 测定步骤

5.1 试样的处理

准确称取氧化型染发剂中染剂约0.5 g（精确到0.001 g），置于25 mL棕色具塞离心管中，加入甲醇约20 mL，在涡旋振荡器上混匀后，超声波清洗器中超声提取10 min，转入25 mL棕色容量瓶，用甲醇定容至刻度。取部分溶液放入10 mL具塞离心管中，12 000 r/min离心10 min后，取上清液经0.45 μm微孔滤膜过滤，滤液供上机测定用。

5.2 测定

5.2.1 液相色谱测定条件

5.2.1.1 色谱柱：ZORBAX Eclipse Plus C_{18}，5 μm，4.6 mm（内径）×250 mm或相当者。

5.2.1.2 流动相：甲醇、乙腈、25 mmol/L 磷酸二氢钾溶液，梯度洗脱条件见表 1。

表 1 梯度洗脱条件

时间/min	甲醇/%	乙腈/%	25 mmol/L 磷酸二氢钾溶液/%
0	20	5	75
15	50	5	45
20	50	5	45
25	70	5	25
30	20	5	75

5.2.1.3 流速：1.0 mL/min。

5.2.1.4 检测波长：225 nm。

5.2.1.5 进样体积：10 μL。

5.2.1.6 柱温：室温。

5.2.2 标准工作曲线的绘制

分别移取 2-氨基-4-硝基苯酚、2-氨基-5-硝基苯酚标准储备溶液(3.4)各 0.1 mL、0.5 mL、1 mL、2 mL、5 mL 到一系列 50 mL 棕色容量瓶中，用甲醇稀释至刻度，摇匀，即得 1.0 mg/L、5.0 mg/L、10 mg/L、20 mg/L、50 mg/L 的系列混合标准工作溶液。按照色谱条件(5.2.1)进行测定，以色谱峰的峰面积为纵坐标，与其对应的浓度为横坐标作图，绘制标准工作曲线。标准品色谱图参见附录 A。

5.2.3 试样的测定

根据 5.1 进行样品处理，得到的样液根据 5.2.1 仪器测定条件进行测定，记录色谱峰的保留时间和峰面积。如果待测物质含量超过标准曲线线性范围，可适当稀释后进行测定。需要时可进行确证(参见附录 B)。

6 结果计算

结果按式(1)计算：

$$X = \frac{c \times V}{m} \times 1\,000 \qquad \cdots\cdots(1)$$

式中：

X——染发剂中待测物的含量，单位为毫克每千克(mg/kg)；

c——从标准工作曲线上查出的试样溶液中待测物的浓度，单位为毫克每升(mg/L)；

V——试样定容体积，单位为升(L)；

m——试样的质量，单位为克(g)。

计算结果需扣除空白值，并保留两位有效数字。

7 测定低限

液相色谱测定低限为：10 mg/kg。

8 回收率和精密度

2-氨基-4-硝基苯酚和 2-氨基-5-硝基苯酚的回收率和精密度结果见表 2。

表 2 不同添加浓度的回收率和精密度(n=8)

添加浓度/(mg/kg)	回收率/%		相对标准偏差(RSD)/%	
	2-氨基-5-硝基苯酚	2-氨基-4-硝基苯酚	2-氨基-5-硝基苯酚	2-氨基-4-硝基苯酚
10	97.2%～105%	101%～102%	1.5	1.8
50	97.3%～105%	101%～102%	2.6	0.8
500	98.8%～102%	98.8%～102%	3.9	1.6

附　录　A
（资料性附录）
标准品液相色谱图

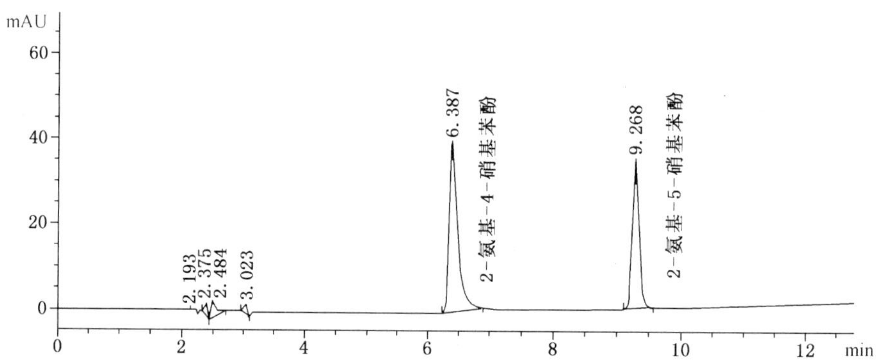

图 A.1　2-氨基-4-硝基苯酚和 2-氨基-5-硝基苯酚标准品液相色谱图

附　录　B
（资料性附录）
确　证　实　验

B.1　液相色谱条件

B.1.1　色谱柱：C_{18}[2.1 mm(内径)×150 mm,5 μm]或相当者。

B.1.2　流动相：流动相梯度见表 B.1,A：水,B：乙腈。

表 B.1　流动相梯度

时间/min	0	12	24	24	40
流动相 A/%	90	90	60	90	90
流动相 B/%	10	10	40	10	10

B.1.3　流速：0.2 mL/min。

B.1.4　进样体积：5.0 μL。

B.1.5　柱温：室温。

B.2　质谱条件

B.2.1　离子模式：ESI^-；

B.2.2　毛细管电压：3.0 kV；

B.2.3　毛细管电压：30.0 V；萃取电压：4.0 V；

B.2.4　射频透镜电压：0.5 V；

B.2.5　离子源温度：100℃；

B.2.6　脱溶剂气温度：300℃；

B.2.7　数据采集方式：多反应监测(MRM)。

B.3　定性测定

进行试样测定时，将样液适当稀释，按照液相色谱-串联质谱条件测定样液和标准工作溶液，如果样品中待测物质的保留时间与标准物质中对应的保留时间偏差在±2.5%之内；并且在扣除背景后的样品质谱图中，所选择的离子均出现，且与所选择的离子比与标准的相对丰度一致，相对丰度不超过表 B.2 规定的范围，则可判断样品中存在对应的待测物。

表 B.2　监测离子

目标物	母离子(m/z)	子离子(m/z)	相对丰度/%	允许相对误差/%
2-氨基-4-硝基苯酚	153	122(15 eV) 106(17 eV)	100 20	⊥25
2-氨基-5-硝基苯酚	153	122(15 eV) 106(17 eV)	100 33	±25

B.4　确证测定

按照 5.1 进行试样的处理，滤液经 0.22 μm 微孔滤膜过滤，滤液适当稀释后，供上机测定用。按照 B.1 液相色谱条件、B.2 质谱条件进行测定。2-氨基-4-硝基苯酚、2-氨基-5-硝基苯酚标准品质谱 TIC 总离子流图见图 B.1，质谱图见图 B.2 和图 B.3。

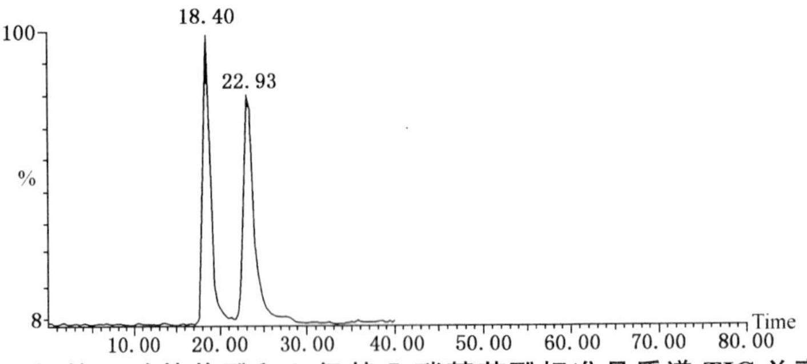

图 B.1　2-氨基-4-硝基苯酚和 2-氨基-5-硝基苯酚标准品质谱 TIC 总离子流图

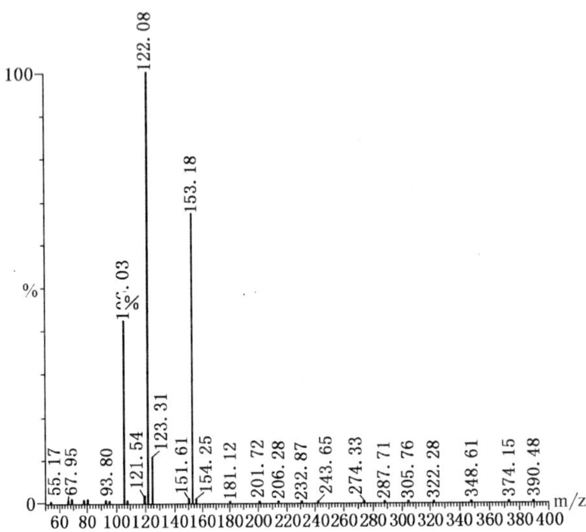

图 B.2　2-氨基-4-硝基苯酚标准品质谱图

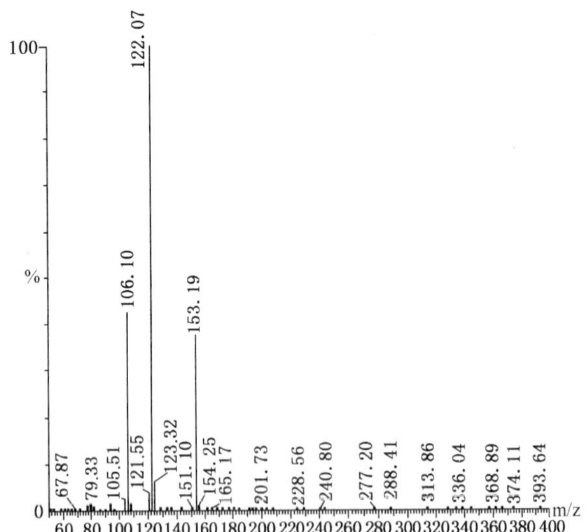

图 B.3　2-氨基-5-硝基苯酚标准品质谱图

中华人民共和国出入境检验检疫行业标准

SN/T 2111—2008

化妆品中8-羟基喹啉及其硫酸盐的测定方法

Determination of 8-hydroxyquinoline and its sulfate in cosmetics

2008-07-17 发布　　　　2009-02-01 实施

中华人民共和国
国家质量监督检验检疫总局 发布

前　言

本标准的附录A和附录B均为资料性附录。

本标准由国家认证认可监督管理委员会提出并归口。

本标准起草单位:中国检验检疫科学研究院。

本标准主要起草人:马强、王星、白桦、武婷、刘柳、肖海清、张帆、王超。

本标准系首次发布的出入境检验检疫行业标准。

化妆品中8-羟基喹啉及其硫酸盐的测定方法

1 范围

本标准规定了皮肤、毛发的清洁类和护理类化妆品中8-羟基喹啉及其硫酸盐的液相色谱测定方法。

本标准适用于皮肤、毛发的清洁类和护理类化妆品中8-羟基喹啉及其硫酸盐的测定。

2 原理

用甲醇提取化妆品中的8-羟基喹啉及其硫酸盐，提取液经离心过滤后，用高效液相色谱法进行测定。根据其保留时间定性，外标法定量，液相色谱-质谱法确证。

3 试剂和材料

除非另有说明，所用试剂均为分析纯，水为二次去离子水或重蒸馏水。

3.1 甲醇：色谱纯。

3.2 8-羟基喹啉及其硫酸盐标准物质：纯度大于等于99%。

3.3 磷酸二氢钾溶液：称取0.68 g磷酸二氢钾用水稀释至500 mL。

3.4 癸烷磺酸钠溶液：称取1.22 g癸烷磺酸钠用水稀释至500 mL。

3.5 8-羟基喹啉标准储备溶液：准确称取适量8-羟基喹啉标准物质(精确到0.1 mg)，以甲醇配制成浓度为1 000 mg/L的标准储备溶液。根据需要用甲醇稀释成适用浓度的标准工作溶液。

4 仪器和设备

4.1 高效液相色谱仪：配有紫外检测器。

4.2 高效液相色谱-质谱联用仪。

4.3 微量进样器：10 μL。

4.4 超声波清洗器。

4.5 离心机：大于5 000 r/min。

4.6 溶剂过滤器。

4.7 0.45 μm有机系过滤膜。

5 测定步骤

5.1 试样处理

称取化妆品试样约0.5 g(精确到0.001 g)，置于50 mL具塞锥形瓶中，加入20 mL甲醇，在超声波清洗器中超声提取20 min，将提取液移入25 mL容量瓶中，用甲醇稀释至刻度，混匀。取部分溶液放入离心管中，在5 000 r/min速度离心10 min，离心后的上清液经过滤膜(4.7)过滤，所得滤液供液相色谱测定。

5.2 测定

5.2.1 色谱条件

5.2.1.1 色谱柱：Kromasil C_{18}柱，250 mm×4.6 mm(内径)，5 μm(粒径)，或相当者。

5.2.1.2 流动相：甲醇+0.01 mol/L磷酸二氢钾溶液（含0.01 mol/L癸烷磺酸钠，pH2.25）=60+40（体积比）。

5.2.1.3 流速：1.0 mL/min。

5.2.1.4 检测波长：240 nm。

5.2.1.5 柱温：30 ℃。

5.2.1.6 进样量：10 μL。

5.2.2 标准工作曲线绘制

移取8-羟基喹啉标准储备溶液配制成浓度为0.1 mg/L、0.5 mg/L、1.0 mg/L、5.0 mg/L、10.0 mg/L、50.0 mg/L、100.0 mg/L的标准工作溶液。分别取10 μL注入液相色谱仪，按色谱条件（5.2.1）进行测定，以色谱峰的峰面积为纵坐标，与其对应的浓度为横坐标作图，绘制标准工作曲线。在上述色谱条件（5.2.1）下8-羟基喹啉的保留时间约为6.2 min。标准溶液色谱图参见附录A。

5.2.3 试样测定

用微量进样器准确吸取10 μL试样溶液（5.1）注入液相色谱仪，按色谱条件（5.2.1）进行测定，记录色谱峰的保留时间和峰面积。8-羟基喹啉含量高的试样可取适量用甲醇稀释后进行测定。需要时，用液相色谱-质谱法进行确证试验（参见附录B）。

5.3 空白试验

除不称取试样外，均按上述步骤进行。

6 结果计算

结果（以8-羟基喹啉计）按式（1）计算，计算结果保留三位小数：

$$W = \frac{c \times V}{1\,000 \times m} \times 100 \qquad \cdots\cdots(1)$$

式中：

W——化妆品中8-羟基喹啉及其硫酸盐的质量分数，%；

c——从标准工作曲线上查出的试样溶液中8-羟基喹啉的浓度，单位为毫克每升（mg/L）；

V——试样定容体积，单位为升（L）；

m——试样的质量，单位为克（g）。

7 测定低限

本方法对8-羟基喹啉的测定低限为0.000 5%。

8 回收率和精密度

回收率和精密度见表1。

表1 8-羟基喹啉的回收率和精密度

名　称	添加浓度/%	平均回收率/%	相对标准偏差/%
8-羟基喹啉	0.000 5	100.8	2.15
	0.01	99.0	3.12
	0.1	93.2	1.63

附　录　A
（资料性附录）
标准品色谱图

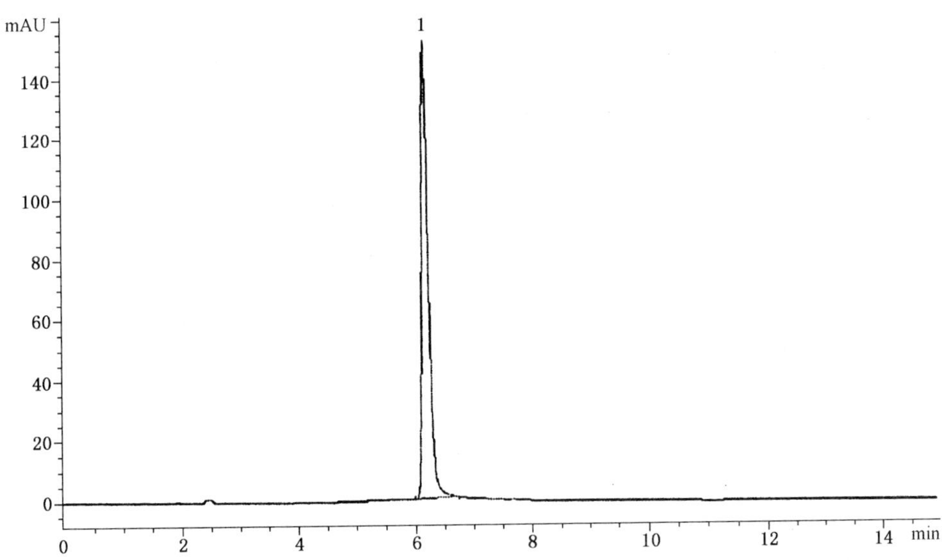

1——8-羟基喹啉(6.2 min)。

图 A.1　8-羟基喹啉标准品色谱图

附 录 B
（资料性附录）
确 证 试 验

B.1 液相色谱条件

a） 色谱柱：XTerraMS C_{18}柱，150 min×2.1 mm（内径），5 μm（粒径），或相当者；
b） 流动相：0.1%三氟乙酸甲醇溶液+0.1%三氟乙酸水溶液=20+80（体积比）；
c） 流速：0.2 mL/min；
d） 柱温：30 ℃；
e） 进样量：5 μL。

B.2 质谱条件

a） 离子源：ESI；
b） 离子化模式：正离子模式；
c） 毛细管电压：3.5 kV；
d） 锥孔电压：35 V；
e） 萃取电压：1.0 V；
f） 射频透镜电压：0.5 V；
g） 离子源温度：110 ℃；
h） 脱溶剂气温度：350 ℃；
i） 数据采集方式：选择离子监测（MRM）。

B.3 定性测定

进行试样测定时，将样液适当稀释，按液相色谱-质谱条件测定样液和标准工作溶液，如果检出色谱峰的保留时间与标准物质相一致，并且在扣除背景后的样品质谱图中，所选择的离子均出现，而且所选择的离子比与标准物质的相对丰度一致，允许偏差不超过表B.1规定的范围，则可判断样品中存在8-羟基喹啉。

表 B.1 监测离子

目标物	母离子（m/z）	子离子（m/z）	相对丰度/%	允许偏差/%
8-羟基喹啉	145.9	117.6（18 eV） 127.7（13 eV）	100 88	±20

8-羟基喹啉标准品液相色谱-质谱总离子流图见图B.1，质谱图见图B.2。

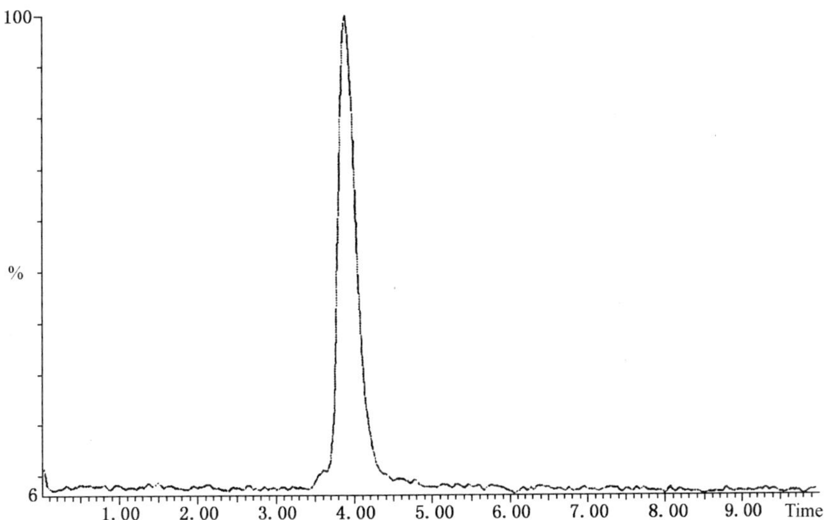

图 B.1　8-羟基喹啉标准品液相色谱-质谱总离子流图

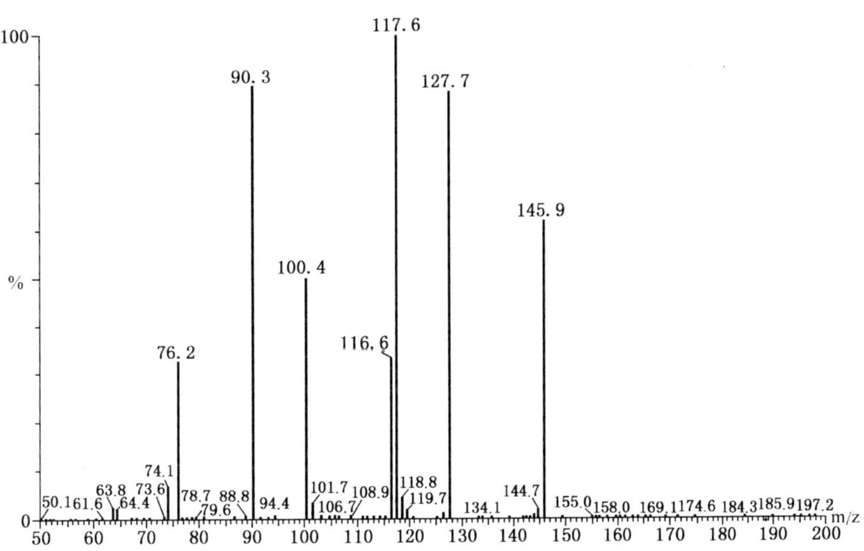

图 B.2　8-羟基喹啉质谱图

中华人民共和国出入境检验检疫行业标准

SN/T 2206.1—2008

化妆品微生物检验方法
第1部分:沙门氏菌

Method of microbiology examination for cosmetics—
Part 1:*Salmonella*

2008-11-18 发布　　　　2009-06-01 实施

中华人民共和国
国家质量监督检验检疫总局　发布

前　言

本部分的附录 A 为资料性附录。

本部分由国家认证认可监督管理委员会提出并归口。

本部分起草单位：中华人民共和国广东出入境检验检疫局、中华人民共和国上海出入境检验检疫局、中华人民共和国福建出入境检验检疫局、中华人民共和国深圳出入境检验检疫局、广州华峰生物科技有限公司。

本部分主要起草人：李志勇、王志强、李晓虹、郑晶、石磊、凌莉、易敏英、高东微、吕敬章、陈洵、胡科锋、许龙岩、黄晓蓉、曹以诚。

本部分系首次发布的出入境检验检疫行业标准。

化妆品微生物检验方法
第1部分:沙门氏菌

第一法 常规培养法

1 范围

SN/T 2206 的本部分规定了化妆品中沙门氏菌的常规检验方法。

本部分适用于化妆品中沙门氏菌的检验。

2 规范性引用文件

下列文件中的条款通过 SN/T 2206 的本部分的引用而成为本部分的条款。凡是注日期的引用文件,其随后所有的修改单(不包括勘误的内容)或修订版均不适用于本部分,然而,鼓励根据本部分达成协议的各方研究是否可使用这些文件的最新版本。凡是不注日期的引用文件,其最新版本适用于本部分。

GB/T 4789.4—2003 食品微生物学检验 沙门氏菌检验

GB/T 4789.28—2003 食品微生物学检验 染色法、培养基和试剂

GB/T 6682 分析实验室用水规格和试验方法(GB/T 6682—2008,ISO 3696:1987,MOD)

GB/T 7918.1 化妆品微生物标准检验方法 总则

WS/T 230 临床诊断中整合酶链反应(PCR)技术的应用

ISO 6579 食品微生物学 沙门氏菌检测水平法

3 材料与设备

3.1 吸管:2 mL,分刻度 0.1 mL;10 mL,分刻度 1 mL。

3.2 灭菌平皿:直径 90 mm,底部平整的玻璃或一次性塑料灭菌平皿。

3.3 100 mL 三角瓶。

3.4 接种针、接种环。

3.5 灭菌的样品处理器具:镊子、剪刀、勺子。

3.6 灭菌小试管:3 mm×50 mm。

3.7 可调移液器:10 μL～100 μL,100 μL～1 000 μL。

3.8 天平:量程 0 g～500 g,精度 0.1 g。

3.9 高压灭菌器。

3.10 冰箱:0 ℃～4 ℃。

3.11 乳液分散机(转速 1 000 r/min 以上)。

3.12 恒温培养箱:36 ℃±1 ℃、42 ℃±1 ℃。

3.13 显微镜:10×～100×。

3.14 VITEK 全自动微生物鉴定系统或类似设备。

注:VITEK 是由法国生物梅里埃公司提供的产品的商品名。给出这一信息是为了方便本部分的使用者,并不表示对该产品的唯一认可。如果其他等效产品具有相同的效果,也可使用这些等效产品。

4 培养基和试剂

4.1 SCDLP 液体培养基:按 GB/T 7918.1 中规定。

4.2 四硫酸钠煌绿(TTB)增菌液:按 GB/T 4789.28—2003 中 4.14、4.15 规定。

4.3 亚硫酸铋琼脂(BS):按 GB/T 4789.28—2003 中 4.19 规定。

4.4 DHL 琼脂:按 GB/T 4789.28—2003 中 4.20 规定。

4.5 HE 琼脂:按 GB/T 4789.28—2003 中 4.21 规定。

4.6 WS 琼脂:按 GB/T 4789.28—2003 中 4.23 规定。

4.7 SS 琼脂:按 GB/T 4789.28—2003 中 4.22 规定。

4.8 三糖铁琼脂:按 GB/T 4789.28—2003 中 4.26、4.27 规定。

4.9 蛋白胨水、靛基质试剂:按 GB/T 4789.28—2003 中 3.13 规定。

4.10 尿素琼脂(pH7.2):按 GB/T 4789.28—2003 中 3.15 规定。

4.11 氰化钾(KCN)培养基:按 GB/T 4789.28—2003 中 3.16 规定。

4.12 氨基酸脱羧酶试验培养基:按 GB/T 4789.28—2003 中 3.12 规定。

4.13 糖发酵管:按 GB/T 4789.28—2003 中 3.2 规定。

4.14 ONPG 培养基:按 GB/T 4789.28—2003 中 3.3 规定。

4.15 半固体琼脂:按 GB/T 4789.28—2003 中 4.30 规定。

4.16 丙二酸钠培养基:按 GB/T 4789.28—2003 中 3.7 规定。

4.17 沙门氏菌因子血清:按 26 种用于初步分型;57 种用于进一步分型;163 种用于详细分型。

4.18 API 20E 测试条。

4.19 GNI^+ 测试卡。

注:API 20E 测试条和 GNI^+ 测试卡是由法国生物梅里埃公司提供的产品的商品名。给出这一信息是为了方便本部分的使用者,并不表示对该产品的唯一认可。如果其他等效产品具有相同的效果,也可使用这些等效产品。

5 检验程序

5.1 方法提要

化妆品中沙门氏菌的检验方法是通过前增菌、选择性增菌、分离、生化鉴定、血清学分型鉴定等方法对化妆品中可能存在的沙门氏菌进行定性检验。

5.2 检验程序

沙门氏菌的检验程序见图 1。

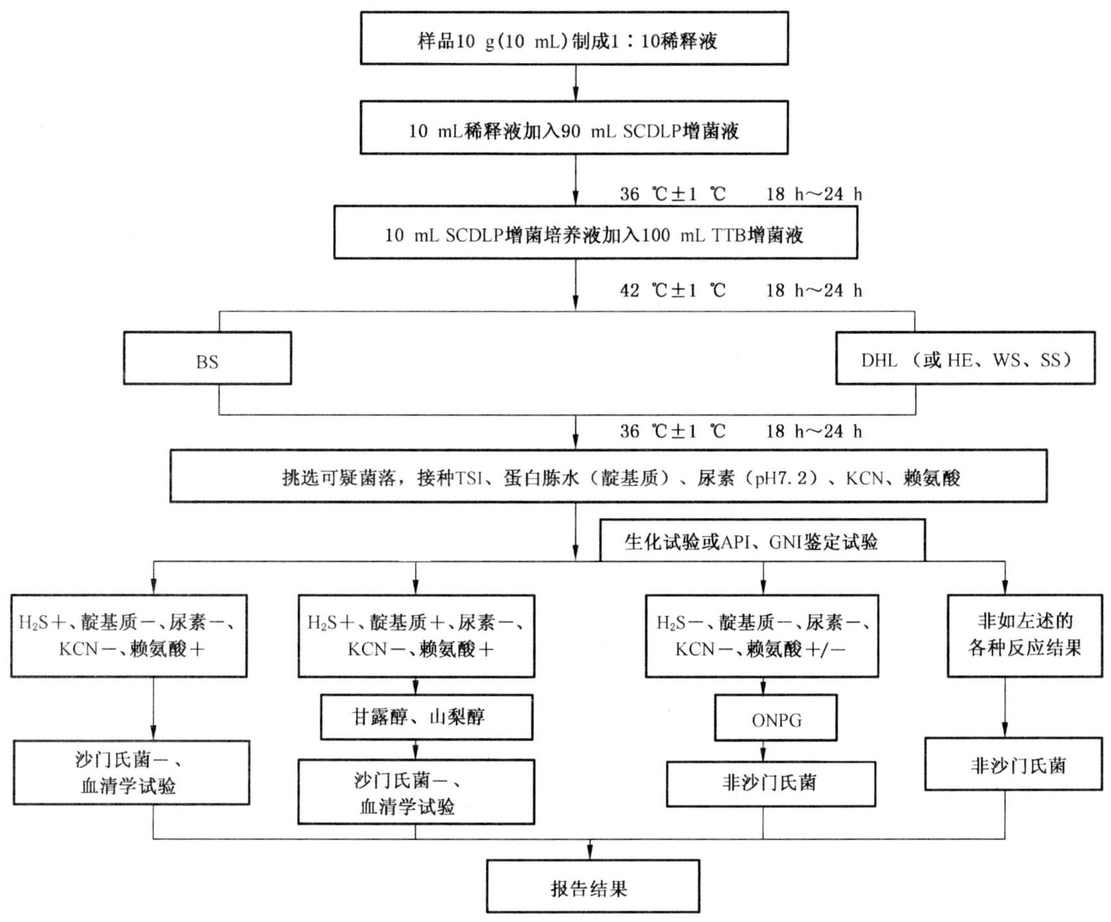

图 1 检验程序

6 样品制备

参照 GB/T 7918.1 进行制样。

7 检验步骤

7.1 前增菌和增菌

取 1∶10 样品稀释液 10 mL 加到 90 mL SCDLP 液体培养基中，置培养箱 36 ℃±1 ℃培养 18 h~24 h。移取 10 mL，转种于 100 mL 四硫酸钠煌绿(TTB)增菌液内，42 ℃±1 ℃培养 18 h~24 h。

7.2 分离

按 GB/T 4789.4—2003 中 6.2 规定。

7.3 生化反应

按 GB/T 4789.4—2003 中 6.3 规定的生化反应，也可采用 API 20E、GNI＋测试卡或其他等效产品。

7.4 血清学分型鉴定

按 GB/T 4789.4—2003 中 6.4 规定。

7.5 结果报告

综合生化反应和血清学鉴定结果，按 GB/T 4789.4—2003 中 6.5 判定菌型，并报告结果。

第二法 环介导恒温扩增(LAMP)法

8 范围

SN/T 2206 的本部分规定了化妆品中沙门氏菌的 LAMP 检验方法。

本部分适用于化妆品中沙门氏菌的快速检验。

9 缩略语

下列缩略语适用于 SN/T 2206 的本部分。

9.1 Betaine

甘氨酸三甲内盐。

9.2 *Bst* 酶 *Bst* DNA polymerase(Large Fragment)

Bst DNA 聚合酶(大片段)。

9.3 DNA deoxyribonucleic acid

脱氧核糖核酸。

9.4 dNTP deoxyribonucleoside triphosphate

脱氧核苷三磷酸。

9.5 EDTA ethylenediamine tetraacetic acid

乙二胺四乙酸。

9.6 LAMP loop-mediated isothermal amplication

环介导恒温扩增。

9.7 PCR polymerase chain reaction

聚合酶链式反应。

9.8 Triton X-100

聚乙二醇辛基苯基醚。

10 防污染措施

参照 WS/T 230 中第 6 章。

11 原理

LAMP 是一种连续、恒温、基于酶反应的核酸扩增技术。根据靶基因序列设计的两对特殊的内、外引物,特异性识别靶序列上的六个独立区域,利用 *Bst* 酶启动循环链置换反应。在靶标 DNA 区启动互补链合成,结果在同一链上互补序列周而复始形成有很多环的花椰菜结构的茎-环 DNA 混合物。LAMP 反应过程中,从 dNTP 析出的焦磷酸根离子与反应溶液中的 Mg^{2+} 结合,产生副产物(焦磷酸镁)形成乳白色沉淀,加入显色液,即可通过肉眼观察判定结果。

12 设备和材料

12.1 设备

一次性手套、移液器(量程 0.5 μL 到 1 000 μL)、枪头、1.5 mL 塑料离心管、1.5 mL 离心管架、计时器、冰盒、高速台式离心机、水浴锅或加热模块等。

12.2 引物

根据沙门氏菌属特有的靶序列 *agfA* 设计一套特异性引物,包括外引物 1、外引物 2 和内引物 1、内引物 2。

外引物扩增片段长度：200 bp。

12.3 检测试剂

a) 样品预处理液：成分包括 Tris-HCl[pH 8.0]，EDTA，Triton X-100；

b) 反应液：主要成分 dNTP，Tris-HCl[pH 8.8]，$MgSO_4$，Triton X-100，Betaine，内/外引物；

c) DNA 聚合酶：*Bst* 酶；

d) 显色液；

e) 沙门氏菌 LAMP 检测试剂盒：试剂盒组成、说明及使用注意事项参见附录 A。

注：由指定单位提供，给出这一信息是为了方便本部分的使用者，并不表示对该产品的唯一认可。如果其他等效产品具有相同的效果，则可使用这些等效产品。

13 检测程序

化妆品中沙门氏菌 LAMP 方法检测程序见图 2。

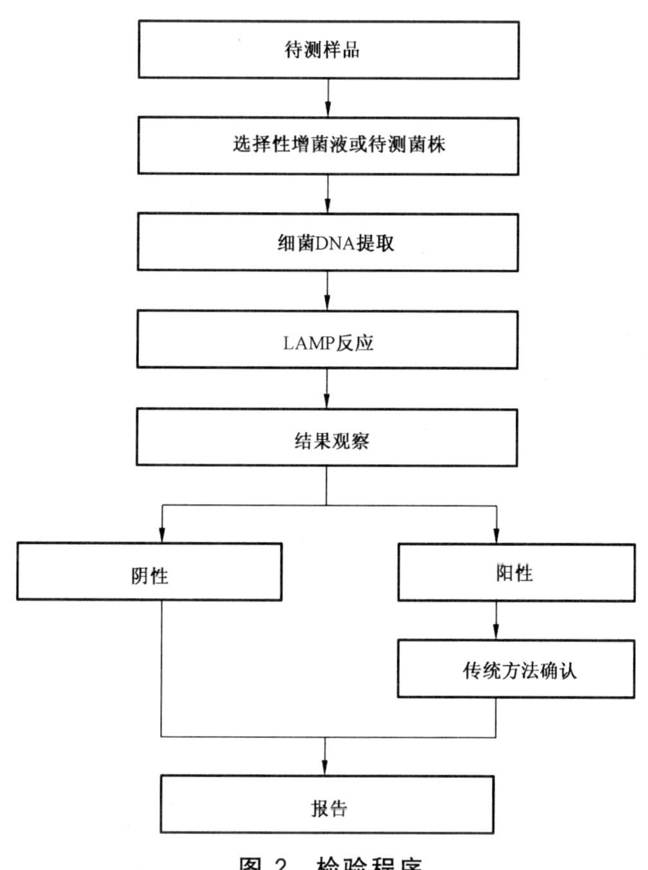

图 2 检验程序

14 操作步骤

14.1 样品制备、增菌培养和分离

样品制备参照 GB/T 7918.1 进行。增菌培养和分离按 7.1～7.2 规定。

14.2 细菌模板 DNA 的制备

14.2.1 增菌液模板 DNA 的制备

对于 14.1 方法培养的增菌液：

a) 直接取该增菌液 1 mL 加到 1.5 mL 无菌离心管中，10 000 r/min 离心 2 min，尽量吸弃上清液；

b) 加入 80 μL 样品预处理液，混匀后沸水浴 10 min，置冰上 10 min；

c) 10 000 r/min 离心 2 min，上清液即为核酸模板；取上清液置－20 ℃可长期保存备用。

14.2.2 可疑菌落模板 DNA 的制备

对于 14.1 方法分离到的可疑菌落，可直接挑取可疑菌落，加入 80 μL 样品预处理液，再按照 14.2.1 b)步骤制备模板 DNA 以待检测。

也可使用等效的商品化的 DNA 提取试剂盒并按其说明提取制备模板 DNA。

14.3 核酸扩增

14.3.1 反应过程

a) 在向上述 2 μL 核酸模板[见 14.2.1 c)]中加入 23 μL 扩增液(参见表 1)；

b) 65 ℃温育 90 min。

表 1 LAMP 反应体系

试　剂	贮备液浓度	25 μL 反应体系中加样体积/μL
沙门氏菌反应液	—	22 μL
Bst 酶	8U/μL	1 μL
DNA 模板	—	2 μL
注 1：沙门氏菌反应液与 *Bst* 酶混合液即为扩增液； 注 2：每次反应必须设置阴性和阳性各一个质控。		

14.3.2 阴性对照、阳性对照设置

阴性对照设为 LAMP 反应的空白对照(以样品预处理液代替 DNA 模板)。

阳性对照采用已知浓度的沙门氏菌标准菌株 DNA 溶液作为 LAMP 反应的模板。

14.3.3 LAMP 反应体系

常规 LAMP 反应体系见表 1。

14.4 结果观察

在上述反应管中加入 1 μL 显色液，轻轻混匀即可判定结果；建议在黑色背景下观察。

建议使用 LAMP 试剂盒专用反应管，将反应液和显色液一次性加入，DNA 扩增反应后可不必开盖即可观察结果。

14.5 结果判定

在阴性对照反应管液体为橙色，阳性对照反应管液体呈绿色的条件下：

a) 待检样品反应管液体呈绿色，该样品结果为沙门氏菌初筛阳性，采用样品增菌液或纯菌落进一步按 7.3～7.5 步骤进行确认后报告结果；

b) 待检样品反应管液体呈橙色则可报告沙门氏菌检验结果为阴性。

若与上述条件不符，则本次检测结果无效，应重新检测。

附 录 A
（资料性附录）
沙门氏菌 LAMP 检测试剂盒

A.1 试剂盒组成

每个试剂盒(20 T/kit,每个反应体系体积为 25 μL)包括的成分见表 A.1。

表 A.1

组成成分	规 格
DNA 提取液	1 管,1.5 mL
沙门氏菌反应液	1 管,500 μL
Bst 酶	1 管,30 μL
显色液	25 管,1 μL/管
沙门氏菌阳性对照 DNA	1 管,50 μL
LAMP 反应专用管	25 个

A.2 说明

a) 反应液中含有特异性引物及各种离子;
b) 扩增试剂[见 14.3.1 a)]的配制:反应液 22 μL 与 *Bst* 酶 1 μL 混匀即可;
c) LAMP 反应专用管已含显色液。

A.3 使用注意事项

a) 严格执行行业行政主管部门颁布的有关基因扩增检验实验室的管理规范;
b) 本试剂盒仅用于体外检测,开始检测前要仔细阅读试剂盒说明书全文;
c) 试剂盒内各试剂使用前,充分融化后稍离心。反应液分装时应尽量避免产生气泡,反应前注意检查各反应管是否盖紧,以免泄露污染仪器;
d) 试剂盒内的阳性对照应视为具有污染性物质,应注意避免污染其他样品和反应试剂,导致错误检验结果。

中华人民共和国出入境检验检疫行业标准

SN/T 2206.2—2009

化妆品微生物检验方法 第2部分:需氧芽孢杆菌和蜡样芽孢杆菌

Determination of microbiological in cosmetics—
Part 2: Aerobic spore-former bacteria and *Bacillus cereus*

2009-02-20 发布　　2009-09-01 实施

中华人民共和国
国家质量监督检验检疫总局　发布

前　言

SN/T 2206《化妆品微生物检验方法》分为以下部分：

——第1部分：沙门氏菌；

——第2部分：需氧芽孢杆菌和蜡样芽孢杆菌；

——第3部分：肺炎克雷伯氏菌；

——第4部分：链球菌；

——第5部分：肠球菌。

本部分为SN/T 2206的第2部分。

本部分的附录A和附录B均为资料性附录。

本部分由国家认证认可监督管理委员会提出并归口。

本部分起草单位：中华人民共和国上海出入境检验检疫局、中华人民共和国新疆出入境检验检疫局中华人民共和国广东出入境检验检疫局。

本部分主要起草人：杨捷琳、顾鸣、韩伟、黄玲、许龙岩。

本部分系首次发布的出入境检验检疫行业标准。

化妆品微生物检验方法
第2部分:需氧芽孢杆菌和蜡样芽孢杆菌

1 范围

SN/T 2206 的本部分规定了化妆品中尤其是水分含量较少的粉类化妆品中需氧芽孢杆菌和蜡样芽孢杆菌的检验方法。

本部分适用于化妆品中需氧芽孢杆菌和蜡样芽孢杆菌的检验。

2 规范性引用文件

下列文件中的条款通过 SN/T 2206 的本部分的引用而成为本部分的条款。凡是注日期的引用文件,其随后所有的修改单(不包括勘误的内容)或修订版均不适用本部分,然而,鼓励根据本部分达成协议的各方研究是否可使用这些文件的最新版本。凡是不注日期的引用文件,其最新版本适用于本部分。

GB/T 7918.1 化妆品微生物标准检验方法 总则

SN/T 0176 出口食品中蜡样芽孢杆菌检验方法

3 材料和设备

3.1 三角瓶:250 mL。

3.2 玻璃珠。

3.3 L形玻璃棒。

3.4 刻度吸管:1 mL,10 mL。

3.5 均质器。

3.6 恒温培养箱:36 ℃±1 ℃,30 ℃±1 ℃,32 ℃±2.5 ℃。

3.7 高压灭菌器。

3.8 振荡器。

4 培养基和试剂

4.1 D/E 中和培养基(Dey/Engley 中和培养基),见附录 A 第 A.1 章。

4.2 甘露醇卵黄多粘菌素琼脂培养基(MYP),见附录 A 第 A.2 章。

4.3 葡萄糖蛋白胨琼脂(DT 培养基,加中和剂),见附录 A 第 A.3 章。

4.4 API 检测试纸条或其他等效产品

注:API 测试条是由法国梅里埃公司提供的产品的商品名,给出这一信息是为了方便本标准的使用者,并不表示对该产品的唯一认可。如果其他等效产品具有相同的效果,则可使用这些等效产品。

5 检验程序

5.1 化妆品中需氧芽孢杆菌检验流程图见图 1。

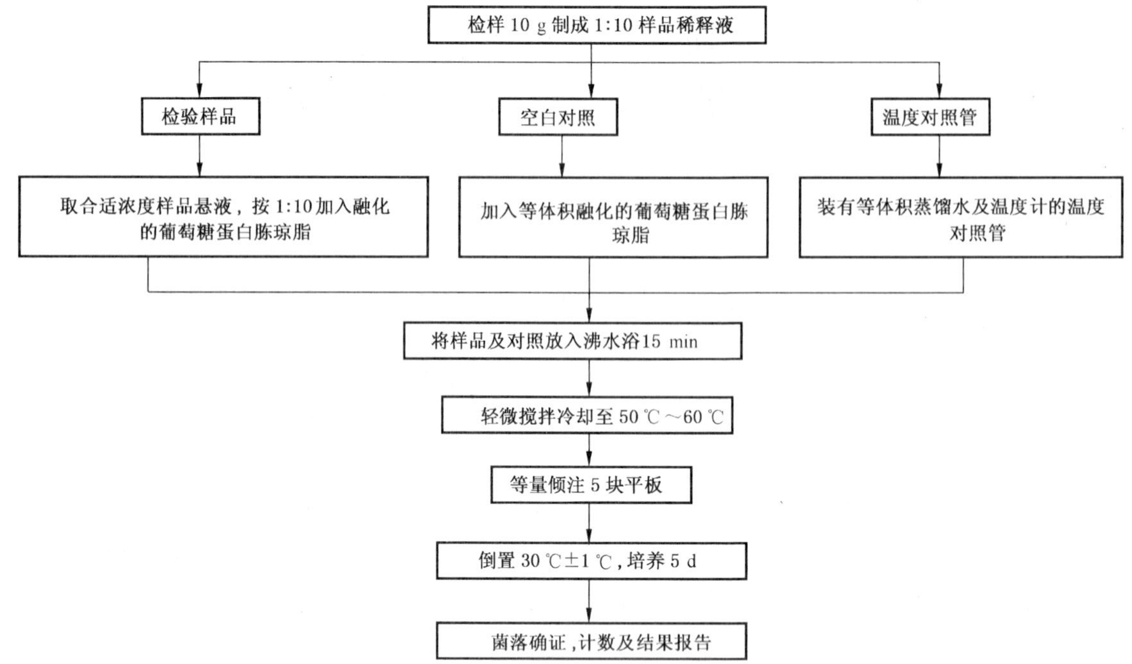

图 1　化妆品中需氧芽孢杆菌检验流程图

5.2　化妆品中蜡样芽孢杆菌检验流程图见图 2。

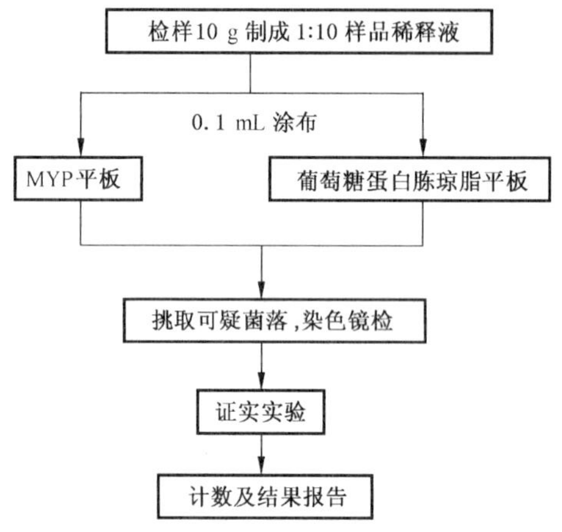

图 2　化妆品中蜡样芽孢杆菌检验流程图

5.3　样品制备

样品参照 GB/T 7918.1 供检样品的制备方法进行。样品制备时，也可参照附录 A 第 A.1 章的 D/E 中和培养基代替生理盐水或 SCDLP 培养基。参照附录 B 中列出的化妆品中常用防腐剂种类及微生物检验时所使用的中和剂种类和配方，可根据不同产品成分参照使用。

5.4　取 1∶10 稀释液 10.0 mL 加入到含有 90.0 mL 生理盐水的稀释瓶中，置 30 ℃±1 ℃水浴中 15 min，经常振摇，取出后静置 15 min，取上清液 10.0 mL 制成 1∶100 的稀释液，每个稀释度换用一支 10.0 mL 无菌吸管，按上述操作程序递增十倍稀释至合适浓度。

5.5　需氧芽孢菌计数

5.5.1　移取合适浓度样品悬液 10 mL，搅拌加入融化的葡萄糖蛋白胨琼脂 100 mL，混合均匀，沸水浴 15 min，轻微搅拌冷却至 50 ℃～60 ℃，再将混合物等量倾注 5 块平板，待凝固后表面覆盖一薄层 2%灭菌琼脂(防止蔓延型菌落出现)，待覆盖琼脂凝固后，倒置 30 ℃±1 ℃，培养 5 d。

5.5.2 选取平板上10个以上菌落，进行革兰氏染色镜检，芽孢菌应为革兰氏阳性杆菌，有明显芽孢体存在，氧化酶、触酶实验，需氧芽孢菌多为阴性，进一步采用API等生化鉴定试剂条进行鉴定。

5.5.3 计数：计数五个平板上的菌落数，相加，乘以稀释倍数，即为每克（毫升）[g(mL)]化妆品中需氧芽孢总数。

5.6 蜡样芽孢杆菌计数

5.6.1 取各稀释液0.1 mL分别接种到MYP琼脂平板和葡萄糖蛋白胨琼脂平板，用无菌L形玻璃棒均匀涂布于整个琼脂表面，每个稀释度各接种两块平板。

5.6.2 平板置于30 ℃±1 ℃培养24 h±2 h。

5.6.3 蜡样芽孢杆菌在MYP琼脂平板上生成的菌落为微粉红色，环绕产生卵磷脂酶沉淀环，如反应不典型，可继续培养24 h再计数。

5.7 革兰氏染色：挑取上述可疑菌落，染色镜检，蜡样芽孢杆菌为革兰氏阳性大杆菌，呈长链或短链，芽孢呈椭圆形位于菌体中央或偏端，不使菌体胀大。

5.8 镜检后，挑取可疑菌落分别接种营养琼脂斜面，于30 ℃培养24 h，按照SN/T 0176进行证实实验。

5.9 计数及报告：选取具有15个～150个已确证为蜡样芽孢杆菌菌落的平板进行计数，并计算同一稀释度两个平板的平均菌落数，结果报告。

6 中和剂验证

6.1 微生物菌株

采用蜡样芽孢杆菌（ATCC11778）或其他等同性菌株。

6.2 验证实验

6.2.1 接种物的制备，在测试前，用蜡样芽孢杆菌（ATCC11778）接种葡萄糖琼脂（DT）培养基，32.5 ℃±2.5 ℃培养18 h～24 h。收集培养物，调整悬液浓度为10^8 CFU/mL。

注：在2 h内使用制备的悬液和稀释液。

6.2.2 梯度稀释菌悬液，以获得100 CFU/mL与500 CFU/mL之间的浓度。为了计数调整的菌悬液中的活菌数量，移取1 mL悬液放入平皿内，混皿法倾注平板，倒置32.5 ℃±2.5 ℃培养20 h～24 h计数。

6.2.3 取样品1 g或1 mL，按照GB/T 7918.1供检样品的方法1∶10制备样液，无菌方式加入0.1 mL调整好浓度的菌悬液；未添加细菌的样品作为对照。

6.2.4 划线分离于添加中和剂（DT＋）和未添加中利剂（DT－）的平板，32.5 ℃±2.5 ℃培养20 h～24 h。

6.3 验证结果的解释

如果DT（＋）平板上有标准菌株生长，在DT（－）平板上不生长，中和剂的中和效果得以验证。当DT（＋）和DT（－）上均有细菌生长，如果DT（＋）生长菌株为添加的标准菌株时，中和剂的中和效果得以验证。在DT（＋）和DT（－）无细菌生长或仅DT（－）有杂菌生长均表明抗菌活性仍然存在，应改变样品与培养基稀释比例，或改变中和剂配方，进一步选择合适的中和剂配方，验证中和效果。

附 录 A
（资料性附录）
培养基

A.1 D/E 中和培养基(Dey/Engley 中和培养基)

A.1.1 成分

葡萄糖	10.0 g
大豆磷脂	7.0 g
五水硫代硫酸钠	6.0 g
聚山梨醇酯 80	805.0 g
胰化酪蛋白	5.0 g
亚硫酸氢钠	2.5 g
酵母膏	2.5 g
β-巯基乙醇	1.0 g
溴甲酚紫	0.02 g
蒸馏水	1 000 mL

pH7.3±0.1

A.1.2 制法

将各组分依次称取加入，加热后使之完全溶解，121 ℃灭菌 15 min，使用时，调节 pH 值至 7.6±0.2。

A.2 甘露醇卵黄多粘菌素琼脂培养基(MYP)

A.2.1 成分

A 成分

牛肉膏	1.0 g
蛋白胨	10.0 g
D-甘露醇	10.0 g
氯化钠	10.0 g
琼脂	15.0 g
酚红	0.025 g
蒸馏水	1 000 mL

pH7.2±0.1

B 成分：50%卵黄液	50 mL
C 成分：多粘菌素 B	100 IU/mL

A.2.2 制法

将 A 成分中各组分依次称取加入，加热后使之完全溶解，校正 pH 至 pH7.2±0.1，加入酚红溶液，混匀后分装烧瓶，121 ℃灭菌 15 min，冷却至 50 ℃后每升加入 50 mL 50%卵黄液(B 成分)和 2.5 mL 多粘菌素 B(C 成分)。

A.3 葡萄糖蛋白胨琼脂(DT 培养基，加中和剂)

A.3.1 成分

酪蛋白胨	10 g

葡萄糖	5 g
2%溴甲酚紫乙醇溶液	2 mL
琼脂	15 g
卵磷脂	1 g
吐温-80	7 g
蒸馏水	1 000 mL

pH6.7±0.2

A.3.2 覆盖琼脂

琼脂	20 g
蒸馏水	1 000 mL

A.3.3 制法

将各组分依次称取加入,加热后使之完全溶解,121 ℃灭菌 15 min,使用时,调节 pH 值至 6.7±0.2。

附 录 B
（资料性附录）
防腐剂对应使用中和剂清单

表 B.1 防腐剂对应使用中和剂清单

防腐剂	中和剂	中和剂及漂洗液配方(膜过滤法)
酚类化合物 对羟基苯甲酸酯，苯基乙醇，苯胺	卵磷脂，聚山梨醇酯 80，脂肪酸环氧乙烷聚合物，非离子型表面活性剂	聚山梨醇酯 80，30 g/L＋卵磷脂，3 g/L。 脂肪酸环氧乙烷聚合物，7 g/L＋卵磷脂，20 g/L＋聚山梨醇酯 80，4 g/L。 D/E 中和培养基 a 漂洗液：蒸馏水；蛋白胨，1 g/L＋氯化钠，9 g/L；聚山梨醇酯 80，5 g/L。
季胺类化合物，阳离子表面活性剂	卵磷脂卵磷脂，皂角苷，聚山梨醇酯 80，十二烷基硫酸钠，脂肪酸环氧乙烷聚合物	聚山梨醇酯 80，30 g/L＋十二烷基硫酸钠，4 g/L＋卵磷脂，3 g/L。 聚山梨醇酯 80，30 g/L＋皂角苷，30 g/L＋卵磷脂，3 g/L。 D/E 中和培养基 a 漂洗液：蒸馏水；蛋白胨，1 g/L＋氯化钠，9 g/L；聚山梨醇酯 80，5 g/L。
甲醛 乙醛	甘氨酸，组氨酸	卵磷脂，3 g/L＋聚山梨醇酯 80，30 g/L＋L-组氨酸，1 g/L。 聚山梨醇酯 80，30 g/L＋皂角苷，30 g/L＋L-组氨酸，1 g/L＋L-半胱氨酸，1 g/L。 D/E 中和培养基 a 漂洗液：聚山梨醇酯 80，3 g/L＋L-组氨酸，0.5 g/L。
氧化物	硫代硫酸钠	硫代硫酸钠，5 g/L。 漂洗液：硫代硫酸钠，3 g/L。
异噻唑啉酮，咪唑	卵磷脂，皂角苷，胺，硫醇，亚硫酸氢钠，β-巯基乙醇	聚山梨醇酯 80，30 g/L＋皂角苷，30 g/L＋卵磷脂，3 g/L。 漂洗液：蛋白胨，1 g/L＋氯化钠，9 g/L；聚山梨醇酯 80，5 g/L。
双胍	卵磷脂，皂角苷，聚山梨醇酯 80	聚山梨醇酯 80，30 g/L＋皂角苷，30 g/L＋卵磷脂，3 g/L。 漂洗液：蛋白胨，1 g/L＋氯化钠，9 g/L；聚山梨醇酯 80，5 g/L。
金属盐类(Cu，Zn，Hg)，有机汞类	重硫酸钠，L-巯基半胱氨酸，β-巯基乙醇	β-巯基乙醇，0.5 g/L 或 5 g/L。 L-半胱氨酸，0.8 g/L 或 1.5 g/L。 D/E 中和培养基 a 漂洗液：β-巯基乙醇，0.5 g/L。

中华人民共和国出入境检验检疫行业标准

SN/T 2206.3—2009

化妆品微生物检验方法
第3部分:肺炎克雷伯氏菌

Determination of microbiological in cosmetics—
Part 3:*Klebsiella pneumoniae*

2009-02-20 发布　　　　2009-09-01 实施

中华人民共和国国家质量监督检验检疫总局 发布

前　言

SN/T 2206《化妆品微生物检验方法》分为以下部分：

——第1部分：沙门氏菌；

——第2部分：需氧芽孢杆菌和蜡样芽孢杆菌；

——第3部分：肺炎克雷伯氏菌；

——第4部分：链球菌；

——第5部分：肠球菌。

本部分为SN/T 2206的第3部分。

本部分的附录A为规范性附录。

本部分由中华人民共和国国家认证认可监督管理委员会提出并归口。

本部分起草单位：中华人民共和国广东出入境检验检疫局、中华人民共和国上海出入境检验检疫局。

本部分主要起草人：许龙岩、胡科锋、刘静宇、易敏英、杨捷林、翁文川、凌莉、阳静、袁幕云、陈碧玲。

本部分系首次发布的出入境检验检疫标准。

化妆品微生物检验方法
第3部分:肺炎克雷伯氏菌

1 范围

SN/T 2206的本部分规定了化妆品中肺炎克雷伯氏菌的检验方法。

本部分适用于化妆品中肺炎克雷伯氏菌的检验。

2 规范性引用文件

下列文件中的条款通过SN/T 2206的本部分的引用而成为本部分的条款。凡是注日期的引用文件,其随后所有的修改单(不包括勘误的内容)或修订版均不适用于本部分,然而,鼓励根据本部分达成协议的各方研究是否可使用这些文件的最新版本。凡是不注日期的引用文件,其最新版本适用于本部分。

GB/T 7918.1 化妆品微生物标准检验方法 总则

3 材料和设备

3.1 吸管:2.0 mL和10.0 mL,分刻度0.1 mL。

3.2 三角瓶:150 mL,250 mL。

3.3 培养皿:直径90 mm。

3.4 接种针、接种环。

3.5 载玻片。

3.6 样品处理器具:镊子、剪刀、勺子。

3.7 天平:0 g~600 g,感量0.1 g。

3.8 均质器:转速1 000 r/min以上。

3.9 恒温培养箱:36 ℃±1 ℃。

3.10 高压灭菌器。

3.11 VITEK全自动微生物鉴定系统或类似设备。

注:VITEK是由法国生物梅里埃公司提供的产品的商品名。给出这一信息是为了方便本标准的使用者,并不表示对该产品的唯一认可。如果其他等效产品具有相同的效果,也可使用这些等效产品。

4 培养基和试剂

4.1 0.85%生理盐水。

4.2 SCDLP液体培养基(见附录A中第A.1章)。

4.3 胆硫乳琼脂(DHL)(见附录A中第A.2章)。

4.4 营养琼脂斜面培养基(见附录A中第A.3章)。

4.5 动力半固体琼脂(见附录A中第A.4章)。

4.6 氧化酶试剂(见附录A中第A.5章)。

4.7 API 20E生化鉴定试剂条或其他等效产品。

注:API 20E生化鉴定试剂条是由法国生物梅里埃公司提供的产品的商品名。给出这一信息是为了方便本标准的使用者,并不表示对该产品的唯一认可。如果其他等效产品具有相同的效果,也可使用这些等效产品。

4.8 GN 测试卡。

注：GN 测试卡是由法国生物梅里埃公司提供的产品的商品名。给出这一信息是为了方便本标准的使用者，并不表示对该产品的唯一认可。如果其他等效产品具有相同的效果，也可使用这些等效产品。

5 方法提要

化妆品中肺炎克雷伯氏菌检验方法是通过增菌、分离、生化鉴定对化妆品中可能存在的肺炎克雷伯氏菌进行定性检验。

6 检验程序

肺炎克雷伯氏菌检验程序见图 1。

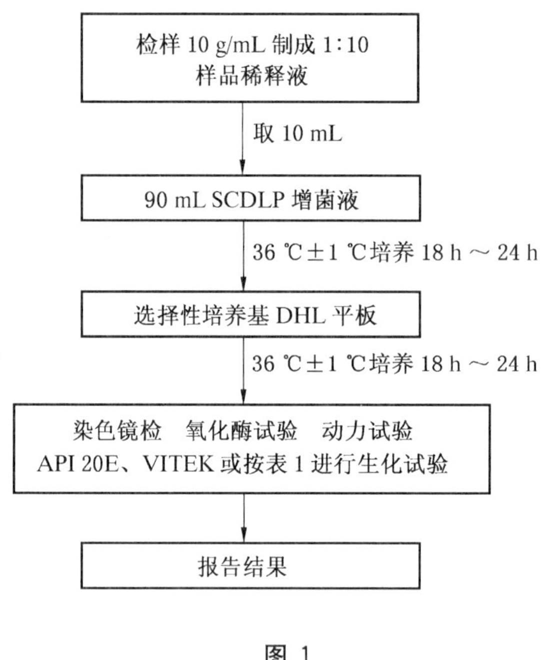

图 1

7 样品制备

化妆品中不同类型的检样制备参照 GB/T 7918.1 进行制样。

8 操作步骤

8.1 取 1：10 样品稀释液 10 mL 接种到 90 mL SCDLP 液体培养基中，置 36 ℃±1 ℃培养 18 h～24 h。

8.2 自上述培养液中，取(1～2)接种环，划线接种于胆硫乳琼脂平板(DHL)中，置 36 ℃±1 ℃培养 18 h～24 h。在 DHL 平板上肺炎克雷伯氏菌菌落呈淡粉红色，大而隆起，光滑湿润，粘液状，相邻菌落容易融合成脓汁样，接种针挑取菌落时呈丝状粘连。

8.3 从 DHL 平板上至少挑取 5 个典型或可疑菌落，如果平板上可疑菌落少于 5 个，则全部挑取，把挑取的可疑菌落分别穿刺于动力半固体琼脂，并接种到营养琼脂斜面培养基，36 ℃±1 ℃培养 18 h～24 h。

8.4 将 8.3 中营养琼脂斜面培养基上的纯培养物做革兰氏染色、氧化酶试验。无动力，革兰氏染色阴性，氧化酶试验阴性者，用 API 20E 生化鉴定试剂条或 VITEK 生化鉴定系统进行生化鉴定，或按表 1 进行生化试验。

表 1 肺炎克雷伯氏菌生化特性

试验项目	肺炎克雷伯氏菌肺炎亚种	肺炎克雷伯氏菌臭鼻亚种	肺炎克雷伯氏菌鼻硬结亚种
尿素酶	+	d	—
靛基质	—	—	—
MR	—/+	+	+
VP	+	—	—
西蒙氏枸橼酸盐	+	d	—
D-酒石酸盐	+/—	—/+	—
丙二酸盐	+	—	+
ONPG	+	+	—
赖氨酸脱羧酶	+	d	—
分解葡萄糖产气	+	d	—
乳糖	+	d	—
卫矛醇	—/+	—	—
注："+"≥90%阳性，"+/—"75-88%阳性，"d"为不定，"—/+"75-89%阴性，"—"≥90%阴性。			

9 结果报告

根据生化鉴定结果报告样品中检出或未检出肺炎克雷伯氏菌。

附　录　A
（规范性附录）
培养基和试剂

A.1　SCDLP液体培养基

成分：酪蛋白胨　　17.0 g
　　大豆蛋白胨　　3.0 g
　　氯化钠　　5.0 g
　　磷酸氢二钾　　2.5 g
　　葡萄糖　　2.5 g
　　卵磷脂　　1.0 g
　　吐温-80　　7.0 g
　　蒸馏水　　1 000 mL

制法：将卵磷脂在400 mL蒸馏水中加热至完全溶解，再将其他成分混合加入600 mL蒸馏水中，加热完全溶解。将上述两种溶液混合后，充分搅拌均匀。调pH为7.2～7.3分装，121 ℃ 20 min高压灭菌。注意振荡，使沉淀于底层的吐温-80充分混合，待冷却至25 ℃左右使用。

A.2　胆硫乳琼脂(DHL)

成分：蛋白胨　　20.0 g
　　牛肉膏　　3.0 g
　　乳糖　　10.0 g
　　蔗糖　　10.0 g
　　牛胆盐　　1.0 g
　　硫代硫酸钠　　2.2 g
　　柠檬酸钠　　1.0 g
　　柠檬酸铁铵　　1.0 g
　　中性红　　0.03 g或5 g/L水溶液6 mL
　　琼脂　　18.0 g～20.0 g
　　蒸馏水　　1 000 mL

制法：除中性红和琼脂外，将其他成分加入400 mL蒸馏水中，搅拌均匀，静置约10 min，加热煮沸至完全溶解，调pH为7.3±0.1，再将琼脂加入600 mL蒸馏水中，搅拌均匀，静置约10 min，加热煮沸至完全溶解。将两种溶液混合后，再加入5 g/L中性红水溶液6 mL，搅拌均匀，待冷却至50 ℃～55 ℃，倾注平皿备用。

A.3　营养琼脂斜面培养基

成分：蛋白胨　　10.0 g
　　牛肉膏　　3.0 g
　　氯化钠　　5.0 g
　　琼脂　　15.0 g
　　蒸馏水　　1 000 mL

制法：除琼脂外，将其余成分溶解于蒸馏水中，pH为7.2～7.4，加入琼脂，加热溶解，分装试管，

121 ℃ 15 min 高压灭菌后，制成斜面备用。

A.4 动力半固体琼脂

成分：胰蛋白胨　10.0 g
　　氯化钠　5.0 g
　　琼脂　5.0 g
　　蒸馏水　1 000 mL

制法：将各成分加入蒸馏水中，加热溶解，调节 pH 至 7.3±0.1，分装 15 mm×100 mm 试管，121 ℃高压灭菌 15 min，制成半固体高层。

A.5 氧化酶试验试剂

成分：四甲基对苯二胺　1.0 g
　　蒸馏水　100 mL

制法：将四甲基对苯二胺溶于蒸馏水即可，现用现配。若装入棕色瓶中，放置于 2 ℃～8 ℃冰箱保存，可在配制后 7 d 内使用。

中华人民共和国出入境检验检疫行业标准

SN/T 2206.4—2009

化妆品微生物检验方法
第4部分:链球菌

Determination of microbiological in cosmetics—
Part 4:*Streptococcus* spp.

2009-02-20 发布　　　　2009-09-01 实施

中华人民共和国国家质量监督检验检疫总局　发布

前　　言

SN/T 2206《化妆品微生物检验方法》分为以下部分：

——第1部分：沙门氏菌；

——第2部分：需氧芽孢杆菌和蜡样芽孢杆菌；

——第3部分：肺炎克雷伯氏菌；

——第4部分：链球菌；

——第5部分：肠球菌。

本部分为SN/T 2206的第4部分。

本部分的附录A是规范性附录。

本部分由国家认证认可监督管理标准化委员会提出并归口。

本部分由中华人民共和国新疆出入境检验检疫局、中华人民共和国广州出入境检验检疫局食品检测中心负责起草。

本部分的起草人：黄玲、蒋刚强、许龙岩、刘小兰、窦辉。

本部分系首次发布的出入境检验检疫行业标准。

化妆品微生物检验方法
第4部分:链球菌

1 范围

SN/T 2206的本部分规定了化妆品中链球菌的检验方法。

本部分适用于化妆品中链球菌的检验。

2 设备和材料

2.1 恒温培养箱:36 ℃±1 ℃。

2.2 高压蒸气灭菌锅。

2.3 冰箱:0 ℃~4 ℃。

2.4 显微镜:10×~100×。

2.5 天平:最大称量达2 000 g,精确至0.1 g。

2.6 灭菌吸管:1 mL(具0.01 mL刻度)、5 mL(具0.1 mL刻度)、10 mL(具0.1 mL刻度)。

2.7 灭菌试管:16 mm×160 mm、18 mm×180 mm。

2.8 灭菌培养皿:直径90 mm。

2.9 灭菌三角瓶:内含玻璃珠。

2.10 pH计或pH试纸。

2.11 酒精灯。

2.12 灭菌剪子、镊子等。

2.13 水浴箱。

2.14 灭菌研钵及研棒。

2.15 均质器。

3 培养基和试剂

3.1 SCDLP液体培养基:见附录A中第A.1章。

3.2 脑心浸出液培养基:见附录A中第A.2章。

3.3 血琼脂:见附录A中第A.3章。

3.4 无菌液体石蜡。

3.5 无菌吐温-80。

4 检验程序

检验程序见图1。

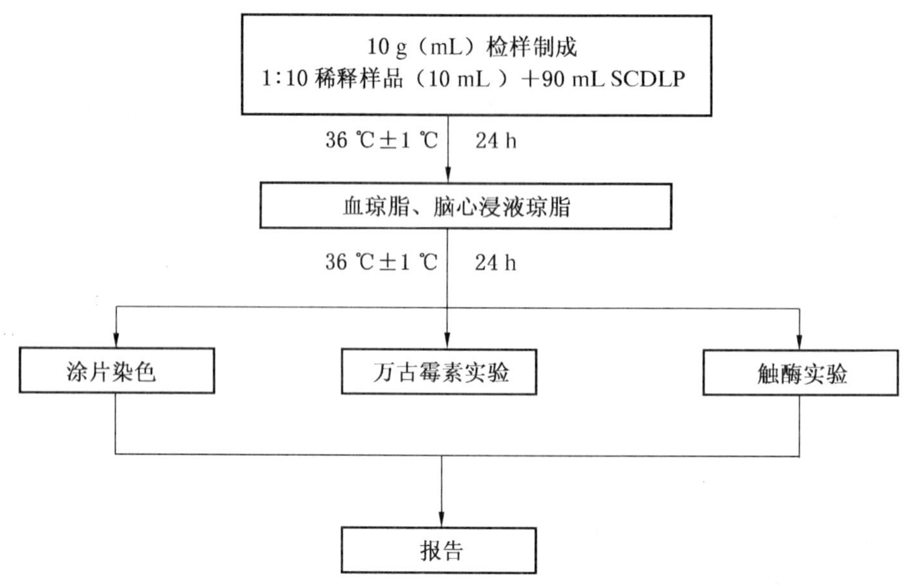

图 1 化妆品中链球菌的检验程序

5 操作步骤

5.1 增菌培养：取 1：10 稀释样品 10 mL 加入到 90 mL SCDLP 液体培养基，置 36 ℃±1 ℃、培养 24 h。

5.2 分离培养：从培养液中挑取培养物，划线接种到血琼脂脑心浸液琼脂平板上，置 36 ℃±1 ℃培养 24 h。如有菌落生长，在血琼脂上链球菌菌落特征：呈灰白色，半透明或不透明，表面光滑，有乳光，菌落直径约 0.5 mm～2 mm。在脑心浸液琼脂平板上，其菌落呈灰白色，半透明或不透明，表面光滑，有乳光，菌落直径约 0.5 mm～2 mm。

5.3 染色镜检：挑取若干可疑的菌落，革兰氏染色，镜检呈现链状或双排列的革兰氏阳性球菌。

5.4 触酶实验：取一块洁净的白色滤纸片放在灭菌平皿内，用接种环挑取可疑菌落涂在滤纸片上，然后加一滴 3%过氧化氢溶液，30 s 之内，出现气泡者为阳性，不发生气泡者为阴性。

5.5 万古霉素实验：挑取可疑的菌落接种于含有万古霉素（0.5 μg/L～4.0 μg/L）的脑心浸液琼脂培养基中，置 36 ℃±1 ℃培养 18 h～24 h。观察细菌生长情况，链球菌均不能生长。

6 结果报告

被检样品经增菌分离培养后，有可疑菌落生长，经证实为革兰氏阳性链状或双排列的球菌，触酶实验反应为阴性、对万古霉素敏感的细菌，即可报告被检样品中检出链球菌。

附 录 A
（规范性附录）
试剂和培养基

A.1 SCDLP 液体培养基

A.1.1 成分

酪蛋白胨 17.0 g
大豆蛋白胨 3.0 g
氯化钠 5.0 g
磷酸氢二钾 2.5 g
葡萄糖 2.5 g
卵磷脂 1.0 g
吐温-80 7.0 g
蒸馏水 1 000 mL

A.1.2 制法：将上述成分混合后，加热溶解，调 pH 为 7.2～7.4 分装于适合的容器中，121 ℃高压灭菌 20 min。注意振荡，使沉淀于底层的吐温-80 充分混合，冷却至 25 ℃左右使用。

A.2 脑心浸出液培养基

A.2.1 成分

蛋白胨 10 g
牛脑浸粉 12.5 g
葡萄糖 2.0 g
牛心浸粉 5.0 g
氯化钠 5.0 g
磷酸氢二钠 2.5 g
蒸馏水 1 000 mL

A.2.2 制法：将上述成分混合后，加热溶解，调 pH 为 7.2～7.4 分装，121 ℃高压灭菌 20 min 冷却至 25 ℃左右使用。

A.3 血琼脂

A.3.1 成分

豆粉琼脂(pH7.4～7.6) 100 mL
脱纤维羊血(或兔血) 5 mL～10 mL

A.3.2 制法：加热溶化琼脂，冷到 50 ℃，以灭菌手续加入脱纤维羊血，摇匀，倾注平板。亦可分装灭菌试管，置成斜面。亦可用其他营养丰富的基础培养基配制血琼脂。

注：豆粉琼脂组成：
牛心消化汤(pH7.4～7.6) 1 000 mL
琼脂 20 g
黄豆粉浸液 50 mL

中华人民共和国出入境检验检疫行业标准

SN/T 2206.5—2009

化妆品微生物检验方法 第5部分:肠球菌

Determination of microbiological in cosmetics—Part 5: *Enterococci*

2009-02-20 发布　　2009-09-01 实施

中华人民共和国国家质量监督检验检疫总局 发布

前　言

SN/T 2206《化妆品微生物检验方法》分为以下部分：

——第1部分：沙门氏菌；

——第2部分：需氧芽孢杆菌和蜡样芽孢杆菌；

——第3部分：肺炎克雷伯氏菌；

——第4部分：链球菌；

——第5部分：肠球菌。

本部分为SN/T 2206的第5部分。

本部分的附录B为规范性附录，附录A、附录C和附录D为资料性附录。

本部分由国家认证认可监督管理委员会提出并归口。

本部分起草单位：中华人民共和国上海出入境检验检疫局、中华人民共和国深圳出入境检验检疫局。

本部分主要起草人：杨捷琳、顾鸣、袁辰刚、李晓虹、朱海。

本部分系首次发布的出入境检验检疫行业标准。

化妆品微生物检验方法
第5部分：肠球菌

1 范围

SN/T 2206的本部分规定了化妆品中肠球菌的检验方法。

本部分适用于化妆品中肠球菌的检验。

2 规范性引用文件

下列文件中的条款通过SN/T 2206的本部分的引用而成为本部分的条款。凡是注日期的引用文件，其随后所有的修改单(不包括勘误的内容)或修订版均不适用于本部分，然而，鼓励根据本部分达成协议的各方研究是否可使用这些文件的最新版本。凡是不注日期的引用文件，其最新版本适用于本部分。

GB/T 7918.1 化妆品微生物标准检验方法 总则

3 术语和定义

下列术语和定义适用于SN/T 2206的本部分。

3.1

肠球菌 *Enterococci*

一类革兰氏阳性球菌，兼性厌氧，无芽孢和荚膜，可分解胆汁七叶苷。

4 材料和设备

4.1 振荡器。

4.2 三角瓶：250 mL。

4.3 玻璃珠。

4.4 玻璃棒。

4.5 刻度吸管：1 mL，10 mL。

4.6 均质器。

4.7 恒温培养箱36 ℃±1 ℃，46 ℃±1 ℃，32.5 ℃±2.5 ℃。

4.8 天平：感量为0.001 g。

4.9 高压灭菌器。

5 培养基和试剂

5.1 D/E中和培养基(Dey/Engley中和培养基)，参见附录A第A.1章。

5.2 叠氮化钠葡萄糖肉汤，参见附录A第A.2章。

5.3 KF培养基(加中和剂)，参见附录A第A.3章。

5.4 Pfizer肠球菌选择性琼脂(PSE琼脂)，参见附录A第A.4章。

5.5 3%过氧化氢溶液。

5.6 革兰氏染色液。

5.7 6.5%氯化钠葡萄糖琼脂，参见附录A第A.5章。

6 检验程序

6.1 化妆品中肠球菌MPN计数法检验流程图见图1。

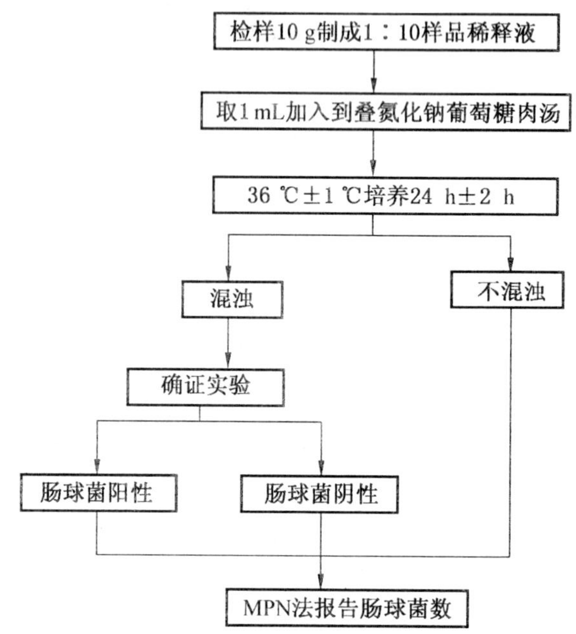

图1 化妆品中肠球菌MPN计数法检验流程图

6.2 化妆品中肠球菌平板计数法流程图见图2。

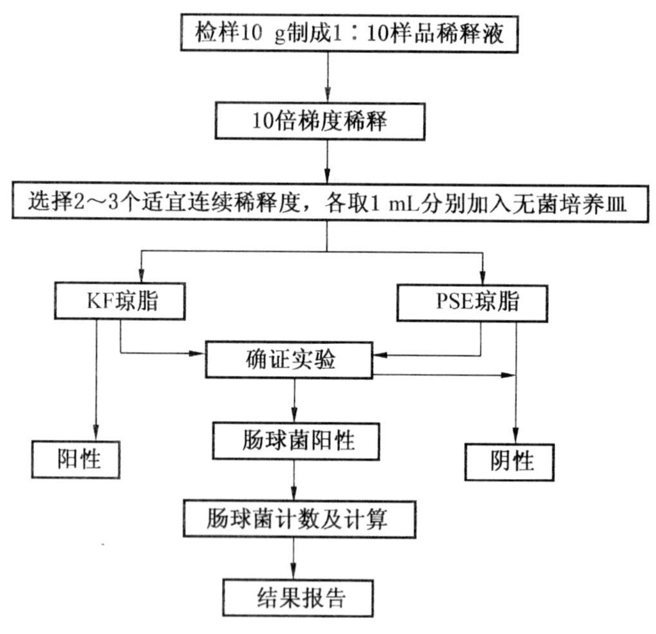

图2 化妆品中肠球菌平板计数法流程图

6.3 样品制备

样品按照GB/T 7918.1供检样品的制备方法进行。样品制备时，也可参见附录A第A.1章的D/E中和培养基代替生理盐水或SCDLP培养基。参见附录C中列出的化妆品中常用防腐剂种类及微生物检测时所使用的中和剂种类和配方，可根据不同产品成分参照使用。

6.4 最大近似数(MPN)法

6.4.1 用适当稀释的样液接种叠氮化钠葡萄糖肉汤管,每个稀释度接种3管,接种量为1 mL或1 mL以下时,使用10 mL单料管;接种量为10 mL时,使用10 mL双料管,接种后的试管置36 ℃±1 ℃培养24 h±2 h,检查各试管浑浊情况,若浑浊不明显,继续培养至48 h后记录。

6.4.2 培养24 h±2 h或48 h±2 h后,对所有呈现浑浊的叠氮化钠葡萄糖肉汤管进行确证,用接种环将各管培养物划线于Pfizer肠球菌选择性琼脂(PSE琼脂)平板或KF琼脂平板,倒置于36 ℃±1 ℃培养24 h±2 h。肠球菌属细菌在肠球菌琼脂平板上形成带棕色环的棕黑色菌落,在KF平板上形成暗红至粉红色菌落,边缘整齐;对典型或可疑菌落至少挑取10个按6.6进行确证实验。每管培养物中有一个菌落确认为肠球菌,则该管视为阳性。

6.4.3 结果报告:根据接种的样品量和确证为肠球菌的管数,查MPN表(见附录B),报告每克(毫升)[g(mL)]样品中肠球菌的MPN值。

6.5 平板计数法

6.5.1 取1 mL适当稀释的检液加入90 mm×15 mm的培养皿内,倾注12 mL~15 mL已融化约45 ℃的KF琼脂或PSE琼脂培养基,转动培养皿使培养基与样液混匀,待平板凝固后倒置于36 ℃±1 ℃培养24 h±2 h,每个稀释度接种两块平板。

6.5.2 菌落形态:肠球菌在KF琼脂平板上形成暗红色至粉红色菌落,在PSE琼脂平板上形成带棕色环的棕黑色菌落为典型或可疑菌落。

6.5.3 菌落计数及结果报告:对典型或可疑菌落挑取10个按6.6进行确证实验。选取25个~250个确证为肠球菌菌落的平板进行计数,计算同一稀释度两个平板的平均菌落数,报告结果。

6.6 确证实验

6.6.1 革兰氏染色:挑取上述可疑菌落,染色镜检,肠球菌为革兰氏阳性球菌,多数成双或呈短链状排列,无芽孢。

6.6.2 过氧化氢酶实验:挑取固体培养基上典型或可疑菌落,置于洁净试管内,或涂于干净的载玻片上,然后分别滴加3%过氧化氢溶液2 mL或一滴观察结果,于0.5 min内产生气泡者为阳性,不产生气泡者为阴性,肠球菌为过氧化氢酶阴性。

6.6.3 6.5%氯化钠葡萄糖培养:挑取单菌落接种6.5%氯化钠葡萄糖琼脂培养基,36 ℃±1 ℃培养24 h±2 h,观察是否生长。过氧化氢酶实验和6.5%氯化钠葡萄糖实验生长符合者判定为肠球菌属,可参照附录D进行进一步确证和分类。

7 中和剂验证

7.1 微生物菌株

采用粪肠球菌(ATCC49452)或其他等同性菌株。

7.2 验证实验

7.2.1 接种物的制备

在测试前,用粪肠球菌(ATCC49452)接种KF琼脂培养基,32.5 ℃±2.5 ℃培养18 h~24 h。收集培养物,调整悬液浓度为10^8 CFU/mL。

注:在2 h内使用制备的悬液和稀释液。

7.2.2 梯度稀释菌悬液,以获得100 CFU/mL与500 CFU/mL之间的浓度。为了计数调整的菌悬液中的活菌数量,移取1 mL悬液放入平皿内,混皿法倾注平板,倒置32.5 ℃±2.5 ℃培养20 h~24 h计数。

7.2.3 取样品1 g或1 mL,按照GB/T 7918.1供检样品的方法1∶10制备样液,无菌方式加入0.1 mL调整好浓度的菌悬液,未添加细菌的样品作为对照。

7.2.4 划线分离于添加中和剂(KF+)和未添加中和剂(KF−)的KF平板,32.5 ℃±2.5 ℃培养

20 h～24 h。

7.3 验证结果的解释

如果KF(＋)平板上有标准菌株生长，在KF(－)平板上不生长，中和剂的中和效果得以验证。当KF(＋)和KF(－)上均有细菌生长，如果KF(＋)生长菌株为添加的标准菌株时，中和剂和中和效果得以验证。在KF(＋)和KF(－)无细菌生长或仅KF(－)有杂菌生长均表明抗菌活性仍然存在，应改变样品与培养基稀释比例，或改变中和剂配方，进一步选择合适的中和剂配方，验证中和效果。

附 录 A
（资料性附录）
培养基

A.1 D/E 中和培养基(Dey/Engley 中和培养基)

A.1.1 成分

葡萄糖	10.0 g
大豆磷脂	7.0 g
五水硫代硫酸钠	6.0 g
聚山梨醇酯 80	805.0 g
胰化酪蛋白	5.0 g
亚硫酸氢钠	2.5 g
酵母膏	2.5 g
β-巯基乙醇	1.0 g
溴甲酚紫	0.02 g
蒸馏水	1 000 mL
pH 7.3±0.1	

A.1.2 制法

将各组分依次称取加入，加热后使之完全溶解，121 ℃灭菌 15 min，使用时，调节 pH 值至7.6±0.2。

A.2 叠氮化钠葡萄糖肉汤

A.2.1 成分

牛肉浸膏	4.5 g
胰蛋白胨	15.0 g
葡萄糖	7.5 g
氯化钠	7.5 g
叠氮化钠(NaN_3)	0.2 g
蒸馏水	1 000 mL
pH 7.2	

A.2.2 制法

以上各成分混匀，不断加热搅拌溶解，用适当大小试管分装，每管 10 mL，121 ℃灭菌 15 min，若制备双料浓度，上述配方中蒸馏水改为 500 mL。

A.3 KF 培养基(加中和剂)

A.3.1 成分

三号胨或多胨	10.0 g
酵母浸膏	10.0 g
氯化钠	5.0 g
甘油磷酸钠	10.0 g

麦芽糖	20.0 g
乳糖	1.0 g
叠氮化钠	0.4 g
琼脂	20 g
蒸馏水	1 000 mL
卵磷脂	1 g
Tween 80	7 g
pH 7.0±0.2	

A.3.2 制法

将各成分加热溶解,用10%碳酸钠调整pH值至7.2,121 ℃灭菌15 min,冷却至50 ℃~60 ℃时加入无菌1%氯化三苯四氮唑(2,3,5-triphenyltetrazolium chloride)水溶液10 mL。培养基于45 ℃~50 ℃倾注平板,凝固后保存于冰箱备用。

A.4 Pfizer肠球菌选择性琼脂(PSE琼脂)

A.4.1 成分

蛋白胨	20.0 g
酵母浸膏	5.0 g
细菌学用胆汁	10.0 g
氯化钠	5.0 g
柠檬酸钠	1.0 g
七叶苷(Esculin)	1.0 g
柠檬酸铁铵	0.5 g
叠氮化钠	0.25 g
琼脂	15.0 g
蒸馏水	1 000 mL

A.4.2 制法

121 ℃灭菌15 min,灭菌后pH 7.1,冷却后倾注平板。

A.5 6.5%氯化钠葡萄糖琼脂

A.5.1 成分

胰蛋白胨	10.0 g
酵母浸膏	1.5 g
葡萄糖	10.0 g
氯化钠	5.0 g
溴甲酚紫	0.015 g
琼脂	15 g
蒸馏水	1 000 mL

A.5.2 制法

各成分溶解后,调节pH值为7.0,分装于13 mm×130 mm试管,121 ℃灭菌15 min,斜置试管使成斜面。

附 录 B
（规范性附录）
MPN 表

B.1 1 g 样品中最可能数(MPN)表

使用三管法，接种量为 0.1，0.01，0.001(mL)，见表 B.1。

表 B.1 MPN 表

阳性管数			
0.1	0.01	0.001	MPN
0	0	0	<3
0	0	0	3
0	0	2	6
0	0	3	9
0	1	0	3
0	1	1	6.1
0	1	2	9.2
0	1	3	12
0	2	0	6.2
0	2	1	9.3
0	2	2	12
0	2	3	16
0	3	0	9.4
0	3	1	13
0	3	2	16
0	3	3	19
1	0	0	3.6
1	0	1	7.2
1	0	2	11
1	1	2	15
1	1	0	7.3
1	1	1	11
1	1	2	15
1	1	3	19
1	2	0	11
1	2	1	15
1	2	2	20
1	2	3	24

表 B.1（续）

阳 性 管 数			
0.1	0.01	0.001	MPN
1	3	0	16
1	3	1	20
1	3	2	24
1	3	3	29
2	0	0	9.1
2	0	1	14
2	0	2	20
2	0	3	26
2	1	0	15
2	1	1	20
2	1	2	27
2	1	3	34
2	2	0	21
2	2	1	28
2	2	2	35
2	2	3	42
2	3	0	29
2	3	1	36
2	3	2	44
2	3	3	53
3	0	0	23
3	0	1	39
3	0	2	64
3	0	3	95
3	1	0	43
3	1	1	75
3	1	2	120
3	1	3	160
3	2	0	93
3	2	1	150
3	2	2	210
3	2	3	290
3	3	0	240
3	3	1	460
3	3	2	1 100
3	3	3	>1 100

注：表内所列样品量如改为 1，0.1，0.01 g(mL)时，表内数字应相应降低 10 倍；如改为 0.01，0.001，0.000 1 g(mL)时，则表内数字相应增加 10 倍，其余可类推。

附　录　C
（资料性附录）
防腐剂对应使用中和剂清单

表 C.1　防腐剂对应使用中和剂清单

防　腐　剂	中　和　剂	中和剂及漂洗液配方(膜过滤法)
酚类化合物 对羟基苯甲酸酯， 苯基乙醇， 苯胺	卵磷脂，聚山梨醇酯 80，脂肪酸环氧乙烷聚合物，非离子型表面活性剂	聚山梨醇酯 80，30 g/L+卵磷脂，3 g/L。 脂肪酸环氧乙烷聚合物，7 g/L+卵磷脂，20 g/L+聚山梨醇酯 80，4 g/L。 D/E 中和培养基 a 漂洗液：蒸馏水；蛋白胨，1 g/L+氯化钠，9 g/L；聚山梨醇酯 80，5 g/L。
季胺类化合物，阳离子表面活性剂	卵磷脂，皂角苷，聚山梨醇酯 80，十二烷基硫酸钠，脂肪酸环氧乙烷聚合物	聚山梨醇酯 80，30 g/L+十二烷基硫酸钠，4 g/L+卵磷脂，3 g/L。 聚山梨醇酯 80，30 g/L+皂角苷，30 g/L+卵磷脂，3 g/L。 D/E 中和培养基 a 漂洗液：蒸馏水；蛋白胨，1 g/L+氯化钠，9 g/L；聚山梨醇酯 80，5 g/L。
甲醛 乙醛	甘氨酸，组氨酸	卵磷脂，3 g/L+聚山梨醇酯 80，30 g/L+ L-组氨酸，1 g/L。 聚山梨醇酯 80，30 g/L+皂角苷，30 g/L+ L-组氨酸，1 g/L+ L-半胱氨酸，1 g/L。 D/E 中和培养基 a 漂洗液：聚山梨醇酯 80，3 g/L+ L-组氨酸，0.5 g/L。
氧化物	硫代硫酸钠	硫代硫酸钠，5 g/L。 漂洗液：硫代硫酸钠，3 g/L。
异噻唑啉酮，咪唑	卵磷脂，皂角苷，胺，硫醇，亚硫酸氢钠，β-巯基乙醇	聚山梨醇酯 80，30 g/L+皂角苷，30 g/L+卵磷脂，3 g/L。 漂洗液：蛋白胨，1 g/L+氯化钠，9 g/L；聚山梨醇酯 80，5 g/L。
双胍	卵磷脂，皂角苷，聚山梨醇酯 80	聚山梨醇酯 80，30 g/L+皂角苷，30 g/L+卵磷脂，3 g/L。 漂洗液：蛋白胨，1 g/L+氯化钠，9 g/L；聚山梨醇酯 80，5 g/L。
金属盐类(Cu，Zn，Hg)， 有机汞类	重硫酸钠， L-巯基半胱氨酸， β-巯基乙醇	β-巯基乙醇，0.5 g/L 或 5 g/L。 L-半胱氨酸，0.8 g/L 或 1.5 g/L。 D/E 中和培养基 a 漂洗液：β-巯基乙醇，0.5 g/L。

附 录 D
（资料性附录）
肠球菌属主要生化特性

表 D.1 肠球菌属主要生化特性

	甘露醇	山梨醇	阿拉伯糖	蔗糖	棉子糖	精氨酸水解	色素	动力	溶血性
鸟肠球菌	+	+	+	+	−	−	−	−	α,r
粪肠球菌	+	−	−	+	−	+	−	−	β,r
屎肠球菌	(+)	−	+	+	−	+	−	−	α
鸡肠球菌	+	−	+	+	+	+	−	+	β
棉糖肠球菌	+	+	+	+	+	−	−	−	?
恶臭肠球菌	+	+	−	+	+	−	−	−	r
假鸟肠球菌	+	+	−	+	−	−	−	−	?
孤立肠球菌	+	−	−	+	V	+	+	−	?
酪黄肠球菌	+	−	+	+	V	(+)	+	+	α
芒地肠球菌	+	−	+	+	V	+	+	−	?
坚忍肠球菌	(−)	−	−	−	+	+	−	−	?
希啦肠球菌	−	−	−	+	+	+	−	−	r
注：(+)大多数菌株阳性，(−)大多数菌株阴性，V 为不定，? 为不明。									

中华人民共和国出入境检验检疫行业标准

SN/T 2206.6—2010

化妆品微生物检验方法
第6部分：破伤风梭菌

Determination of microbiological in cosmetics—
Part 6: Clostridium tetani

2010-01-10 发布　　2010-07-16 实施

中华人民共和国
国家质量监督检验检疫总局 发布

前　言

SN/T 2206《化妆品微生物检验方法》分为以下部分：

——第 1 部分：沙门氏菌；

——第 2 部分：需氧芽孢杆菌和蜡样芽孢杆菌；

——第 3 部分：肺炎克雷伯氏菌；

——第 4 部分：链球菌；

——第 5 部分：肠球菌；

——第 6 部分：破伤风梭菌。

本部分为 SN/T 2206 的第 6 部分。

本部分的附录 A 为规范性附录。

本部分由国家认证认可监督管理委员会提出并归口。

本部分起草单位：中华人民共和国深圳出入境检验检疫局。

本部分主要起草人：范放、朱海、唐少冰、赵芳、匡燕云。

本部分系首次发布的出入境检验检疫行业标准。

化妆品微生物检验方法
第6部分:破伤风梭菌

1 范围

SN/T 2206的本部分规定了化妆品中破伤风梭菌的检测方法。

本部分适用于各类化妆品中破伤风梭菌的检测。

2 规范性引用文件

下列文件中的条款通过SN/T 2206本部分的引用而成为本部分的条款。凡是注日期的引用文件,其随后所有的修改单(不包括勘误的内容)或修订版均不适用于本部分,然而,鼓励根据本部分达成协议的各方研究是否可使用这些文件的最新版本。凡是不注日期的引用文件,其最新版本适用于本部分。

GB/T 19489 实验室 生物安全通用要求

化妆品卫生规范(卫生部,2007)

3 方法提要

根据破伤风梭菌特有的形态、生物学特征及培养特性,采用厌氧培养法,应用血琼脂平板进行分离,并根据该菌在血平板上菌落周围产生β型溶血环,呈迁徙性生长,革兰阳性梭菌,过氧化氢酶阴性等特征以兹鉴别,以小白鼠毒力试验为最终结果判定,对化妆品中可能存在的破伤风梭菌进行定性检验。

4 设备和材料

4.1 培养箱:36 ℃±1 ℃。

4.2 显微镜。

4.3 厌氧培养装置。

4.4 天平:量程1 kg,感量0.1 g。

4.5 灭菌样品处理器具:取样勺、剪刀等。

4.6 样品稀释瓶、试管、吸管、平皿、接种环、载玻片等。

4.7 注射器:1 mL。

4.8 小白鼠。

5 培养基和试剂

5.1 生理盐水(见附录A第A.1章)。

5.2 疱肉培养基(见附录A第A.2章)。

5.3 血琼脂平板(见附录A第A.3章)。

5.4 革兰氏染色液。

5.5 过氧化氢酶试验试剂。

5.6 破伤风抗毒素。

6 破伤风梭菌检测方法

6.1 检测程序

破伤风梭菌的检测程序见图1。

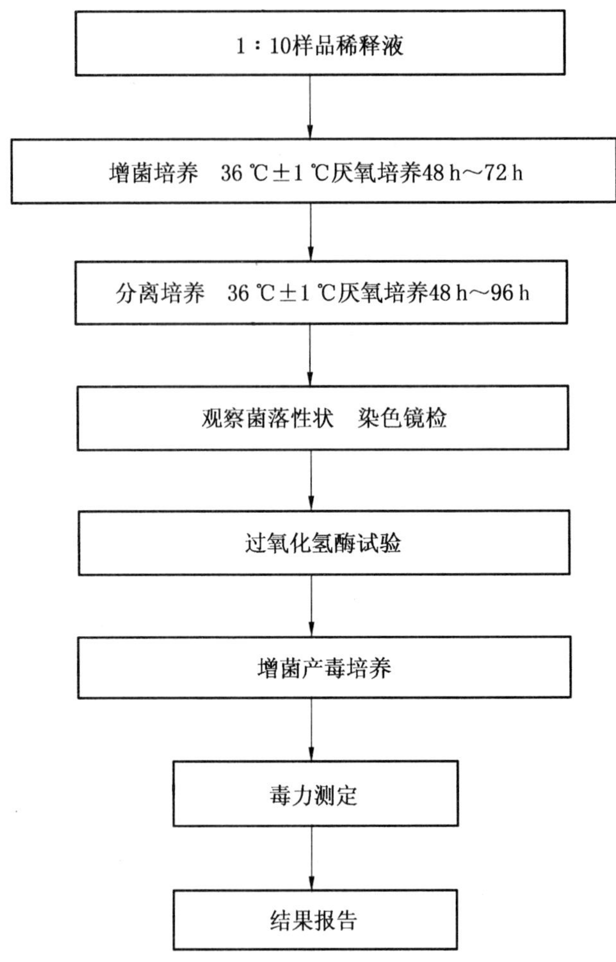

图 1　破伤风梭菌检测程序示意图

6.2　操作步骤

6.2.1　取样

不同类型化妆品的检样制备参照《化妆品卫生规范》。

6.2.2　增菌培养

取 1∶10 样品稀释液 1 mL，共 3 份，分别加至 3 管庖肉培养基中，其中一管加入新鲜培养的破伤风梭菌对照菌液 0.05 mL，为阳性对照。另取一管为阴性对照。将以上各管移入厌氧装置或厌氧培养箱 36 ℃±1 ℃培养 48 h～72 h。阳性菌使肉汤混浊，肉渣部分被消化，微变黑，有腐败臭味。

注：如实验室具备厌氧工作站等较好的厌氧培养条件，增菌培养基表层可不加液体石蜡。

6.2.3　分离培养

取增菌培养液划线接种血琼脂平板，36 ℃±1 ℃厌氧培养 48 h。在此平板上破伤风梭菌呈白色或乳白色，中心紧密、周边疏松，直径 1 mm 以上，菌落周围产生透明 β 型溶血环，呈迁徙性生长的特征菌落。

6.2.4　革兰氏染色镜检

取可疑菌落涂片、染色、镜检。破伤风梭菌为革兰氏阳性，营养期细菌呈细丝状，芽孢期细菌产生的芽孢圆形，位于菌体末端，直径比菌体宽大，似鼓槌状，其繁殖体为革兰氏阳性，带上芽孢的菌体有时转为革兰氏阴性。观察芽孢 37 ℃培养 96 h 比较适宜，时间过短芽孢太小或是还没有完全形成，时间过长芽孢大部分会脱落。

6.2.5　过氧化氢酶试验

挑取固体培养基上可疑菌落于洁净载玻片上，滴加一滴 3%过氧化氢（H_2O_2）溶液，于 30 s 内产生气泡者为阳性,不产生气泡者为阴性。破伤风梭菌呈阴性反应。

6.2.6 增菌产毒培养

根据菌落形态、染色镜检和生化特征挑取可疑菌落,接种庖肉培养基做增菌产毒培养,36 ℃±1 ℃厌氧培养 48 h 后进行毒力测定。

6.2.7 毒力测定

取上述增菌产毒培养液做毒力测定。

6.2.7.1 实验动物选用昆明品系封闭群的清洁级(CL)或无特定病原菌级(SPF)小白鼠(或其他品系的 CL、SPF 级小白鼠),小白鼠饲养在通风、透光、清洁的室内环境,实验期间正常供给标准啮齿动物食物和饮水。

6.2.7.2 选健康小白鼠 12 只(体重 19 g~21 g、雌雄各半),随机分成 2 群,1 群注射供试品,一群为阳性对照。每群分为两组,分别做毒力试验(试验组)和破伤风抗毒素保护试验(保护组)。

6.2.7.3 试验组中,小白鼠肌肉或皮下注射增菌培养液 0.3 mL~0.5 mL,4 h 后观察小鼠症状。破伤风外毒素引起的中毒症状为强直性痉挛,抽搐,呈现角弓反张,最后死亡。

6.2.7.4 保护组中,为判断前述症状是否为破伤风外毒素所致,要进行破伤风抗毒素保护实验。在注射增菌培养液前先注射 120 U/mL 破伤风抗毒素 0.3 mL~0.5 mL,0.5 h 后注射增菌培养液 0.3 mL~0.5 mL,4 h 后观察小鼠症状。

6.2.8 结果判断

6.2.8.1 阳性结果判断:如试验组小白鼠全部或部分出现破伤风外毒素引起的中毒症状而保护组小白鼠无上述症状时,毒力试验为阳性,可判定有破伤风梭菌存在。

6.2.8.2 阴性结果判断:试验组小白鼠在注射 120 h 后全部没有出现破伤风外毒素引起的中毒症状,毒力试验为阴性,可判定没有破伤风梭菌存在。

7 结果报告

结果判定以小白鼠毒力实验为准,毒力试验阳性者,不论镜检是否检到破伤风梭菌,均按检出破伤风梭菌报告;若毒力试验阴性,则报告未检出。

8 生物安全措施

为保护实验室人员安全,所有培养物和废弃物应小心处置,按照 GB 19489 要求执行。

附 录 A
（规范性附录）
培养基和试剂

A.1 生理盐水

A.1.1 成分

氯化钠	8.5 g
蒸馏水	1 000 mL

A.1.2 制法

溶解后分装到锥形瓶中，每瓶 90 mL，121 ℃高压灭菌 15 min。

A.2 庖肉培养基

A.2.1 成分

牛肉浸液	1 000 mL
蛋白胨	30.0 g
酵母膏	5.0 g
磷酸二氢钠	5.0 g
葡萄糖	3.0 g
可溶性淀粉	2.0 g
碎肉渣	适量
	pH 7.8

A.2.2 制法

称取新鲜除脂肪和筋膜的碎牛肉 500 g，加蒸馏水 1 000 mL 和 1 mol/L 氢氧化钠溶液 25 mL，搅拌煮沸 15 min，充分冷却，除去表层脂肪，澄清，过滤，加水补足至 1 000 mL。加入除碎肉渣外的各种成分，校正 pH。碎肉渣经水洗后晾至半干分装 150 mm×150 mm 试管约 2 cm～3 cm 高，每管加入还原铁粉 0.1 g～0.2 g 或铁屑少许。将上述液体培养基分装至每管内超过肉渣表面约 1 cm，上面覆盖融化的凡士林或液体石蜡 0.3 cm～0.4 cm。121 ℃高压灭菌 15 min。

A.3 血琼脂

A.3.1 成分

pH 7.4～7.6 豆粉琼脂	100 mL
脱纤维羊血（或兔血）	5 mL～10 mL

A.3.2 制法

加热溶化琼脂，冷至 50 ℃，以灭菌手续加入脱纤维羊血，摇匀，倾注平板。亦可用其他营养丰富的基础培养基配制血琼脂。

中华人民共和国出入境检验检疫行业标准

SN/T 2206.7—2010

化妆品微生物检测方法
第7部分：蛋白免疫印迹法检测疯牛病病原

Determination of microbiological in cosmetics—
Part 7: Determination of bovine spongiform encephalopathy (BSE) by western blot method

2010-03-02 发布 2010-09-16 实施

中华人民共和国国家质量监督检验检疫总局 发布

前　言

SN/T 2206《化妆品微生物检测方法》系列标准共分为7部分：

——第1部分：沙门氏菌；

——第2部分：需氧芽孢杆菌和蜡样芽孢杆菌；

——第3部分：肺炎克雷伯氏菌；

——第4部分：链球菌；

——第5部分：肠球菌；

——第6部分：破伤风梭菌；

——第7部分：蛋白免疫印迹法检测疯牛病病原。

本部分为SN/T 2206的第7部分。

本部分附录A为规范性附录。

本部分由国家认证认可监督管理委员会提出并归口。

本部分起草单位：中华人民共和国北京出入境检验检疫局。

本部分主要起草人：马贵平、史喜菊、李炎鑫、刘全国、李冰玲、刘旭辉。

本部分系首次发布的检验检疫行业标准。

化妆品微生物检测方法
第7部分:蛋白免疫印迹法检测疯牛病病原

1 范围

SN/T 2206的本部分规定了进出口化妆品中疯牛病病原检测——蛋白免疫印迹法。

本部分适用于化妆品中疯牛病病原的检测。

2 规范性引用文件

下列文件中的条款通过SN/T 2206的本部分的引用而成为本部分的条款。凡是注日期的引用文件,其随后所有的修改单(不包括勘误的内容)或修订版均不适用于本部分,然而,鼓励根据本部分达成协议的各方研究是否可使用这些文件的最新版本。凡是不注日期的引用文件,其最新版本适用于本部分。

GB/T 6682 分析实验用水规格和试验方法

GB 19489 实验室 生物安全通用要求

化妆品卫生规范(卫生部)

3 缩略语

下列缩略语适用于SN/T 2206的本部分。

3.1

western blot

蛋白免疫印迹。

3.2

PrP

朊蛋白。

3.3

PrP^{c}

细胞型朊蛋白。

3.4

PrP^{sc}

致病性朊蛋白。

3.5

PK

蛋白酶K。

3.6

PMSF

苯甲基磺酰氟。

3.7

tris base

三(羟甲基)氨基甲烷。

3.8

SDS

十二烷基硫酸钠。

3.9

SDS-PAGE

十二烷基硫酸钠-聚丙烯酰胺凝胶电泳。

3.10

PVDF

聚偏二氟乙烯。

3.11

PBS

磷酸盐缓冲盐水。

3.12

ECL

电化学发光。

4 主要仪器设备

4.1 生物安全柜(2BⅡ型)。

4.2 台式高速离心机(最高离心力可达 12 000g 以上)。

4.3 组织匀浆机。

4.4 垂直电泳系统(含转印装置)。

4.5 水浴锅(温度可达到 100 ℃±1 ℃)。

4.6 恒温培养箱(37 ℃±0.5 ℃)。

4.7 X 光片洗片机。

4.8 磁力搅拌器和搅拌子(可以加热)。

4.9 微量可调移液器(2 μL、10 μL、100 μL、1 000 μL)和相应吸头。

4.10 各种冰箱(精度分别达到 4 ℃±3 ℃、−20 ℃±5 ℃和−70 ℃±10 ℃)。

4.11 高压灭菌锅(温度可达到 135 ℃)。

4.12 PVDF 转印膜(0.45 μm)。

5 方法原理

疯牛病的病原是宿主细胞编码的一种正常蛋白质的异构体,这种正常蛋白简称为 PrP^{c},其异构体简称为 PrP^{sc}。正常的 PrP^{c} 对蛋白酶 K 敏感,不致病;但其异构体 PrP^{sc} 对蛋白酶 K 有抗性,可致病,称为朊病毒(prion)。将被检化妆品制备成可溶性溶液,分成两等份,一份用蛋白酶 K 消化,另一份不用蛋白酶 K 消化,然后进行蛋白质电泳和转印试验,在 PVDF 膜上进行抗原抗体反应。如果出现特异性条带,即可判定被检化妆品溶液中存在 PrP^{sc}。

6 试剂

6.1 12%Tris-Glycine 预制凝胶(或自制 12%Tris-甘氨酸-SDS 聚丙烯酰胺凝胶)。

6.2 PrP 单克隆抗体(鼠抗 PrP IgG1,如 6H4)。

6.3 辣根过氧化物酶标记山羊抗鼠 IgG。

6.4 裂解缓冲液(配方见附录第A.1章)。

6.5 SDS-PAGE上样缓冲液(配方见附录第A.2章)。

6.6 电泳缓冲液(配方见附录第A.3章)。

6.7 电转缓冲液(配方见附录第A.4章)。

6.8 PBS(pH 7.4)(配方见附录第A.5章)。

6.9 PBS-Tween20(配方见附录第A.6章)。

6.10 PK储存液(配方见附录第A.7章)。

6.11 ECL(电化学发光增强剂,配方见附录第A.8章)。

6.12 PMSF(蛋白酶抑制剂,配方见附录第A.9章)。

6.13 DMSO(分析级纯)。

6.14 乙醇(分析级纯)。

6.15 实验用水:所有试剂的配制用水应为蒸馏水或去离子水,符合GB/T 6682的要求。

7 操作步骤

7.1 样品制备

7.1.1 被试化妆品应在使用前制备。按照卫生部《化妆品卫生规范》中有关规定,根据溶解性不同,水溶性化妆品用PBS作溶剂,脂溶性化妆品用DMSO或乙醇作溶剂,制成终浓度为10%的溶液。如果需要,可以使用涡旋混合或超声波处理或37 ℃加热等来帮助溶解。

7.1.2 取上述溶液0.7 mL加入到1.5 mL Eppendorf管中,再加入0.7 mL裂解缓冲液,振荡混匀,2 000*g*离心5 min。

7.1.3 将上清液转移到一个新的1.5 mL Eppendorf管中。

7.1.4 将上述上清液390 μL加入到一个新的1.5 mL Eppendorf管中,并加入10 μL 2 mg/mL PK(PK终浓度为50 μg/mL),37 ℃温箱中反应1 h后,再加入8 μL PMSF(1 mg/mL)终止PK反应,该样品称为样品$^{+pk}$。7.1.3中剩余的没有用PK消化的上清液称为样品$^{-pk}$。

7.1.5 试验中对照为重组PrP^{c},不用进行PK处理,直接进行SDS-PAGE检测。

7.2 蛋白免疫印迹试验

7.2.1 制备SDS-PAGE样品:取被测样品$^{-pk}$和样品$^{+pk}$以及阴、阳性对照品各30 μL,分别加入到四个1.5 mL Eppendorf管中,再分别加入等量的上样缓冲液,振荡混匀。沸水煮10 min后冷却至室温,即为制备好的SDS-PAGE样品。

7.2.2 SDS-PAGE电泳:除去预制凝胶的外包装,用记号笔标记上样孔的位置,撕去预制凝胶底部的凝胶封闭条,拔出梳子,将预制凝胶放入电泳槽内,按要求固定好,加入电泳缓冲液。将每个制备好的SDS-PAGE被测样品$^{-pk}$和样品$^{+pk}$及阴、阳性对照品分别加入到预制凝胶的四个相邻的孔中,每个孔中加入15 μL。每次试验均设蛋白质分子量标准Marker。将电泳槽与电泳仪的电源线连接好,在电压200 V下,电泳45 min~60 min(样品接近凝胶底部为止)。

7.2.3 电转(蛋白质从预制凝胶转移到PVDF膜):剪切与海绵垫大小相等的两张滤纸和一张PVDF膜,将滤纸和海绵垫在电转缓冲液中浸透;PVDF膜先经甲醇浸透(2 min~3 min)后,再浸入电转缓冲液。按下述图1所示将海绵垫、滤纸、电泳后的凝胶、PVDF膜、滤纸、海绵垫依次放好,将转印装置一起放入电泳槽中,加入电转缓冲液,在电压25 V,电流110 mA下电转1 h。需要特别注意的是,海绵垫、滤纸中不能含有气泡。

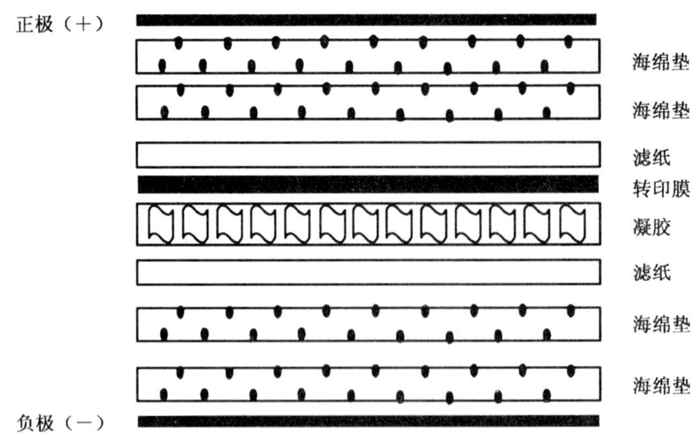

图1 蛋白质从凝胶转移到PVDF膜装载示意图

7.2.4 电转完成后，将PVDF膜放入20 mL用PBS-Tween20配制的5%的脱脂奶粉溶液（以下简称封闭液）中，室温振荡反应1 h（也可4 ℃过夜）。

7.2.5 倒掉上述奶粉溶液，将PVDF膜浸入PrP单克隆抗体溶液（用封闭液按PrP单克隆抗体说明书稀释比例配制）中，室温振荡反应1 h（也可4 ℃过夜）。

7.2.6 倒掉PrP单克隆抗体溶液，PVDF膜用PBS-Tween20洗三次，每次5 min。

7.2.7 将PVDF膜浸入辣根过氧化物酶标记的山羊抗鼠IgG抗体溶液（用封闭液按辣根过氧化物酶标记的山羊抗鼠IgG抗体说明书稀释比例配制）中，室温振荡反应1 h。

7.2.8 倒掉酶标二抗溶液，PVDF膜用PBS-Tween20洗三次，每次5 min。

7.2.9 将沥干的PVDF膜浸入到12 mL ECL溶液中，作用1 min后取出，吸去多余液体，用单层透明的聚乙烯膜（polythene wrap）（也可用食品保鲜膜替代）包裹，立即送到暗室。

7.2.10 在暗室中，剪切与PVDF膜大小相仿的X光胶片，与PVDF膜重叠放入曝光暗盒中曝光，直到阳性对照的强信号出现和膜背景或蛋白酶K带出现4 min～8 min左右，为了观察到最佳可见信号，曝光时间可以更长或更短；也可使用化学发光检测系统进行检测。

8 结果判定

如果检测样品（PK+）在X光胶片上显示3条特异性信号带，则判为阳性；未出现特性条带则判为阴性。结果判定示意图见图2。

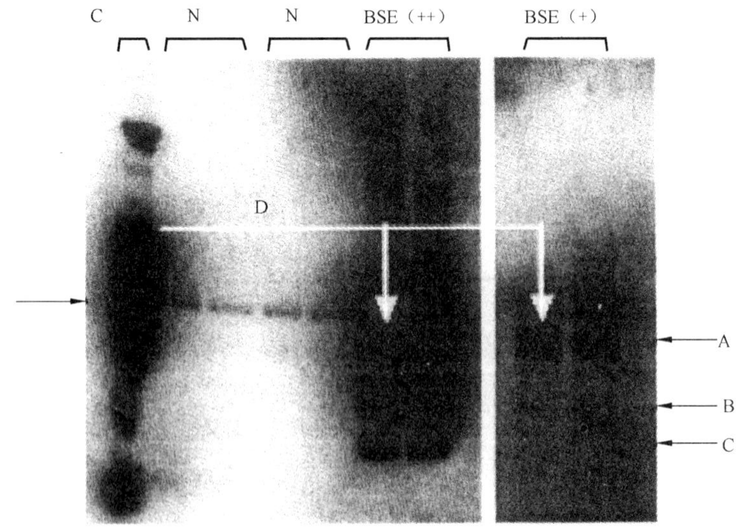

注：图中C带为重组PrP^{c}对照，N带为阴性样品，BSE（++）、BSE（+）分别为强阳性和弱阳性样品。

图2 结果判定示意图

9 生物安全措施

为了保护实验室人员的安全,应由具备资格的实验室和实验人员检测疯牛病病原,所有培养物和废弃物应小心处置,严格按照 GB 19489 中的有关规定执行。

附 录 A
(规范性附录)
试剂的配制

A.1 裂解缓冲液

N-十二烷基肌氨酸钠	10 g
0.01 mol/L PBS(pH 7.4)	100 mL

此溶液最好新鲜配制,4 ℃保存不超过 3 d。

A.2 1×SDS PAGE 上样缓冲液

Tris Base	1.51 g
SDS	8.0 g
蔗糖	20.0 g
溴酚蓝	0.1%(终浓度)

加蒸馏水并调节酸碱度至终体积 95 mL,pH 6.8。

使用前每 95 μL SDS-PAGE 上样缓冲液加入 5 μL β-巯基乙醇。

A.3 10×电泳缓冲液

Tris Base	30.3 g
甘氨酸	144.0 g
SDS	10.0 g

用蒸馏水定容至 1 000 mL。

A.4 1×电转缓冲液

Tris	1.45 g
甘氨酸	7.20 g
SDS	0.1 g
甲醇	200 mL

用蒸馏水定容至 1 000 mL。

此溶液在 4 ℃可保存 1 周。

A.5 PBS(pH 7.4)

氯化钠(NaCl)	8 g
氯化钾(KCl)	0.2 g
磷酸氢二钠(Na_2HPO_4)	1.44 g
磷酸二氢钾(KH_2PO_4)	0.24 g

加 800 mL 蒸馏水溶解,用盐酸调 pH 值至 7.4,再加蒸馏水至 1 000 mL,121 ℃±2 ℃,20 min 高压蒸气灭菌后,室温保存。

A.6 PBS-Tween20

100 mL PBS(pH 7.2)加入 100 μL Tween20

A.7 蛋白酶K(2 mg/mL)贮存液

以可溶性粉剂购入的蛋白酶K应以灭菌的50 mmol/L Tris (pH 8.0),1.5 mmol/L乙酸钙溶解,配制成浓度为2 mg/mL的溶液,分装,在−20 ℃下保存。

A.8 ECL

增强化学发光免疫印迹检测试剂,包括A液和B液。

使用前等量混合A液和B液,混合后尽快使用,每平方厘米转印膜至少需要0.125 mL混合液。

A.9 100 mmol/L PMSF(蛋白酶抑制剂)

0.435 g PMSF溶解在25 mL正丙醇中,混匀,4 ℃避光保存。

中华人民共和国出入境检验检疫行业标准

SN/T 2288—2009

进出口化妆品中
铍、镉、铊、铬、砷、碲、钕、铅的
检测方法　电感耦合等离子体质谱法

Determination of beryllium, cadmium, thallium, chromium, arsenic, tellurium, neodymium and lead in cosmetics for import and export—ICP-MS method

2009-02-20 发布　　　　2009-09-01 实施

中华人民共和国国家质量监督检验检疫总局　发布

前　言

本标准的附录A为资料性附录。

本标准由国家认证认可监督管理委员会提出并归口。

本标准起草单位：中华人民共和国广东出入境检验检疫局、中华人民共和国上海出入境检验检疫局、中华人民共和国浙江出入境检验检疫局。

本标准主要起草人：刘江晖、焦红、杨振宇、陈春、林峰、谢湘娜、刘超。

本标准系首次发布的出入境检验检疫行业标准。

进出口化妆品中铍、镉、铊、铬、砷、碲、钕、铅的检测方法　电感耦合等离子体质谱法

1　范围

本标准规定了化妆品中铍、镉、铊、铬、砷、碲、钕、铅等电感耦合等离子体质谱的检测方法。

本标准适用于化妆品中铍、镉、铊、铬、砷、碲、钕、铅的测定。

2　方法提要

试样经酸消解后，注入电感耦合等离子体质谱仪，在一定浓度范围，其离子强度与待测元素含量成正比，与标准系列比较，内标法定量。

3　试剂与材料

分析用水为去离子水(电阻率大于 18.0 MΩ·cm)。

3.1　硝酸：优级纯。

3.2　30%过氧化氢：优级纯。

3.3　1%硝酸：移取 1 mL，用水稀释至 100 mL。

3.4　10 μg/mL 锂、钇、铟、铋混合内标溶液。

3.5　10 μg/mL 铍、镉、铊、铬、砷、碲、钕、铅混合标准溶液。

3.6　1 μg/mL 铍、镉、铊、铬、砷、碲、钕、铅混合标准溶液：吸取 1 mL 混合标准溶液(3.5)，用 1%硝酸(3.3)定容至 10 mL。

3.7　0.1 μg/mL 铍、镉、铊、铬、砷、碲、钕、铅混合标准溶液：吸取 1 mL 混合标准溶液(3.6)，用 1%硝酸(3.3)定容至 10 mL。

4　仪器与设备

4.1　电感耦合等离子体质谱仪。

4.2　天平：感量 0.1 mg。

4.3　微波消解仪。

4.4　比色管：50 mL。

5　分析步骤

5.1　微波消解

称取 0.3 g～1 g 试样(精确至 0.01 g)，置于微波消解仪的压力罐内罐，参考表 A.1 加入消化试剂，浸泡 30 min。参照表 A.2 条件消解，消解程序完成后，将消化液移入 50 mL 比色管，用水少量多次洗涤内罐，洗液合并于比色管，用水定容至刻度，混匀备用。

5.2　空白试验

除不加试剂外，均按上述步骤进行。

5.3　标准系列的制备

分别吸取各元素混合标准使用液 0.1 μg/mL(3.7)0.50 mL；1 μg/mL(3.6)0.25 mL、0.50 mL；

10 μg/mL(3.5)0.25 mL、0.50 mL 于 50 mL 容量瓶，用 1%硝酸定容至刻度，混匀，使铍、镉、铊、铬、砷、碲、钕、铅等元素的标准使用系列分别为 1.0、5.0、10.0、50.0、100.0 μg/L。

5.4 测定

5.4.1 仪器测试条件

应根据各自仪器性能调至最佳状态。参考条件参见表 A.3。

5.4.2 砷测定干扰的消除

由两个或三个原子组成的多原子离子，并且具有和某待测元素相同的荷质比所引起的多原子(分子)离子干扰，引用修正方程校正干扰，如^{75}As，受^{40}Ar^{35}Cl 干扰，修正方程为－3.127×ArC177＋2.73Se82；或者引入碰撞/反应池技术：引入其他气体(除氩气)校正多原子(分子)离子干扰。

5.4.3 分析

分析中应用内标，采用 ICP-MS 分析方法中内标校正定量分析方法测定，试验中内标使用浓度均为 20 μg/L，见表 1。

表 1 内标的选择

序　列	内　标	测定元素
01	^{6}Li	^{9}Be
02	^{89}Y	^{52}Cr、^{53}Cr、^{75}As
03	^{115}In	^{114}Cd、^{125}Te、^{143}Nd
04	^{209}Bi	^{205}Tl、^{208}Pb

6 结果计算

试样中各元素含量按式(1)进行计算，计算结果保留两位有效数字。

$$X=\frac{(c_1-c_0)\times V}{m\times 1\,000} \qquad \cdots\cdots(1)$$

式中：

X——试样中各元素含量，单位为毫克每千克(mg/kg)；

c_1——测试消化液中各元素含量，单位为微克每升(μg/L)；

c_0——空白试剂中各元素含量，单位为微克每升(μg/L)；

V——试样消化液总体积，单位为毫升(mL)；

m——试样质量，单位为克(g)。

7 测定低限、精密度

7.1 测定低限

本标准检出限，铍、镉、铊为 0.1 mg/kg；铬、砷、碲、钕、铅为 0.5 mg/kg。

7.2 精密度

在重复条件下获得的两次独立测定结果的绝对差值不得超过算术平均值的 10%。

附 录 A
（资料性附录）
前处理及仪器设备条件[1)]

表 A.1 不同基质化妆品消解试剂

类　别	消 解 试 剂	消 解 液
溶液	3 mL HNO_3，2 mL H_2O_2	澄清
膏霜	4 mL HNO_3，2 mL H_2O_2	澄清，有悬浮液和少许沉淀
粉底	5 mL HNO_3，2 mL H_2O_2	澄清，有少许悬浮液和沉淀

表 A.2 微波消解程序

程　序	温度/℃	时间/min
1	0～200	10～15
2	200	20

表 A.3 仪器工作条件

项　目	要　求
射频功率	1 000 W
等离子体氩气流量	15 L/min
雾化器氩气流量	0.75 L/min
透镜电压	6.5 V
检测器模拟级电压	−2 150 V
检测器脉冲级电压	1 400 V
样品抽提速率	1 mL/min
扫描方式	峰跳扫
峰通道数	1
每个峰停留时间	100 ms
积分时间	1.5 s
重复次数	4

1) 非商业性声明：表 A.2 所列参数是用 MILLSTONE 微波消解仪完成，表 A.3 所列参数是用 PE ELAN 电感耦合等离子体质谱仪完成的，此处列出试验用仪器型号仅是为了提供参考，并不涉及商业目的，鼓励标准使用者尝试采用不同厂家或型号的仪器。

中华人民共和国出入境检验检疫行业标准

SN/T 2289—2009

进出口化妆品中氯霉素、甲砜霉素、氟甲砜霉素的测定 液相色谱-质谱/质谱法

Determination of chloramphenicol, thiamphenicol and florfenicol in cosmetics for import and export—LC-MS/MS method

2009-02-20 发布 2009-09-01 实施

中华人民共和国国家质量监督检验检疫总局 发布

前　言

本标准的附录 A 和附录 B 均为资料性附录。

本标准由国家认证认可监督管理委员会提出并归口。

本标准由中华人民共和国浙江出入境检验检疫局负责起草。

本标准主要起草人：谢文、奚君阳、陈春、钱艳、陈笑梅。

本标准系首次发布的出入境检验检疫行业标准。

进出口化妆品中氯霉素、甲砜霉素、氟甲砜霉素的测定 液相色谱-质谱/质谱法

1 范围

本标准规定了化妆品中氯霉素、甲砜霉素和氟甲砜霉素的液相色谱-质谱/质谱测定方法。

本标准适用于洗面奶、面霜、爽肤水中氯霉素、甲砜霉素和氟甲砜霉素的检测。

2 方法提要

用甲醇提取样品中氯霉素、甲砜霉素和氟甲砜霉素,液相色谱-质谱/质谱测定和确证,外标法定量。

3 试剂和材料

水为二次蒸馏水。

3.1 甲醇:高效液相色谱级。

3.2 甲醇水溶液(2+8,体积比):20 mL 甲醇加水稀释至 100 mL。

3.3 氯霉素标准品(chloramphenicol,CAS 号 56-75-7,$C_{11}H_{12}Cl_2N_2O_5$):纯度大于等于 99%。

3.4 甲砜霉素标准品(thiamphenicol,CAS 号 15318-453,$C_{12}H_{15}Cl_2NO_5S$):纯度大于等于 99%。

3.5 氟甲砜霉素标准品(florfenicol,CAS 号 76639-94,$C_{12}H_{15}Cl_2NO_5S$):纯度大于等于 99%。

3.6 标准储备溶液:分别称取适量标准品,用甲醇溶解,溶液浓度为 100 μg/mL。1 ℃~4 ℃冷藏保存。

3.7 混合标准储备溶液:分别移取适量标准储备溶液(3.6),用甲醇稀释,溶液浓度为 1 μg/mL。1 ℃~4 ℃冷藏保存。

3.8 混合标准工作溶液:根据需要用甲醇水溶液(3.2)将混合标准储备溶液稀释成标准工作溶液。

4 仪器和设备

4.1 高效液相色谱-质谱仪:配有电喷雾离子源。

4.2 旋涡混合器。

4.3 高速离心机:7 000 r/min。

4.4 分析天平:感量分别为 0.01 g 和 0.000 1 g。

4.5 离心管。

4.6 0.45 μm 有机相滤膜。

5 测定步骤

5.1 样品处理

称取 1 g 试样(精确到 0.01 g)置于 50 mL 具塞离心管中,加入 20 mL 甲醇,于旋涡混合器上以 2 000 r/min,混匀 1 min,以 6 000 r/min 离心 5 min,移取 1.00 mL。移取 1.00 mL(样液 A)用甲醇水溶液定容至 10 mL,混匀,过 0.45 μm 滤膜,供液相色谱-质谱/质谱仪测定。

5.2 测定

5.2.1 液相色谱条件

a) 色谱柱:C_8 柱,150 mm×4.6 mm(内径),5 μm 或相当者;

b) 流动相：甲醇-水，梯度洗脱程序见表1；

表1 流动相梯度洗脱程序

时间/min	水/%	甲醇/%
0	35	65
4	75	25
5.9	75	25
6	35	65
8	35	65

c) 流速：400 μL/min；

d) 进样量：20 μL。

5.2.2 质谱条件

a) 离子源：电喷雾离子源；

b) 扫描方式：负离子扫描；

c) 检测方式：多反应监测；

d) 雾化气、气帘气、辅助气、碰撞气均为高纯氮气；使用前应调节各参数使质谱灵敏度达到检测要求，参考条件见附录A；

e) 监测离子对见附录A表A.1。

5.2.3 液相色谱串联质谱测定

根据试样中被测样液的含量情况，选取待测物的响应值在仪器线性响应范围内的浓度进行测定，如超出仪器线性响应范围应进行稀释。在上述色谱条件下甲砜霉素、氟甲砜霉素和氯霉素参考保留时间约为4.5 min、4.9 min和6.1 min，标准溶液的选择性离子流图参见附录B中图B.1。

5.2.4 液相色谱-质谱/质谱确证

按照液相色谱-串联质谱条件测定样品和标准工作溶液，样品中待测物质的保留时间与标准溶液中待测物质的保留时间偏差在±2.5%之内。定量测定时采用标准曲线法测定。定性时应当与浓度相当标准工作溶液的相对丰度一致，相对丰度允许偏差不超过表2规定的范围，则可判断样品中存在对应的被测物。

表2 定性确证时相对离子丰度的最大允许偏差

相对离子丰度/%	>50	>20~50	>10~20	≤10
允许的相对偏差/%	±20	±25	±30	±50

5.2.5 空白试验

除不加试样外，均按上述操作步骤进行。

6 结果计算和表述

用色谱数据处理机或按式(1)计算试样中氯霉素或甲砜霉素或氟甲砜霉素含量，计算结果需扣除空白值：

$$X_i = \frac{c_i \times V \times 1\,000}{m \times 1\,000} \qquad (1)$$

式中：

X_i——试样中氯霉素或甲砜霉素或氟甲砜霉素，单位为毫克每千克(mg/kg)；

c_i——从标准曲线上得到的氯霉素或甲砜霉素或氟甲砜霉素的溶液浓度，单位为微克每毫升(μg/mL)；

V——样液最终定容体积，单位为毫升(mL)；

m——最终样液代表的试样质量，单位为克(g)。

7 测定低限和回收率

7.1 测定低限

氯霉素、甲砜霉素和氟甲砜霉素测定低限均为 0.5 mg/kg。

7.2 回收率

标准添加氯霉素、甲砜霉素和氟甲砜霉素回收率的实验数据见表 3。

表 3 标准添加氯霉素、甲砜霉素和氟甲砜霉素回收率的实验数据

化 合 物	添加浓度/(mg/kg)	回收率/%		
		洗面奶	面霜	爽肤水
氯霉素	0.5	81.0～110	80.2～101	82.1～106
	1.0	84.2～102	83.5～105	84.5～99.6
	5.0	81.0～97.4	85.2～102	85.6～104
甲砜霉素	0.5	82.1～99.3	83.2～99.4	85.6～102
	1.0	84.0～102	81.4～95.8	84.4～105
	5.0	80.0～103	87.6～103	83.6～99.3
氟甲砜霉素	0.5	82.1～102	81.4～105.4	83.2～96.3
	1.0	85.6～104	82.0～101	81.6～98.5
	5.0	86.3～104	86.3～104	84.6～106

附 录 A
（资料性附录）
质谱参考条件[1)]

监测离子对及电压参数

a) 电喷雾电压(IS)：-3 500 V；

b) 雾化气压力(GS1)：262.01 kPa(38 psi)；

c) 气帘气压力(CUR)：186.165 kPa(27 psi)；

d) 辅助气流速(GS2)：310.275 kPa(45 psi)；

e) 离子源温度(TEM)：525 ℃；

f) 碰撞气(CAD)：41.37 kPa(6 psi)；

g) 离子对、去簇电压(DP)、碰撞气能量(CE)及碰撞室出口电压(CXP)见表 A.1。

表 A.1 离子对、去簇电压(DP)、碰撞气能量(CE)及碰撞室出口电压(CXP)

待测物	离子对 m/z	去簇电压(DP)/V	碰撞气能量(CE)/V	碰撞室出口电压(CXP)/V
氯霉素	321.0/256.9[a]	-65	-16	-10
	321.0/152.0	-65	-25	-10
甲砜霉素	353.9/185.1[a]	-70	-27	-9
	353.9/290.0	-70	-16	-13
氟甲砜霉素	356.0/335.7[a]	-70	-13	-13
	356.0/185.1	-70	-25	-8

[a] 为定量离子对。

1) 非商业性声明：附录 A 所列参数是用 API 4000 质谱仪完成的，此处列出试验用仪器型号仅是为了提供参考，并不涉及商业目的，鼓励标准使用者尝试不同厂家和型号的仪器。

附 录 B
（资料性附录）
氯霉素、甲砜霉素和氟甲砜霉素混合标准溶液选择性离子流图

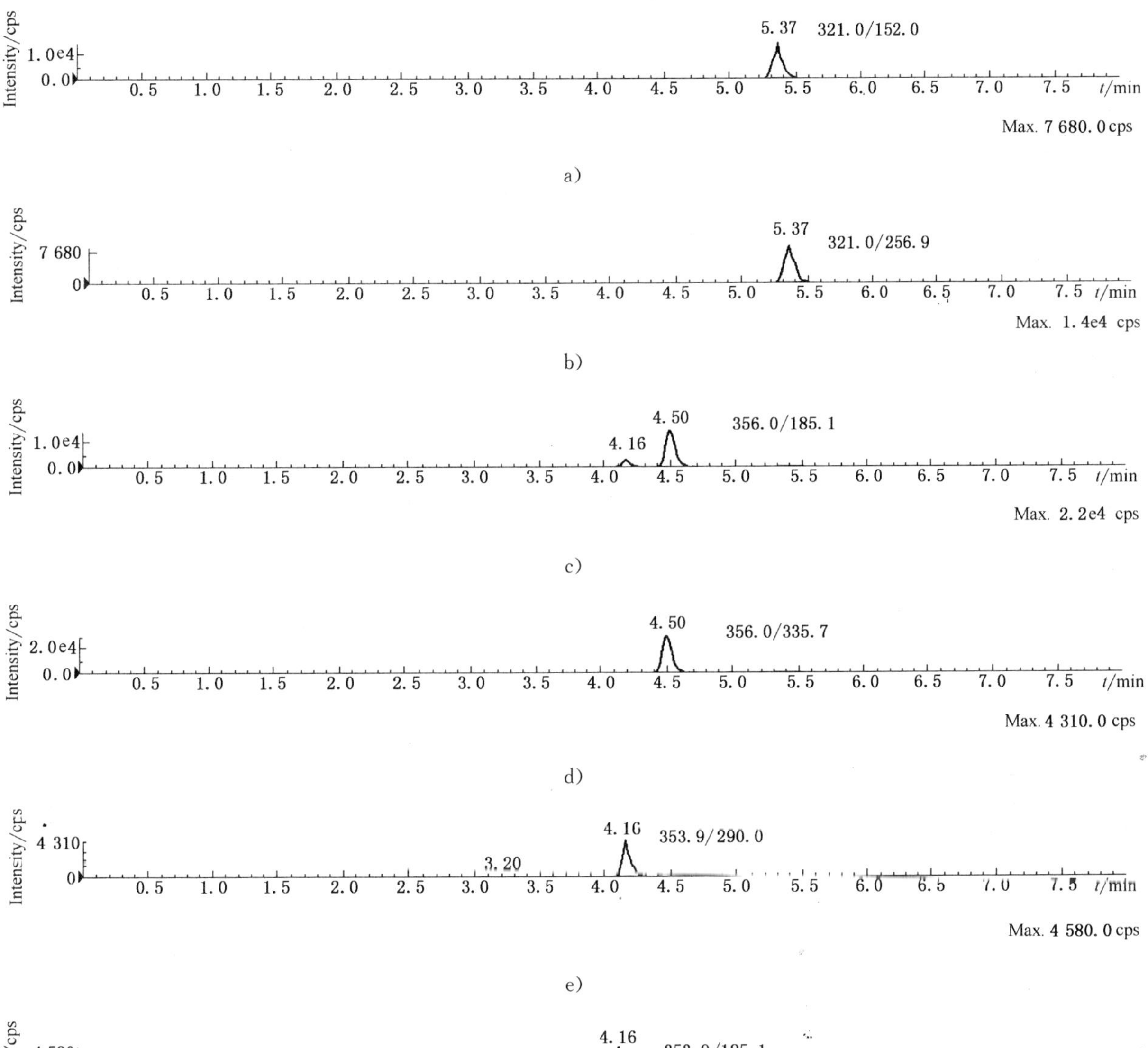

图 B.1 氯霉素、甲砜霉素和氟甲砜霉素(0.25 ng/mL)混合标准溶液的选择性离子流图

中华人民共和国出入境检验检疫行业标准

SN/T 2290—2009

进出口化妆品中乙酰水杨酸的检测方法

Determination of acetylsalicylic acid in cosmetics for import and export

2009-02-20 发布　　　　2009-09-01 实施

中　华　人　民　共　和　国
国家质量监督检验检疫总局　发布

前言

本标准的附录A、附录B和附录C均为资料性附录。

本标准由国家认证认可监督管理委员会提出并归口。

本标准起草单位:中华人民共和国广东出入境检验检疫局。

本标准主要起草人:陈捷、奚星林、焦红、吴映璇、李荀。

本标准系首次发布的出入境检验检疫行业标准。

进出口化妆品中乙酰水杨酸的检测方法

1 范围

本标准规定了进出口化妆品中乙酰水杨酸高效液相色谱测定方法和液相色谱-质谱/质谱确证方法。

本标准适用于美白、保湿等用途的面部使用的膏剂、乳霜和化妆水类化妆品中乙酰水杨酸的测定和确证。

2 原理

用甲醇提取化妆品中的乙酰水杨酸，提取液经离心过滤后，用高效液相色谱法进行测定。外标法定量，液相色谱-质谱/质谱法确证。

3 试剂和材料

除非另有说明，水为二次去离子水或重蒸馏。

3.1 甲醇：色谱级。

3.2 乙酸铵：分析醇。

3.3 乙酸铵溶液(0.02 mol/L)：准确称取乙酸铵 1.544 g，用水溶解定容到 1 L。

3.4 乙酰水杨酸标准物质：纯度大于等于 99%。

3.5 乙酰水杨酸标准储备溶液：准确称取适量乙酰水杨酸标准物质(精确到 0.1 mg)，以甲醇配制成浓度为 1 000 mg/L 的标准储备溶液。根据需要用甲醇稀释成适用浓度的标准工作溶液。

3.6 乙酰水杨酸标准工作溶液：吸取一定量的标准储备液，用甲醇稀释成适当浓度的标准工作液，临用时现配。

4 仪器与设备

4.1 高效液相色谱仪：配有紫外检测器。

4.2 液相色谱-质谱/质谱仪。

4.3 分析天平：感量 0.1 mg。

4.4 振荡器。

4.5 超声波清洗器。

4.6 低温离心机：10 000 r/min。

4.7 聚丙烯塑料刻度离心管：50 mL，具塞。

4.8 滤膜：0.45 μm，有机系。

5 测定步骤

5.1 试样处理

称取化妆品试样约 1 g(精确到 0.01 g)，置于 50 mL 刻度离心管中，加入甲醇至 10 mL，在振荡机上振荡 1 min，超声波清洗器超声提取 10 min，在冰浴中放置 10 min，在 5 ℃下，10 000 r/min 离心 10 min，上清液经滤膜过滤，供高效液相色谱测定。

5.2 测定

5.2.1 色谱条件

a) 紫外检测器：波长 230 nm；

b) 色谱柱：C_{18}柱，250 mm×4.6 mm(内径)，5 μm，或相当者；

c) 流动相：甲醇-0.02 mol/L 乙酸铵溶液(3.3)，按表1程序进行梯度洗脱；

表 1 梯度洗脱程序

时间/min	甲醇比例/%
0	20
5	40
10	60
18	90
19	20
30	20

d) 流速：1.0 mL/min；

e) 柱温：30 ℃；

f) 进样量：10 μL。

5.2.2 高效液相色谱测定

根据样液中乙酰水杨酸含量，选定峰面积相近的标准工作溶液。标准工作溶液和样液中乙酰水杨酸响应值均应在仪器检测线性范围内。标准工作溶液和样液等体积参插进样测定。以乙酰水杨酸色谱峰的峰面积为纵坐标，与其对应的浓度为横坐标作图，绘制标准工作曲线。在上述色谱条件(5.2.1)下乙酰水杨酸的保留时间约为14.1 min。标准品的色谱图参见附录A中图A.1。

5.3 定性确证

5.3.1 液相色谱-质谱/质谱仪质谱条件

5.3.1.1 高效液相色谱参考条件

a) 色谱柱：Ultimate™ XB C_{18}柱，150 mm×2.1 mm(内径)，3 μm，或相当者；

b) 流动相：甲醇-水(40+60，体积比)；

c) 流速：0.2 mL/min；

d) 柱温：40 ℃；

e) 进样量：10 μL。

5.3.1.2 质谱条件

质谱条件参见附录B。

5.3.2 定性测定

当进行高效液相色谱样品测定，检出试样中乙酰水杨酸的含量大于方法检测限时，应以液相色谱-质谱/质谱法确证。被测组分选择1个母离子，2个以上子离子，在相同实验条件下，如果样品中待检测物质与标准溶液中对应的保留时间偏差在±2.5%之内；样品定性时样品与浓度接近的标准溶液相对丰度一致，相对丰度允许偏差不超过表2规定的范围，则可判断样品中存在乙酰水杨酸。标准品的质谱图参见附录C中图C.1和图C.2。

表 2 定性确证时相对离子丰度的最大允许偏差

相对离子丰度/%	>50	>20～50	>10～20	≤10
允许的相对偏差/%	±20	±25	±30	±50

5.4 空白试验

除不称取试样外，均按上述操作步骤进行。

6 结果计算

用色谱数据处理机或按(1)式计算试样中乙酰水杨酸的含量,计算结果需扣除空白值。

$$X = \frac{c \times V}{m} \quad \cdots\cdots\cdots\cdots(1)$$

式中:

X——试样中乙酰水杨酸含量,单位为毫克每千克(mg/kg);

c——从标准工作曲线得到被测样液中乙酰水杨酸的浓度,单位为微克每毫升(μg/mL);

V——最终样液的定容体积,单位为毫升(mL);

m——最终样液所代表试样质量,单位为克(g)。

注:计算结果应表示到小数点后两位。

7 测定低限和回收率

7.1 测定低限

本方法对乙酰水杨酸的测定低限为 50 mg/kg。

7.2 回收率

乙酰水杨酸添加浓度范围及回收率的数据见表 3。

表 3 乙酰水杨酸添加浓度范围及回收率数据

样品名称	添加浓度/(mg/kg)	回收率范围/%
乳霜	50	95.4～100
	100	95.8～101
	1 000	98.6～102
爽肤水	50	97.2～104
	100	94.6～102
	1 000	98.5～102
润肤膏	50	95.9～102
	100	98.5～103
	1 000	97.9～101

附 录 A
(资料性附录)
乙酰水杨酸标准品色谱图

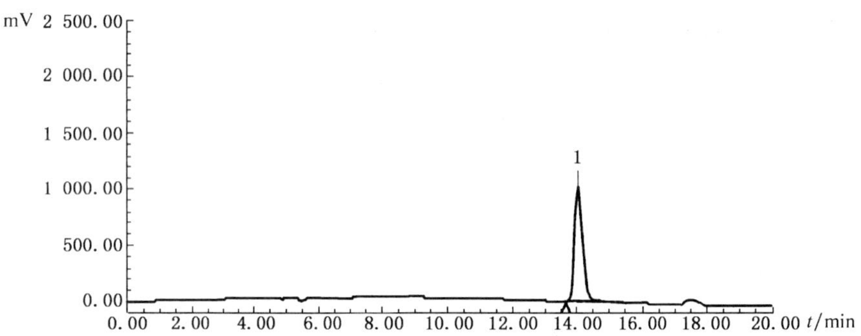

1——乙酰水杨酸。

图 A.1 乙酸水杨酸标准品(5 μg/mL)色谱图

附 录 B
(资料性附录)
参考质谱参数[1)]

表 B.1 参考质谱参数

质谱参数	参数值
雾化气	9
气帘气	10
辅助加热气/(L/min)	7
碰撞气	10
辅助加热气温度/℃	400
喷雾电压/V	−4 500
去簇电压/V	−32
碰撞能/V	−11(m/z 179.1/136.8),−33(m/z 179.1/93.2)
采集时间/ms	100

1) 非商业性声明,质谱条件是在 API 3000 液相色谱-质谱/质谱联用仪上完成,此处列出试验用仪器型号仅为提供参考,并不涉及商业目的,鼓励标准使用者尝试不同厂家或型号的仪器。

附　录　C
（资料性附录）
乙酰水杨酸标准物质 LC/MS/MS 质谱图和色谱图

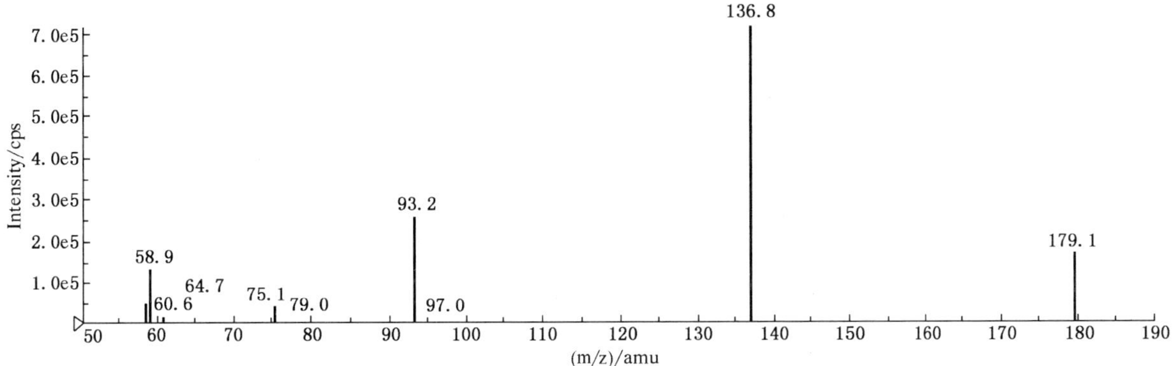

图 C.1　乙酰水杨酸标准品离子全扫描质谱图

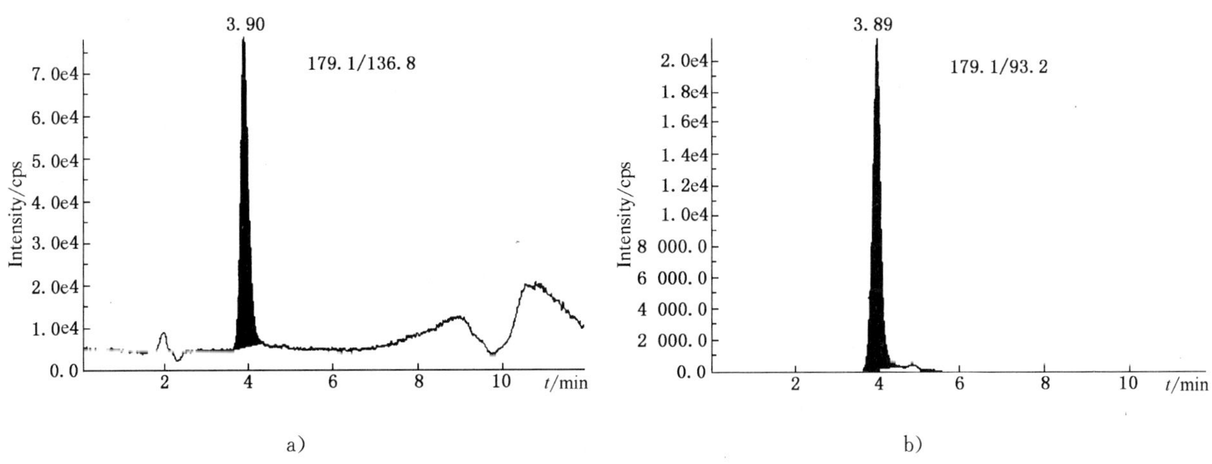

图 C.2　乙酰水杨酸标准品多反应监测(MRM)色谱图

中华人民共和国出入境检验检疫行业标准

SN/T 2291—2009

进出口化妆品中氢溴酸右美沙芬的测定 液相色谱法

Determination of dextromethorphan hydromide in cosmetics for import and export—Liquid chromatography method

2009-02-20 发布　　　　2009-09-01 实施

中华人民共和国
国家质量监督检验检疫总局　发布

前　言

本标准的附录A为资料性附录。

本标准由国家认证认可监督管理委员会提出并归口。

本标准起草单位:中华人民共和国天津出入境检验检疫局。

本标准主要起草人:吴延晖、许泓、林安清、肖亚兵、古珑、张曼、何佳、张骏。

本标准系首次发布的出入境检验检疫行业标准。

进出口化妆品中氢溴酸右美沙芬的测定
液相色谱法

1 范围

本标准规定了进出口化妆品中氢溴酸右美沙芬的液相色谱检测方法。

本标准适用于化妆品中氢溴酸右美沙芬的检测。

2 原理

用甲醇提取试样中的氢溴酸右美沙芬，提取液经离心过滤后，用液相色谱-荧光检测器测定，外标法定量。

3 试剂和材料

3.1 乙腈：色谱纯。

3.2 甲醇：色谱纯。

3.3 三乙胺：色谱纯。

3.4 冰乙酸：色谱纯。

3.5 3%乙酸溶液：量取 30 mL 冰乙酸，用水定容到 1 L，用三乙胺调节 pH=4.3。

3.6 氢溴酸右美沙芬标准物质：纯度≥99%。

3.7 氢溴酸右美沙芬标准储备溶液：准确称取适量氢溴酸右美沙芬标准物质(精确到 0.1 mg)，以甲醇配制成浓度为 1 000 μg/mL 的标准储备溶液。

3.8 标准工作溶液：根据标准的灵敏度和仪器线性范围，用甲醇稀释成适当浓度的标准工作液。

3.9 0.22 μm 有机相滤膜。

3.10 刻度具塞离心管：15 mL。

4 仪器

4.1 高效液相色谱仪：配有荧光检测器。

4.2 分析天平：感量 0.1 mg。

4.3 超声波水浴。

4.4 冷冻离心机(转速大于 3 500 r/min)。

4.5 冰箱(−18 ℃)。

5 测定步骤

5.1 试样处理

称取试样约 1.0 g(精确到 0.01 g)，于 15 mL 具塞刻度离心管中，加入甲醇 8 mL，用力振摇使基质均匀分散后，将溶液定容至 10 mL，在超声波水浴内超声 20 min，混匀，在冰箱冷冻室(−18 ℃或更低温度)放置 10 min 后，于 3 500 r/min 下冷冻离心 5 min，将样品放至室温，取上清液经 0.22 μm 有机滤膜过滤，滤液供液相色谱测定。

5.2 测定

5.2.1 液相色谱条件

5.2.1.1 荧光检测器：激发波长 280 nm，发射波长 310 nm。

5.2.1.2 色谱柱：Phenomenex 5 μm C_8，250 mm×4.6 mm，5 μm。

5.2.1.3 流动相：乙腈+3%乙酸溶液(34+66)。

5.2.1.4 流速：1.0 mL/min。

5.2.1.5 柱温：室温。

5.2.1.6 进样量：20 μL。

5.2.2 色谱测定

移取氢溴酸右美沙芬标准储备溶液配制成 0.025 μg/mL、0.05 μg/mL、0.5 μg/mL、1.0 μg/mL、10 μg/mL、20 μg/mL 标准工作溶液。按色谱条件(5.2.1)进行测定，以色谱峰的峰面积为纵坐标，与其对应的浓度为横坐标作图，绘制标准工作曲线。在上述仪器条件下，氢溴酸右美沙芬的保留时间约为 5.4 min。标准溶液色谱图参见附录图 A.1。试样溶液(5.1)注入液相色谱仪，按色谱条件(5.2.1)进行测定，记录色谱峰的保留时间和峰面积。氢溴酸右美沙芬含量高的试样可取适量用甲醇稀释到线性范围内进行测定。

5.3 空白试验

除不加试样外，均按上述操作步骤进行。

6 结果计算

根据标准曲线按式(1)计算：

$$X = \frac{c \times V \times 1\,000}{m \times 1\,000} \qquad \cdots\cdots (1)$$

式中：

X——化妆品中氢溴酸右美沙芬的含量，单位为毫克每千克(mg/kg)；

c——从标准工作曲线上查出的试样溶液中氢溴酸右美沙芬的浓度，单位为微克每毫升(μg/mL)；

V——试样定容体积，单位为毫升(mL)；

m——试样的质量，单位为克(g)。

计算结果保留两位小数，计算结果需扣除空白值。

7 测定低限及回收率

7.1 测定低限

本方法对氢溴酸右美沙芬的测定低限为 0.5 mg/kg。

7.2 回收率

氢溴酸右美沙芬添加浓度及霜剂、水剂的回收率数据见表 1。

表 1 氢溴酸右美沙芬添加浓度及霜剂、水剂的回收率

试样类型	添加浓度/(mg/kg)	回收率范围/%
霜剂类	0.5	93.8～102.2
	10	98.7～104.5
	100	99.5～100.6
水剂类	0.5	92.0～102.6
	10	96.2～100.7
	100	93.3～99.2

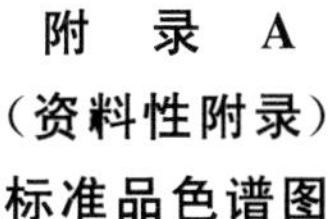

附 录 A
(资料性附录)
标准品色谱图

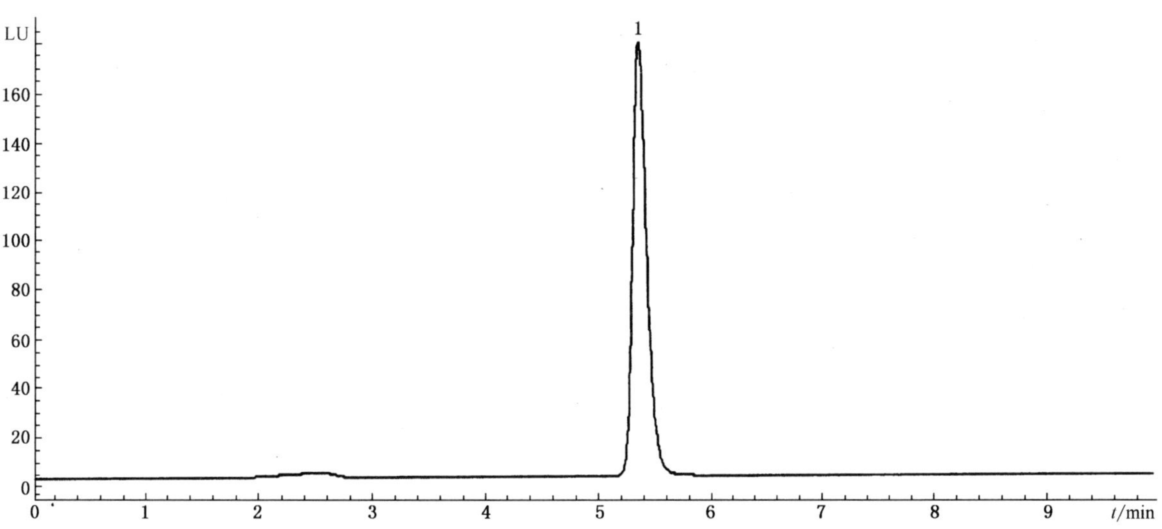

1——氢溴酸右美沙芬(5.38 min)。

图 A.1 氢溴酸右美沙芬标准品液相色谱图

中华人民共和国出入境检验检疫行业标准

SN/T 2328—2009

化妆品急性毒性的角质细胞试验

Cosmetics acute toxicity of keratinocyte cytotoxicity test

2009-07-07 发布　　　　2010-01-16 实施

中华人民共和国国家质量监督检验检疫总局　发布

前　言

本标准附录 A、附录 B 和附录 D 是规范性附录，附录 C 是资料性附录。

本标准由国家认证认可监督管理委员会提出并归口。

本标准起草单位：中华人民共和国广东出入境检验检疫局、中华人民共和国上海出入境检验检疫局、中华人民共和国辽宁出入境检验检疫局。

本标准主要起草人：程树军、许崇辉、焦红、温巧玲、秦瑶、邱璐、郑秋月。

本标准系首次发布的出入境检验检疫行业标准。

化妆品急性毒性的角质细胞试验

1 范围

本标准规定了化妆品急性毒性的角质细胞试验方法的基本原理、试验准备、试验过程、结果和报告。

本标准适用于化妆品原料和成品细胞毒性作用的筛选和检测。

本标准适用于预测啮齿类动物急性经口毒性试验的开始剂量，可作为毒性试验的一部分，结合其他试验用于受试物质毒性的整体评价。

本标准也可作为制药、农业和工业受试物质，食品添加剂和接触材料，以及其他污染物的毒性测定参考方法。

2 术语和定义

下列术语和定义适用于本标准。

2.1

希尔函数　hill function

关于受试物浓度与反应关系的包含4个变量的S型对数数学模型。

$$Y=\text{Bottom}+\frac{\text{Top}-\text{Bottom}}{1+10^{(\log IC_{50}-X)\text{HillSlope}}}$$

Y 是反应，X 是剂量(或浓度)对数，Bottom是最小反应，Top是最大反应，$\log IC_{50}$ 是反应剂量或浓度在最高(Top)和最低(Bottom)中间时的对数，HillSlope表示曲线的倾斜度。

2.2

人角质细胞　human keratinocyte，HKC

角质细胞是构成人体表皮的主体细胞，是一种可合成角蛋白的细胞，体内呈分层生长排列；体外分离的角质细胞来源于包皮或胸腹部等处皮肤组织。

2.3

20%致死浓度 IC_{20}

在一定条件下使HKC细胞生长和活力抑制20%的受试物浓度。

2.4

半数致死浓度 IC_{50}

在一定条件下使HKC细胞生长和活力抑制50%的受试物浓度。

2.5

80%致死浓度 IC_{80}

在一定条件下使HKC细胞生长和活力抑制80%的受试物浓度。

3 基本原理

本标准采用正常人角质细胞，应用中性红摄取(NRU)细胞毒性试验检测受试物的细胞毒性。体外培养的正常哺乳动物细胞不断地分裂增生，毒性物质不论其作用位点和机制如何，都会干扰细胞的分裂增殖过程，导致细胞生长速率下降和数量减少。培养中的正常细胞经受试物暴露后，细胞毒性表现为浓度依赖性的中性红摄取降低，据此可以得出有关细胞完整性受损和生长抑制等作用的信息。中性红(NR)是一种弱的阳离子染料，极易以非离子扩散方式穿透细胞膜并在细胞溶酶体内聚集。活细胞具有结合和连接中性红染料的特点。外源性物质作用引起的细胞膜表面的改变或溶酶体膜敏感性的改变，引起溶酶体膜脆性增高及其他的变化,并逐渐不可逆。这些变化导致细胞吸收和连接 NR 的能力下降。这样就有可能区分活的、损伤的或死亡的细胞。角质细胞 NRU 细胞毒性检测程序是基于这一原理设计的一种反映细胞存活/活力变化的检测方法。

4 试验准备

除另有规定外,所有试剂均为分析纯,水为重蒸水或超纯水,本标准列出了特殊试验材料的建议厂家,如有证据证明,可以使用替代品。

4.1 人角质细胞

人角质细胞可用原代或细胞系:

a) 人永生化角质细胞系 HaCaT:商品化细胞系,可从美国标准生物品收藏中心(American Type Culture Collection,ATCC)获取;

b) 正常人角质细胞(Normal Human Keratinocyte,NHK):商品化细胞系,可从美国 BioWhittaker 公司(CloneticsCC-2507 或 CC-2607)获取;

c) 原代人角质细胞(Primary Human Keratinocyte):来源于儿童皮肤(包皮环切术)或成人皮肤,需符合有关伦理学规定。由实验室自行制备。

4.2 细胞培养基

4.2.1 人角质细胞无血清基础培养基

商品化购置或实验室自行配制,可从美国 BioWhittaker 公司 KBM(Keratinocyte Basal Medium)或 GIBCO 公司 K-SFM(Keratinocyte Serum Free Medium)获取。

4.2.2 人角质细胞培养基补充试剂

配制角质细胞完全培养基需补充以下活性成分:重组人表皮生长因子(EGF)、胰岛素(Insulin)、氢化可的松(Hydrocortisone)、庆大霉素、两性霉素和牛垂体提取物(Bovine Pituitary Extract,BPE)。配制上述各种成分的贮备液浓度如下:0.1 ng/mL hEGF 0.5 mL;5.0 mg/mL 胰岛素 0.5 mL;0.5 mg/mL 氢化可的松 0.5 mL;30 mg/mL 庆大霉素、15 μg/mL 两性霉素 B 0.5 mL;7.5 mg/mL 牛垂体提取物 2.0 mL。上述补充试剂也可以由供应商提供试剂盒,如美国 BioWhittaker 公司(Clonetics,CC-4131)。

4.2.3 人角质细胞血清培养基

建议用无血清培养基培养角质细胞:

a) 角质细胞系(HaCaT)血清培养基:90 mL MEM 基础培养基,10 mL FCS、1 mL 非必需氨基酸、50 U/mL 青霉素、50 μg/mL 链霉素;

b) NHK 和原代人角质细胞血清培养基:含 15% 小牛血清的黄素腺嘌呤二核苷酸培养液(DMEM:F12/3∶1),含有腺嘌呤(24.3 μg/mL),表皮生长因子(10 ng/mL),转铁蛋白(5 μg/mL),氢化可的松(0.4 μg/mL),胰岛素(100 U/mL),青霉素(100 U/mL),链霉素(100 μg/mL)。

4.2.4 人角质细胞无血清完全培养基

500 mL 人角质细胞无血清基础培养基(KBM 或 K-SFM),添加以下成分:0.000 1 ng/mL 人重组 EGF,5 μg/mL 胰岛素,0.5 μg/mL 氢化可的松,30 μg/mL 庆大霉素,15 ng/mL 两性霉素,30 μg/mL 牛垂体提取物。添加 165 μL 氯化钙溶液,钙终浓度为 0.10 mmol/L。完全培养基保存在 2 ℃~8 ℃,不超过 2 周。

4.2.5 人角质细胞冻存培养基

MEM 基础培养基,含 20% FCS、50 U/mL 青霉素、50 μg/mL 链霉素、10% DMSO。

4.3 细胞培养试剂

4.3.1 胎牛血清(FCS):国产优质或进口,56 ℃加热灭活 30 min。

4.3.2 小牛血清:国产优质或进口。

4.3.3 裂解酶(Dispase Ⅱ):用于原代人角质细胞分离培养。

4.3.4 0.25%胰酶/EDTA溶液;0.25%胰酶溶液与0.02 mol/L EDTA溶液1∶1混匀。

4.3.5 胰酶中和液(Trypsin Neutralizing Solution,TNS)。

4.3.6 青霉素/链霉素双抗(Penicillin/Streptomycin):青霉素(100 U/mL),链霉素(100 μg/mL)。

4.3.7 二甲基亚砜(DMSO):用于细胞冻存。

4.3.8 HEPES缓冲盐溶液(HEPES Buffered Saline Solution,HEPES-BSS)。

4.3.9 阳性物质:十二烷基硫酸钠(SDS),或称月桂基硫酸钠(SLS)。

4.3.10 磷酸盐缓冲液(Phosphate Buffered Saline,PBS)。

4.3.11 Dulbecco's氏磷酸盐缓冲液(Dulbecco's Phosphate Buffered Saline,D-PBS):含钙镁阳离子,葡萄糖随意,用于冲洗。

4.3.12 中性红染料(NR):组织培养基,液体或粉剂均可。

4.3.13 乙醇:无水乙醇用于受试物制备,95%乙醇用于配制解析液。

4.3.14 冰乙酸:分析纯。

4.3.15 无 Ca^{2+} 或 Mg^{2+} Hanks'平衡盐溶液(CMF-HBSS)。

4.3.16 氯化钙贮备液:制备0.3M贮备液,高压灭菌备用。

4.3.17 超纯水。

4.4 中性红溶液

4.4.1 中性红贮备液

首选商品化的液态NR贮存液,如SIGMA公司的组织培养基NR贮备液(N2889),浓度为3.3 mg/mL。也可由干粉制备NR贮备液:0.33 g NR干粉溶于100 mL纯水,贮备液应先置于暗处,室温放置2个月。

4.4.2 中性红培养液

1.0 mL中性红贮备液与预温至37 ℃的99.0 mL完全培养液混合,中性红的终浓度为33 μg/mL,使用当天配制。NR培养液应用0.2 μm~0.45 μm的滤膜进行过滤以减少中性红结晶,中性红培养液在加入细胞前应在37 ℃水浴中温育,在制备后30 min内使用,或在离开37 ℃水浴后15 min内使用。

4.4.3 中性红解析液(乙醇/醋酸液)

按体积比配制中性红解析液,含1%冰乙酸、50%乙醇和49%水。

4.5 受试物制备

见附录A。

4.6 耗材

4.6.1 组织培养瓶:25 cm^2 和75 cm^2,用于常规培养。

4.6.2 培养皿:60 mm×15 mm,用于细胞常规培养。

4.6.3 96孔平底组织培养微孔板。

4.6.4 2 mL细胞冻存管。

4.6.5 0.2 μm微孔滤膜。

4.6.6 带盖无菌玻璃试管(5 mL,10 mL)。

4.6.7 pH试纸。

4.6.8 移液管和吸头。

4.6.9 封板膜。

4.7 仪器和设备

4.7.1 培养箱:温度37 ℃±1 ℃,湿度90%±5%,5%±1% CO_2。

4.7.2 层流洁净柜(生物安全标准)或生物安全柜。

4.7.3 恒温水浴箱:温度 37 ℃±1 ℃。

4.7.4 倒置相差显微镜。

4.7.5 电子天平。

4.7.6 96-孔板分光光度计(酶标仪):配 540 nm±10 nm 滤光片。

4.7.7 移液器:单通道或多通道移液器,用于吸取细胞、洗板溶液、NR 培养基和解析液等操作,不可用于吸取受试物。

4.7.8 微孔板摇床。

4.7.9 细胞计数仪或血球计数器。

4.7.10 离心机(最好配有微孔板转子)。

4.7.11 水浴超声波破碎仪。

4.7.12 磁力搅拌器。

4.7.13 旋涡混合器。

4.7.14 过滤器/过滤装置。

4.7.15 抗静电离子发生器/消磁枪:用于中和 96 孔板静电。

5 试验过程

5.1 基本要求

除 NR 贮备液外的所有溶液、玻璃器皿、吸头等都应无菌,所有操作应在无菌条件和无菌环境下进行。角质细胞毒性试验流程见附录 B。

5.2 试验前考虑因素

5.2.1 对于在试验条件下具有挥发性的受试物,IC_{50} 的变化可能比较大,尤其当化合物的毒性非常低时,可以采用能透过 CO_2 但不能透过挥发性受试物的塑料薄膜封闭培养盖加以解决。

5.2.2 难溶解于无血清培养基的物质可能不易测试,其体内毒性潜力可能被低估。

5.2.3 水中不稳定或发生爆炸的受试物不能用于试验。

5.2.4 特异性的攻击处于分裂中细胞的物质,其体内毒性可能被高估。

5.2.5 受试物对细胞内溶酶体具有选择性作用时,可能会出现细胞活性读数偏低的情况。如硫酸氯喹,它能改变溶酶体的 pH 值,产生抑制 NRU 的作用。

5.2.6 除非在经过冲洗后细胞内仍残留有足够量的该种受试物,并能溶解于中性红溶液中,否则红色的受试物在中性红所在的波长范围内产生吸收作用,可能干扰试验结果。

5.3 角质细胞的培养

5.3.1 角质细胞培养及冻存

参见附录 C。

5.3.2 角质细胞的无血清培养

用于毒性检测的角质细胞最好一直用无血清培养基培养,含血清培养的细胞用于检测前应改为无血清培养,注意培养基的转换应逐步进行,并记录细胞在转换培养基中形态的变化。无血清培养的角质细胞在组织培养瓶中常规生长成单层,在温度 37 ℃±1 ℃、湿度 90%±5%和 CO_2 浓度 5.0%±1%条件下培养,每天相差显微镜观察细胞,记录细胞形态学的改变或细胞粘附特性。

5.4 角质细胞的制备

5.4.1 96 孔细胞板的分布

本试验方法采用 96 孔板,其结构如图 1。

	1	2	3	4	5	6	7	8	9	10	11	12
A	VCb	VCb	C_1b	C_2b	C_3b	C_4b	C_5b	C_6b	C_7b	C_8b	VCb	VCb
B	VCb	VC1	C_1	C_2	C_3	C_4	C_5	C_6	C_7	C_8	VC2	VCb
C	VCb	VC1	C_1	C_2	C_3	C_4	C_5	C_6	C_7	C_8	VC2	VCb
D	VCb	VC1	C_1	C_2	C_3	C_4	C_5	C_6	C_7	C_8	VC2	VCb
E	VCb	VC1	C_1	C_2	C_3	C_4	C_5	C_6	C_7	C_8	VC2	VCb
F	VCb	VC1	C_1	C_2	C_3	C_4	C_5	C_6	C_7	C_8	VC2	VCb
G	VCb	VC1	C_1	C_2	C_3	C_4	C_5	C_6	C_7	C_8	VC2	VCb
H	VCb	VCb	C_1b	C_2b	C_3b	C_4b	C_5b	C_6b	C_7b	C_8b	VCb	VCb

VC1 和 VC2——溶剂对照(无受试物,有细胞);

C_1～C_8——8 个浓度的受试物(C_1:最高浓度,C_8:最低浓度);

C_1b～C_8b——8 个浓度的阳性对照(只加 SLS,无细胞)(C_1:最高浓度,C_8:最低浓度);

VCb——溶剂空白对照(无受试物,无细胞)。

图 1 阳性对照和受试物在 96 孔板的分布

5.4.2 角质细胞接种 96 孔板

达到对数生长期的细胞可接种于 96 孔板用于检测,操作如下:

a) 当细胞培养瓶中的角质细胞超过 50%融合(不到 80%)时,去除培养液,用 5 mL HEPES-BSS 冲洗两次,每次 5 min,去除清洗液;
b) 加 2 mL 胰酶/EDTA 液于培养瓶,15 s～30 s 后吸出,室温孵育 3 min～7 min,当超过 50%的细胞浮动时,轻轻拍打培养瓶使细胞脱壁;
c) 当绝大多数细胞脱壁时,加入 5 mL 室温胰酶中和液(TNS)轻轻吹打细胞;
d) 用 5 mL CMF-HBSS 冲洗培养瓶,将细胞悬液转移至离心管;
e) 220*g* 左右,离心 5 min,去除上清液;
f) 以完全培养液轻轻吹打,重悬角质细胞沉淀形成单细胞悬液,计数细胞;
g) 以完全细胞培养液制备细胞悬液使细胞密度为 1.6×10^4/mL～2.0×10^4/mL。用多通道移液器,加 125 μL 完全培养液于 96 孔板的外周孔(空白),余下孔加 125 μL 细胞悬液(2×10^3 细胞/孔～2.5×10^3 细胞/孔),一种受试物用一个培养板(见图 1);
h) 孵育细胞,保证细胞形成 20%以上单层(约 48 h～72 h),使细胞恢复、贴壁和进入指数生长期;
i) 倒置相差显微镜下观察细胞,保证细胞在整个微孔板上生长相对一致,同时检验试验过程有无错误操作,记录观察结果。

5.5 受试物染毒性

5.5.1 准备 2×溶液板

预先准备一个无菌的空板(96 孔细胞板),在进行细胞测试之前,在这个空板加入 200 μL/孔稀释液。受试物、空白对照液的排列顺序和方式应与测试板相同。试验开始时,使用多通道微量移液器将 2×溶液从空白板上转移到测试板的对应孔上,确保起始处理时间的一致,并使开始反应时间的误差减到最小,同时还会避免次序混乱。

5.5.2 96 孔板加样

在细胞孵育 48 h～72 h 后(也即在细胞达到 20%融合后),直接加入 125 μL 合适浓度的受试物溶液、阳性对照溶液或者溶剂对照溶液到测试孔中。不要更换完全培养基。用同一刻度的多通道移液器将贮备液从2×溶液板(空白板)转移到测试板上。例如,可以首先转移空白组(1,2,11和12列),紧接着从最低浓度到最高浓度加入受试物,这样用同一套吸头就可以完成整个细胞板的加样。溶剂空白对照孔(VCb)(列1,列12,孔A2,A11,H2,H11)加入溶剂对照贮备液。无细胞对照孔A3-A10和H3-H10应该加入某一种浓度的受试物(如:孔A3和孔H3加入浓度为C1的溶液)。孵育细胞48 h±0.5 h。

5.5.3 阳性对照

对于每次检测的一组受试物,应设置独立的阳性对照板。如果需要对多个受试物进行多次检测,就要仔细为每一次检测设计好阳性对照,每一组测试都是一个单独的试验。实验负责人将决定有多少受试物需要使用阳性对照。而且从阳性对照(如SLS)得出的平均IC_{50}±2.5标准差(去掉极端值)数值,将作为本试验方法敏感性的可接受标准。阳性对照板的排列方法和操作程序与受试物相同(包括浓度设置和结果标准,见5.4)。

5.6 镜检评价

细胞孵育至少46 h后,相差显微镜观察每个培养板,辨别是否存在细胞接种操作错误,观察对照组与试验组细胞的生长特性。记录由于受试物的毒性作用而发生的细胞形态学的变化,这些记录不能作为细胞毒性的定量指标。对照组细胞出现非预期的生长特性表明可能存在实验误差,并且可能成为实验失败的原因。采用表1描述细胞培养情形,确定细胞的量化得分,并做好记录。

表1 细胞培养观察代码

代码编号	内　　容	代码编号	内　　容
1	正常细胞形态	1P	存在沉淀物的正常细胞形态
2	低水平细胞毒性	2P	存在沉淀物的低水平细胞毒性
3	中等水平细胞毒性	3P	存在沉淀物的中等水平细胞毒性
4	高水平细胞毒性	4P	存在沉淀物的高水平细胞毒性
		5P	由于沉淀物观察不到细胞

5.7 中性红摄取测定

中性红摄取操作如下:

a) 小心除去完全培养基(含有受试物),并用250 μL预热的D-PBS小心冲洗细胞。倾倒冲洗液,用吸水纸吸干剩余冲洗液。加250 μL含中性红培养基到所有孔中,孵育3 h±0.1 h。中性红培养基孵育期间(2 h~3 h内),观察细胞是否形成中性红结晶体,并做好观察记录。如果有过多的中性红结晶体形成,实验负责人有权决定这个实验无效;
b) 孵育结束后,去除中性红培养基,用250 μL预热的D-PBS小心冲洗细胞;
c) 倾倒并吸干D-PBS,准确加入100 μL中性红解析液到所有孔中,包括无细胞组;
d) 在微量滴定板振荡器上快速振荡20 min~45 min,以便从细胞中提取出中性红,形成均一的溶液。在振荡期间,细胞板应用遮蔽物进行遮光处理;
e) 从振荡器上取下细胞板,静置至少5 min。如果观察到有气泡,应确保在细胞板读数之前已经破裂。在540 nm±10 nm处测定吸收值,以空白组为对照;
f) 对角质细胞来说,空白组的平均OD值为0.055±0.035(±2.5的标准差),可参考这个范围评价空白组的数据。保留试验的原始记录。

5.8 试验的质量控制

5.8.1 可接受试验标准

试验需满足以下4个标准:

a) 阳性对照的IC_{50}值应在历史平均值的2.5倍标准差范围内,并满足标准2和3,且由希尔模型计算出的r^2(决定系数)的值应大于等于0.85;

b) 空白对照平均值两侧的偏差不会超过所有空白对照组平均值的 15%；

c) 在大于 0%和小于 50.0%的活性范围内，至少应出现一个可计算细胞毒性的值，同样在大于 50.0%和小于 100%活性范围内，至少应出现一个可计算细胞毒性的值；

d) 如果一项实验，在 0 到 100%之间只有一个点，并且使用的是最小的稀释因子 1.21，同时其他实验标准都符合，这个实验也可接受。

5.8.2 检查细胞接种错误

为了检查实验是否存在系统性细胞接种错误，应将未处理的空白对照组放在 96 孔板左边第 2 列和右边第 11 列。在实验中，空白组细胞单层出现偏差可以反映出存在某种具有挥发性的毒性物质，如果怀疑具有挥发性，可以着手进行 5.8 的实验。细胞接种的检查也可以通过相差显微镜观察细胞形态进行。

5.8.3 不溶性受试物补充规定

如果采用最严格的溶解程序仍不能得到实验验收标准所要求的毒性，那么在 3 次确定实验之后，实验负责人就可以终止这种特殊受试物的所有实验。对于空白对照组来说，经过修正的平均 $OD_{540\ nm \pm 10\ nm}$的值只是作为试验应达到的目标范围，而不应作为一个实验的验收标准。

5.9 挥发性受试物

高挥发性的受试物在其孵育期间可能会从培养基中挥发出来形成蒸汽，这些蒸汽可能会被再吸收进入临近的孔中，这样离最高浓度剂量孔最近的培养孔由于暴露于可以再吸收的受试物蒸汽而被污染。如果在剂量测试实验中表明这种受试物质具有特殊的毒性，那么靠近最高剂量受试物的空白对照(VC1)则可能出现明显交叉污染，细胞活力显著降低。如果怀疑受试物具有潜在的挥发性(如低密度液体)，或者如果未密封细胞板的试验结果表明空白对照组有毒性(即 VC1 和 VC2 细胞活力出现了>15%的差异)，则应按照以下程序密封细胞测试板：

a) 根据附录 A 和 5.3 的程序制备细胞板和受试物重复试验；

b) 在用可疑挥发性受试物处理 96 孔细胞培养板后(见 5.4.2)，直接(用手或微孔板滚柱)将粘性细胞板封闭剂覆盖到培养孔上。确信封闭剂黏附到每一个培养孔。把 96 孔细胞板盖子盖到已封闭的细胞板上，按 5.4.2 条件孵育细胞。注意板盖不要太紧以免封闭剂变形导致其从培养物孔上脱落；

c) 孵育结束后，小心地去除细胞板的封闭剂以免溢出，然后按照 5.5 的步骤进行后续步骤。

6 结果与报告

6.1 计算 IC_{50}

从浓度-反应关系计算 IC_{50}，并计算 IC_{20}和 IC_{80}等相关数据，以 μg/mL 或 mmol/L 表达，至少应保留三个有效数字。推荐采用以下两种方法进行统计分析，其他专业统计学方法也可应用。

a) 图表法或对数-概率单位法计算 IC_{50}；

b) 用非线性的回归方程计算 IC_{50}，推荐采用希尔函数，该函数是单一的 S 型曲线，可以作为多数剂量-反应曲线的代表模型。希尔函数分析最好通过统计学软件(如：GraphPad PRISM@ 3.0)进行，应用前应检验曲线的符合程度。

6.2 预测模型

本试验的目的之一是以细胞毒性预测啮齿类动物急性经口试验的开始剂量，按照式(1)预测急性经口毒性试验的 LD_{50}，注意细胞毒性 IC_{50}以 mmol/L 为单位表达，动物急性毒性 LD_{50}以 mmol/kg 为单位表达。

$$\log(LD_{50}[\text{mmol/kg}]) = 0.435 \times \log(IC_{50}[\text{mmol/L}] + 0.625 \quad \cdots\cdots\cdots\cdots (1)$$

6.3 试验报告

试验报告模式见附录 D，应包括以下内容：

a) 受试物及制备：包括受试物名称、编号、贮存条件、理化特性、溶剂/赋形剂名称和使用、受试物溶解和中和方法等；

b) 细胞及培养条件：包括细胞名称、供应商、传代数，培养条件，培养基名称、供应商和批号，血清名称、等级、供应商、批号等；

c) 试验方法：包括预试验过程和结果、试验可接受标准、试验过程描述等；

d) 试验结果：包括浓度样品的试验数据，计算数据等。

附 录 A
（规范性附录）
受试物制备

A.1 总则

试验负责人应直接指导受试物溶解方案的制定。受试物溶解或稀释之前应与室温平衡。受试物应现用现配，配制溶液不应出现混浊或者沉淀。每一份溶液至少应多配 1 mL～2 mL，以确保有足够量的溶液加入到 96 孔板中，并建议配制容量为 1 mL 的最高浓度为 2× 的贮存液（如：低溶解性的受试物质），冰冻至－70 ℃以备将来分析之用。对于可能具有光不稳定的受试物，建议在红色光或黄色光下制备溶液，以防其降解。对于以 DMSO 或者乙醇溶解的受试物，进行细胞毒性检测时，溶剂对照组和全部 8 个浓度测试组中 DMSO 或者乙醇最终浓度应为 0.5%（体积分数）。

A.2 制备贮备液

应根据溶解液配制程序确定的受试物的最大溶解浓度来制备每一种受试物的贮备液，因此得到的用于细胞试验的最高试验浓度是：

——如果受试物可溶解在培养基中，则细胞试验的最高试验浓度应为该物质最高溶解度的 0.5 倍；

——如果受试物是溶解在乙醇或 DMSO 中，细胞试验的最高试验浓度应为该物质最高溶解度的 1/200；

——如果受试物细胞毒性受到其溶解度的限制，需要采用更有效的溶解操作以增加贮备液的浓度。如将贮备液置于 CO_2 培养箱中孵育，如果必要的话，还可以搅拌或者振荡 3 h 以使进其溶解。对于用培养基制备的贮备液，瓶盖应该拧松一点，允许 CO_2 交换。

A.3 范围确定实验

A.3.1 通过一个覆盖大范围的固定因子对贮备液进行稀释，制备 8 个浓度的受试物溶液。最初的稀释序列应是对数稀释（例如 10 倍稀释）。

——如果范围确定实验并没有产生足够大的细胞毒性，应尝试更高的受试物剂量；

——如果范围确定实验发现细胞活性呈一条双相曲线，那么对于随后进行的主实验的剂量选择应该覆盖最具毒性的量效反应范围（如图 A.1 所示，最具毒性的范围是 0.001 μg/mL～0.1 μg/mL）。

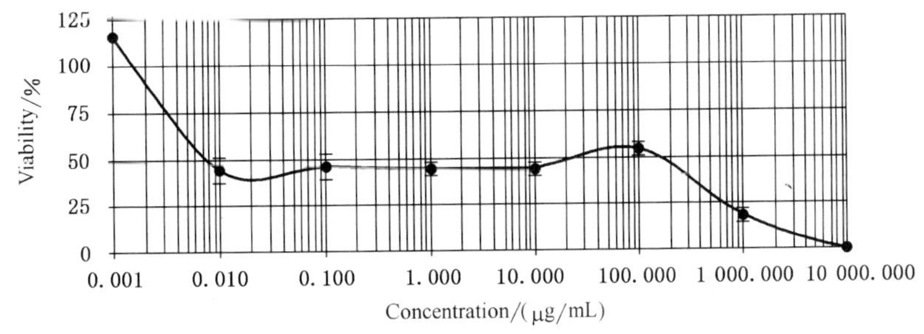

图 A.1 双相曲线

A.3.2 10 倍序列浓度稀释

从上述最高浓度开始，其他 7 个较低浓度以一个 log 单位为基础进行连续的稀释。举例说明在受试物应用到角质细胞之前，受试物溶解液和稀释液的制备。如果在溶解性试验中确定 DMSO 为首选溶剂(假定为 200 000 μg/mL),将受试物溶解于 DMSO 中使其浓度达到 200 000 μg/mL,此溶液作为贮备液,用 log 单位稀释法制备受试物溶液:

a) 标记 8 个管,在 2～8 号管中分别加入 0.9 mL 溶剂(例如 DMSO);
b) 将 200 000 μg/mL 受试物溶液溶解于 1 号管中制备贮备液;
c) 从 1 号管中取出 0.1 mL 200 000 μg/mL 的溶液加入到 2 号管,使其稀释 10 倍(20 000 μg/mL);
d) 从 2 号管中取出 0.1 mL 20 000 μg/mL 的溶液加入到 3 号管,使其再稀释 10 倍(2 000 μg/mL);
e) 在剩余的管中连续制备 10 倍稀释液;
f) 由于每一个浓度都比测试时所用的浓度大 200 倍,因此取一份已溶解的受试物溶液加入到 99 份培养基中,形成 1∶100 的稀释(例如 0.1 mL 以 DMSO 溶解的受试物溶液+9.9 mL 培养基),从而在加入角质细胞前得到 8 个 2× 的试验浓度,每一个 2× 浓度的受试物溶液含 1%体积的溶剂。在加入受试物之前,含角质细胞的培养板孔中加入 0.125 mL 的新鲜培养基,然后加 0.125 mL 2× 浓度的受试物溶液到相应孔中,在总体积为 0.250 mL 的混合液中受试物将会被恰当地稀释(最高浓度孔是 1 000 μg/mL),同时溶剂的终浓度为 0.5%体积比;
g) 某种在 DMSO 或乙醇中制备的受试物质在转移到完全培养基中可能会发生沉淀。应当对2× 剂量的溶液出现沉淀物的情况进行评估,并且记录结果。在范围确定实验中 2× 溶液是允许出现沉淀的,但最终确定实验不能出现沉淀。

A.4 测试化学溶液的 pH 值

含有受试物的培养基加入到 96 孔板之前或者之后,立刻测量含受试物最高浓度 2× 的培养基的 pH 值(即测试板的 C1,见图 1)。用 pH 试纸(pH0～14 和精密试纸 pH5～10),pH 试纸应与溶液充分接触大约 1 min,检测并记录 pH 值。注意所有浓度稀释培养基颜色的变化。不要调节 pH 值。

A.5 主试验的受试物浓度

A.5.1 受试物浓度的确定

在范围确定实验完成后,每一种受试物质应在不同的 3 d 分别进行一次确切的量效反应实验。依据从范围确定实验中估算出来的量效反应曲线的斜度,主实验浓度组的稀释因子应该小一些。在覆盖 IC_{50} 的浓度范围内(分别在预期 IC_{50} 值的两侧),合适地选取 2 个以上具有级联关系的点,但应避免过多的无毒性浓度或者是过多的 100%毒性浓度。如果实验得出在 IC_{50} 值的两侧不足一个毒性浓度,这样的实验应该重做,而且在有可能的情况下,使用更小的稀释因子。每一个实验应该至少有一个细胞毒性的值落在 0%～50.0%的细胞活力范围内,至少有一个值落在 50.0%～100%的范围内。确定受试物的哪一个浓度值最靠近 IC_{50},以这个值作为中心浓度,以相同的间隔选择更高浓度和更低浓度的稀释液进行最终实验。

A.5.2 主实验的最大测试剂量

A.5.2.1 完全培养基溶解的受试物

对于溶解在完全培养基中的受试物,主实验中应用到细胞的受试物最大浓度应为 100 mg/mL,或者是最大的可溶解量。称取一定量的受试物加入玻璃管,然后加入一定体积的完全培养基,使其浓度达到 200 000 μg/mL(200 mg/mL)。采用机械方法使溶液混合,如果受试物在培养基中完全溶解,应从 2× 的 200 mg/mL 的浓度开始连续稀释建立另外 7 个浓度溶液。如果受试物在培养基中的溶解度达不到 200 mg/mL,尝试以小幅增量方式加入培养基,通过加热、超声波等方法溶解受试物。如果范围确定实验的结果需要,也可以采用更有效的溶解方法。最高溶解度的贮备液用于制备另外 7 个贮备液浓度。

A.5.2.2 DMSO或乙醇溶解的受试物

对于用DMSO或者乙醇制备的受试物，主实验中应用到细胞的受试物最高浓度取决于其在溶剂中的最大溶解度。称取一定量受试物放入玻璃管中，加入一定体积的适当溶剂(DMSO或乙醇)使浓度达到500 000 μg/mL(500 mg/mL)。如果受试物在溶剂中完全溶解，应从500 mg/mL的200×贮备液开始制备另外7个浓度贮备液。如果受试物在培养基中的溶解度达不到500 mg/mL，尝试以小幅增量方式，通过加热、超声波等方法加入培养基。最大溶解度的贮备液用于制备另外7个浓度贮备液。

A.5.2.3 出现沉淀的受试物质

如果在2×稀释液中观察到沉淀，继续实验，观测并做好记录，将数据报告给试验负责人。

A.5.3 受试物的稀释法

十进制几何浓度的稀释过程见表A.1。稀释因子3.16($=\sqrt[2]{10}$)将一个log单位分成等距离的2个间隔。稀释因子2.15($=\sqrt[3]{10}$)将一个log单位分成等距离的3个间隔。稀释因子1.78($=\sqrt[4]{10}$)将一个log单位分成等距离的4个间隔。稀释因子1.47($=\sqrt[6]{10}$)将一个log单位分成等距离的6个间隔。稀释因子1.21($=\sqrt[12]{10}$)将一个log单位分成等距离的12个间隔。1.21($\sqrt[12]{10}=1.21$)是可以达到最小间隔的稀释因子。以因子1.47作为例子，加入0.47体积的稀释液稀释1体积最高浓度的溶液，混合均匀，取一体积此溶液加入0.47体积的稀释液，依次同样操作6次，即可得到以1.47为稀释因子的十进制序列稀释液。

表A.1 几何梯度稀释表

10						31.6						100
10				21.5				46.4				100
10		14.7		21.5		31.6		46.4		68.1		100
10	12.1	14.7	17.8	21.5	26.1	31.6	38.3	46.4	56.2	68.1	82.5	100

附 录 B
（规范性附录）
试 验 步 骤

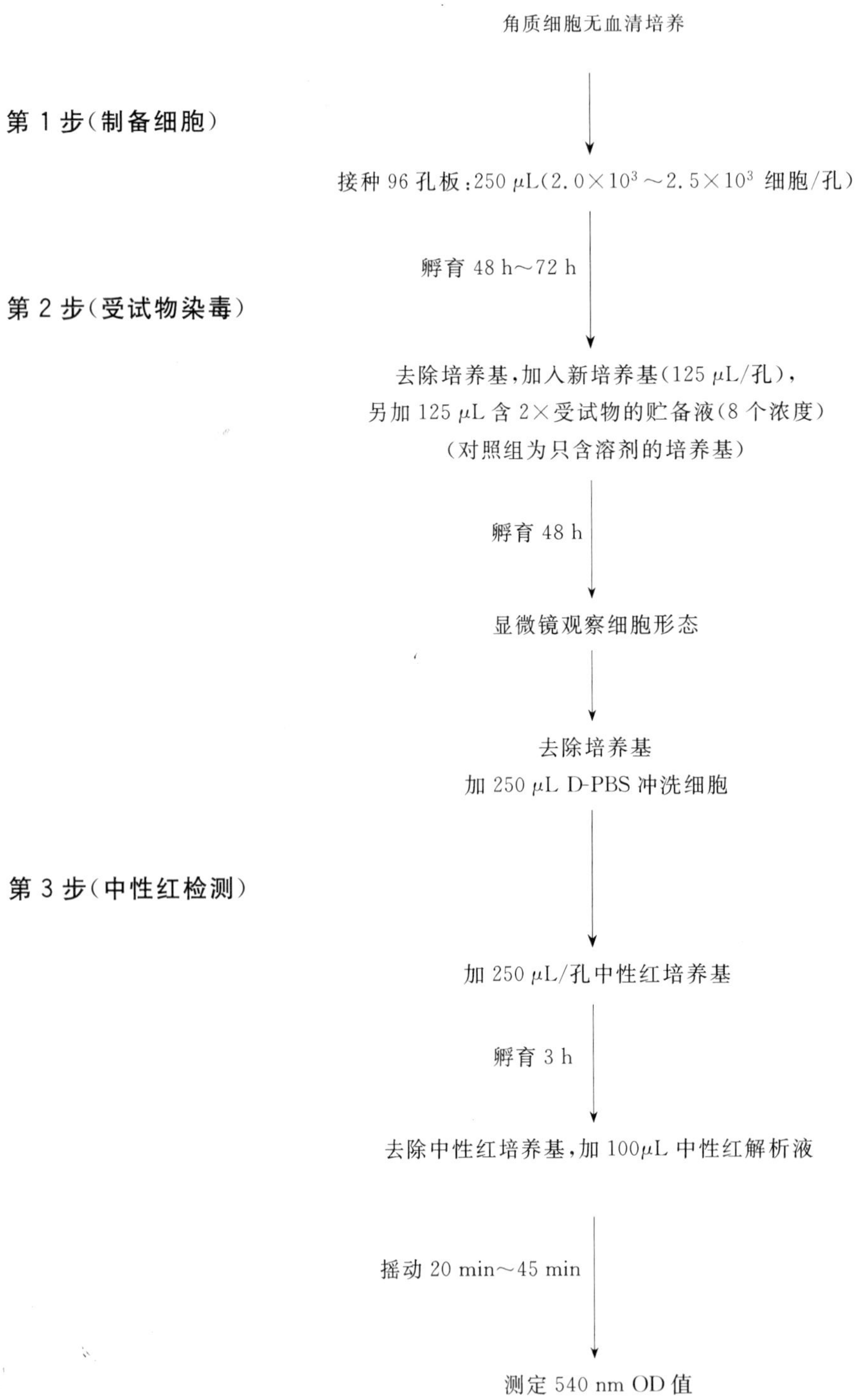

角质细胞无血清培养

第 1 步（制备细胞）

↓

接种 96 孔板：250 μL（2.0×10^3～2.5×10^3 细胞/孔）

↓ 孵育 48 h～72 h

第 2 步（受试物染毒）

去除培养基，加入新培养基（125 μL/孔），
另加 125 μL 含 2×受试物的贮备液（8 个浓度）
（对照组为只含溶剂的培养基）

↓ 孵育 48 h

显微镜观察细胞形态

↓

去除培养基
加 250 μL D-PBS 冲洗细胞

第 3 步（中性红检测）

↓

加 250 μL/孔中性红培养基

↓ 孵育 3 h

去除中性红培养基，加 100μL 中性红解析液

↓ 摇动 20 min～45 min

测定 540 nm OD 值

图 B.1 试验步骤

附 录 C
（资料性附录）
角质细胞的培养

C.1 角质细胞有血清培养

细胞系和原代角质细胞均可用含血清培养基常规培养，每天观察细胞生长，记录细胞形态特性和贴壁情况，当细胞接近80%融合时，用胰酶消化传代。

C.2 角质细胞原代培养

C.2.1 取外科手术获取的人体皮肤组织(最好为新生儿或青少年包皮环切术后包皮组织)，为保证无菌，处理前在75%乙醇中浸泡1 min。

C.2.2 将包皮组织转入培养皿中，用加入抗生素的PBS清洗，用眼科剪和眼科镊修剪，尽量去除皮下组织，用锋利11号手术刀片将组织分切为2 mm×10 mm。

C.2.3 取组织放入15 mL离心管中，加入裂解酶Dispase Ⅱ，4 ℃，消化过夜。

C.2.4 将消化后的皮肤倒入培养皿中，用眼科镊将表皮和真皮仔细分离(应极为小心，避免把真皮组织带入表皮组织中)。

C.2.5 将分离的表皮放入培养皿中，加入胰蛋白酶，37 ℃，消化10 min；用含血清的培养液终止消化，用吸管反复吹打以获得单细胞悬液，过200目筛网以去除剩余残渣，收集滤液，离心去除消化液，用PBS清洗1次，用无血清完全培养基(如DK-SFM)重悬细胞，不少于5 000个/cm^2 接种培养。

C.3 角质细胞冻存

胰酶消化的细胞离心200g 10 min，弃去上清液，重悬细胞于冻存培养基中，细胞浓度1×10^6/mL～5×10^6/mL，每支冻存管1 mL细胞悬液。

C.4 细胞复苏和培养

将细胞置入37 ℃水浴解冻，将细胞悬液加入9 mL预温的完全培养液中，然后转入培养瓶中培养，细胞贴壁(4 h～24 h)后，除去旧的培养基，加入新鲜培养基，每隔2 d～3 d换液，直到细胞超过50%融合(不到80%)。细胞数量与传代时间的关系见表C.1。

表C.1 角质细胞培养和传代方法

25 cm^2 培养瓶的细胞数(浓度)	6.25×10^4(2 500/cm^2)	1.25×10^5(5 000/cm^2)	2.25×10^5(9 000/cm^2)
传代培养时间	96 h	72 h～96 h	48 h～72 h
传代于96孔细胞板的数量	6板～8板	6板～8板	6板～8板

C.5 倍增时间的确定

C.5.1 应在第1次将细胞用于检测时进行细胞倍增时间的确定，按照C.4的要求培养和传代细胞。

C.5.2 接种5套细胞培养皿，每种需要测试的细胞设置3个平行培养(如：15个60 mm×15 mm培养皿)，在培养皿中加入适当体积的培养液，记录接种到每个细胞培养皿的细胞数量，培养箱培养。

C.5.3 4 h～6 h后，取出三个培养皿消化细胞，用细胞计数器或者是血球计数板计数，细胞活力通过染料排出法确定（如：台盼蓝、二胺黑），确定细胞总量并记录。在接种后24 h、48 h、72 h和96 h重复取样。如果出现pH值下降，余下的几个细胞培养皿应在72 h或更早的时间更换培养基。

C.5.4 以细胞浓度对数值对时间作图，确定对数时间和群体倍增时间，倍增时间应在生长曲线的对数期，如果要确定整条生长曲线（滞后期，对数期，平台期），应多培养一些细胞并增加检测时间点。

附　录　D
（规范性附录）
试验报告

表 D.1　角质细胞毒性试验报告表

<table>
<tr><td colspan="9">受试物</td></tr>
<tr><td colspan="4">名称：</td><td colspan="5">CAS 编号（如已知）：</td></tr>
<tr><td colspan="4">实验室编号：</td><td colspan="5">分子量：</td></tr>
<tr><td colspan="9">贮存条件：　　低温冻存（　）　　冰箱（　）　　室温（　）　　暗处（　）</td></tr>
<tr><td colspan="9">贮存期限（如已知）：</td></tr>
<tr><td colspan="9">受试物制备</td></tr>
<tr><td colspan="9">溶剂名称（如使用）：</td></tr>
<tr><td colspan="9">培养孔中的溶剂百分比（体积分数）：</td></tr>
<tr><td colspan="9">辅助溶解方法（√）：　　磁力搅拌（　）　　超声波（　）　　旋涡混匀（　）　　加热至____℃（　）</td></tr>
<tr><td colspan="9">pH 值（最高浓度测定）：</td></tr>
<tr><td>是否中和（√）</td><td colspan="2">无（　）</td><td colspan="3">有，HCl（　）</td><td colspan="3">有，NaOH（　）</td></tr>
<tr><td>中和液浓度（μg/mL 或 μmol/mL）</td><td></td><td></td><td></td><td></td><td></td><td></td><td></td><td></td></tr>
<tr><td colspan="9">细胞系</td></tr>
<tr><td colspan="4">名称：</td><td colspan="5">供应商：</td></tr>
<tr><td colspan="4">总传代数（如已知）：</td><td colspan="5">解冻后传代数：</td></tr>
<tr><td colspan="9">细胞培养条件</td></tr>
<tr><td colspan="4">培养基名称：</td><td colspan="3">供应商：</td><td colspan="2">批号：</td></tr>
<tr><td colspan="4">血清名称：</td><td colspan="3">供应商：</td><td colspan="2">批号：</td></tr>
<tr><td colspan="4">血清浓度：</td><td colspan="3">生长期____%</td><td colspan="2">干预期____%</td></tr>
<tr><td colspan="9">试验接受标准（√）</td></tr>
<tr><td colspan="4">VC：平均绝对 OD_{540} 值</td><td colspan="2">平均 OD 值＝</td><td colspan="2">接受（　）</td><td>拒绝（　）</td></tr>
<tr><td colspan="4">VC：第 2 列和第 11 列的差异</td><td colspan="2">差异＝　　%</td><td colspan="2">接受（　）</td><td>拒绝（　）</td></tr>
<tr><td colspan="4">PC：同时进行的 SLS 测试的 IC_{50} 值</td><td colspan="2">IC_{50}＝　　μg/mL</td><td colspan="2">接受（　）</td><td>拒绝（　）</td></tr>
<tr><td colspan="9">阳性对照物及历史数据：</td></tr>
<tr><td colspan="9">试验结果</td></tr>
<tr><td>化学物浓度/（μmol/mL）</td><td colspan="2">OD_{540}
平均值±标准差</td><td>活力/%
平均值±标准差</td><td colspan="5">中性红实验结果：
IC_{50}＝　　μmol/mL（mmol/L）</td></tr>
<tr><td>VC＝0</td><td colspan="2"></td><td>100</td><td colspan="5" rowspan="9">预测的 LD_{50}：
log LD_{50}＝　　mmol/（kg・bw）
LD_{50}＝　　mmol/（kg・bw）
预测的动物试验开始剂量（上下程序法）：
低于 LD_{50} 的开始剂量（默认因子 3.2）
＝________ mg/kg</td></tr>
<tr><td>C1＝</td><td colspan="2"></td><td></td></tr>
<tr><td>C2＝</td><td colspan="2"></td><td></td></tr>
<tr><td>C3＝</td><td colspan="2"></td><td></td></tr>
<tr><td>C4＝</td><td colspan="2"></td><td></td></tr>
<tr><td>C5＝</td><td colspan="2"></td><td></td></tr>
<tr><td>C6＝</td><td colspan="2"></td><td></td></tr>
<tr><td>C7＝</td><td colspan="2"></td><td></td></tr>
<tr><td>C8＝</td><td colspan="2"></td><td></td></tr>
<tr><td colspan="4">签名：</td><td colspan="5">日期：</td></tr>
</table>

中华人民共和国出入境检验检疫行业标准

SN/T 2329—2009

化妆品眼刺激性/腐蚀性的鸡胚绒毛尿囊膜试验

Cosmetics ocular irritant and corrosive HET-CAM test

2009-07-07 发布　　　　2010-01-16 实施

中华人民共和国国家质量监督检验检疫总局 发布

前　言

本标准附录 A 和附录 B 均为规范性附录。

本标准由国家认证认可监督管理委员会提出并归口。

本标准起草单位:中华人民共和国广东出入境检验检疫局、中华人民共和国北京出入境检验检疫局。

本标准主要起草人:潘芳、程树军、许崇辉、焦红、温巧玲、史喜菊、刘慧智。

本标准系首次发布的出入境检验检疫行业标准。

化妆品眼刺激性/腐蚀性的鸡胚绒毛尿囊膜试验

1 范围

本标准规定了化妆品眼刺激性/腐蚀性的鸡胚尿囊膜试验的基本原理、试验准备、试验方法、结果和报告。

本标准适用于化妆品、化妆品原料/化学品眼刺激性/腐蚀性作用的筛选和检测。

本标准可作为毒性试验的一部分,结合其他替代试验和动物试验用于受试物眼刺激性整体评价。

本标准也可作为制药、农业和工业化学物质和污染物毒性测定的参考方法。

2 术语和定义

下列术语和定义适用于本标准。

2.1

眼刺激性 eye irritation

眼前部直接接触受试物后引起的眼及其周围粘膜可逆性炎性变化。

2.2

眼腐蚀性 eye corrosion

眼前部直接接触受试物后引起的眼及其周围粘膜不可逆性组织损伤。

2.3

绒毛尿囊膜 chorioallantoic membrane,CAM

胚龄 4 d~5 d 时,由绒毛膜体壁中胚层和尿囊膜脏层中胚层融合而成,其组织学结构有三层。

2.4

出血 hemorrhage

血液从 CAM 膜血管内流出血管外,可以表现为血管外出现点状出血或絮状的弥漫性出血等多种形式。

2.5

凝血 coagulation

血管内和血管外蛋白的变性,表现为血管内血流变慢或血栓形成,血管呈现棕黑色,血管外出现混浊和不透明。

2.6

血管融解 blood vessel lysis

CAM 膜上小血管壁破裂,小血管融解消失。

3 基本原理

鸡胚绒毛尿囊膜试验是一种较早被采用的眼刺激性体外评估方法,绒毛尿囊膜(CAM)是一个呼吸性膜,包围在鸡胚周围。本试验利用孵化的鸡胚中期绒毛尿囊膜血管系统完整、清晰和透明的特点,将一定量受试物直接与鸡胚尿囊膜接触,作用一段时间之后观察绒毛尿囊膜毒性效应指标(如:出血、凝血和血管融解)的变化,这些指标反映血管及血管网的形态结构、颜色和通透性的变化,以及反映绒毛尿囊膜蛋白质变性等现象及其受损程度,然后组合得到一个评分,用于评估受试物的眼刺激性。本试验的目的是测试受试物引起鸡胚绒毛尿囊膜毒性变化的能力，标准描述了评价被评估物质潜在的眼刺激性的要素和过程。

4 试验准备

4.1 鸡胚

4.1.1 品系和来源

白莱杭鸡(White Leghorn chicken)或星杂288(Shaver Starcross)受精鸡胚，也可选用白洛克(White Plymouth Rock)、麻黄(spotted-brown chickens)或岭南黄鸡(Lingnan Yellow chicken)等品种受精鸡胚，应当选用SPF鸡胚，鸡胚质量符合相关标准的要求，供应商应具有农业部门认可的《兽药生产、检验用SPF鸡(蛋)定点生产企业》资格。

4.1.2 运输与贮存

购买7日龄以内的鸡胚，气室朝上贮存于蛋架上运输。应在不影响胚胎活性或发育的情况下转移或运输鸡胚，避免对鸡胚摇动、不必要的倾斜、敲打以及其他机械性刺激。

4.1.3 规格要求

鸡胚应新鲜、干净、完好，质量50 g～60 g。孵化至9日龄时，应照蛋检查，弃去未受精、无活性或有缺陷的鸡胚，严重畸形、破壳或薄壳鸡胚也不能使用。

4.1.4 孵化条件

室温20 ℃～25 ℃，相对湿度45%～70%。孵化温度37.5 ℃±0.5 ℃，相对湿度55%～70%，转盘频率3次/h～6次/h。9日龄的鸡胚孵化时不必旋转。

4.1.5 CAM制备

9日龄鸡胚进行照蛋检查，在蛋壳表面标记气室位置；用牙科锯齿弯镊剥去带标记的蛋壳部分，暴露白色蛋膜，应小心操作不破坏蛋膜完整性。用吸管滴加几mL 0.9%氯化钠(NaCl)溶液使蛋膜湿润，此时可立即进行下一步操作，否则应将鸡胚置于孵化器或灯光下(防止鸡胚温度降低)，放置时间不应超过20 min。将0.99%氯化钠溶液倾出。小心用镊子去除内膜，保证血管膜不受损。此时应再次观察血管系统的结构，并对其完整性和是否适宜用于试验做出判断。

4.2 材料与设备

4.2.1 去离子水/双蒸水。

4.2.2 玻璃器皿：锥形瓶、小烧杯。

4.2.3 pH计或pH试纸。

4.2.4 解剖器具：牙科用锯齿弯镊刀或尖头镊。

4.2.5 微量加样器及一次性适配吸头。

4.2.6 微量电动组织匀浆器：用于受试物研磨。

4.2.7 电子计时器。

4.2.8 冷光源。

4.2.9 带自动转盘的孵化器。

4.2.10 照蛋器(光源)。

4.2.11 体视显微镜。

4.3 受试物及制备

4.3.1 液体受试物

透明液体受试物应以原液未稀释的形式用反应时间法进行试验；不透明液体受试物(混浊和有色的悬浮液体)应采用终点评估法进行试验；不透明的浑浊液体受试物可用适当溶剂溶解/稀释成为最高浓度透明溶液，采用反应时间法进行试验。

4.3.2 固体受试物

固体受试物应采用终点评估法进行试验；膏状，微粒状或颗粒样受试物或产品应以原样进行试验而无需稀释：固体受试物试验前应研磨成细微的颗粒（粉状），粉状受试物在刻度容器中（如微量离心管）经轻挤压后体积为 0.3 mL。如有必要对受试物进行稀释，可用 0.9%氯化钠或橄榄油（花生油）作为稀释剂。不同稀释剂/介质的使用应当证明是合理的。稀释液的制备应与试验在同一天进行。如受试物为膏状物，应将受试物涂布于塑料薄膜（如封口膜）表面成薄层，再将其覆盖于 CAM 膜上使受试物与 CAM 膜直接接触，作用时间结束后去除薄膜。固体受试物可用蒸馏水溶解，以最大溶解度透明溶液采用反应时间法进行试验。

4.4 对照物及制备

4.4.1 阴性对照

通常选用质量浓度为 0.9%的氯化钠溶液，用于受试物作用后冲洗和阴性对照。每次受试物测试均应设置 0.9%氯化钠的阴性对照，确保试验条件不会导致刺激性反应出现。

4.4.2 溶剂对照

如果受试物用橄榄油（花生油）进行稀释，那么试验应设置橄榄油（花生油）为溶剂对照。如果使用除 0.9%氯化钠或橄榄油（花生油）以外的其他溶剂或载体，则选择这种溶剂/载体作为对照物质。

4.4.3 阳性对照

每次试验都应设置一个已知眼刺激物，如果检测试验只是用于鉴定腐蚀性或严重刺激性物质，则阳性对照物应当是一种在体内与 HET-CAM 都能够产生严重反应的物质，如 1% SDS、0.1 mol/L 氢氧化钠。为了评估受试物眼刺激性的严重程度，也可选用反应变化过程不过于剧烈的阳性物质为对照，如不同浓度的乙酸。阳性对照物的选择应当基于有效、可信的体内试验资料。

4.4.4 基准物质对照

基准对照的设置主要用于证明试验方法的有效性，特别是用于检查每批鸡胚的反应性，检测浑浊受试物、分类比较特殊的受试物、具有特殊眼刺激反应的受试物，或评价一种眼刺激物的相对刺激能力等情况下。基准对照物质应当具有以下特性：稳定可靠的来源、结构和功能与受试物的化学分类相似、物理/化学特性已知、体内兔眼试验效应已知、预期反应的程度已知。推荐选用基准阳性参考物质为脂肪醇醚硫酸钠盐混合物（Texapon ASV：sodium magnesium laury-myristyl-6-ethoxy-sulphate）。

5 试验过程

5.1 预试验

5.1.1 预试验目的

确定受试物是否适合用本方法试验，及确定正式试验是采用反应时间法或终点评价法进行试验，见附录 A。

5.1.2 预试验过程

预试验用 3 只鸡胚，取 0.3 mL 未稀释的液体受试物，固体受试物的使用量应确保覆盖至少 50%的 CAM 表面。受试物作用后立即观察 CAM 反应情况至 5 min 止，记录观察结果。如果为固体或浑浊液体受试物，作用一定时间后（如 3 min），用生理盐水冲洗，记录观察结果。预试验前应检查每批鸡胚的反应性，每次至少用 2 只鸡胚进行测试，作用时间限定 5 min 内。参考浓度为：0.5% Texapon ASV 产生轻度出血和弱的血管融解；1.0% Texapon ASV 产生中度出血和中等血管融解；5.0% Texapon ASV 产生重度出血和血管融解。

5.1.3 受试物局限性

如果预试验结果表明受试物的物理特性，既不能用反应时间法也不能用终点评估法进行试验，则正式试验不必进行，这些情况包括：对血管具有药理作用的血管活性物质；对 CAM 具有不可逆染色作用的染料；对 CAM 膜具有粘附作用的粘性物质。

5.2 正式试验

5.2.1 试验分组

每组至少6只胚，如果需要，还应另外设置阳性物质(基准物质)和溶剂/载体对照各1只鸡胚。

5.2.2 反应时间法

用于透明液体受试物。对浑浊液或固体受试物的检测，可选用适当溶剂溶解/稀释的最高浓度透明溶液进行试验。取上述透明液体0.3 mL直接滴加于CAM表面，观察CAM反应情况，并记录作用5 min内每种毒性效应出现的时间。

5.2.3 终点评价法

用于微粒状、颗粒状、膏状等固体和浑浊液体受试物的检测。取0.3 mL经挤压的固体、微粒或颗粒物(已经研磨成微细颗粒)直接作用于CAM，确保至少50%的CAM表面被受试物覆盖，或直接将涂布膏状物的薄膜与CAM膜接触。作用3 min后，用生理盐水轻轻冲洗CAM膜上的受试物，冲洗操作可能很快将CAM膜上轻度的出血变化掩盖，因此应在30 s冲洗完成后观察结果，观察每种毒性效应变化的程度。如果观察表明全部6只鸡胚至少1种反应的评分为中度以上(总评分≥12)，试验应重复一次。为进一步了解固体和浑浊性刺激性物质在溶解状态下的刺激特性，以受试物在水中的最高溶解度的透明溶液重复一次试验，用反应时间法进行评价。最终结果评价应以未稀释的受试物原剂型采用终点评法为准。

5.3 结果观察

5.3.1 出血

指血液从CAM的血管和(或)毛细血管流出，出血可以表现为多种形式，如以菜花状、平滑状、弥散的纱状或点状出血(由于血液从血管膜的不同区域有选择性的流出所致)；根据严重程度不同，对出血进行分级和记分。

a) 无出血(0分)；
b) 轻度出血(1分)：仅见细小血管出血和少量出血(如0.5% Texapon ASV，作用5 min)；
c) 中度出血(2分)：小血管和大血管出血，并有明显量的血液流出(如1.0% Texapon ASV，作用5 min)；
d) 重度出血(3分)：几乎所有血管都出血，大量血液流出(如5% Texapon ASV，作用5 min)。

应当注意，出血可能是短暂的，前30秒观察到的大量出血可能会覆盖随后发生的出血反应。

5.3.2 凝血

指血管内和血管外蛋白的变性，通常仅见于大和中等大的血管，不包括毛细血管发生的变化。血栓：即血管内凝血，因不同原因引起的血管内血流的中断，如血管压力的改变、管壁肿胀等，表现为血管内深色的凝血点。血管外凝血：可表现为血管外深色的凝血点；还可表现为浑浊(不透明)，出现于膜的全部或一部分，可能是近似于乳白色薄纱样，或者呈乳浊状。需要仔细检查不要将凝血与受试物在水溶液中理化性质的变化相混淆(如形成胶体、沉淀等)。按严重程度不同对凝血分级和记分：

a) 无凝血(0分)；
b) 轻度凝血(1分)：血管内和(或)血管外轻度凝血，和(或)CAM膜轻度浑浊(轻度凝血如0.2%氢氧化钠作用5 min，轻度浑浊如0.3%乙酸作用5 min)；
c) 中度凝血(2分)：血管内和(或)血管外中度凝血，和(或)CAM膜中度浑浊(中度凝血如0.3%氢氧化钠作用5 min，中度浑浊如3%乙酸作用5 min)；
d) 重度凝血(3分)：血管内和(或)血管外重度凝血，和(或)CAM膜重度浑浊(重度凝血如0.5%氢氧化钠作用5 min，重度浑浊如30%乙酸作用5 min)。

5.3.3 血管融解

指CAM膜上血管消失，可能是由于出血、血管壁张力变化等多因素变化所致。按严重程度不同对血融解分级和记分：

a) 无血管融解(0 分);

b) 轻度血管融解(1 分):仅小血管融解(如 0.5% Texapon ASV,作用 5 min);

c) 中度血管融解(2 分):小血管和大血管融解(如 1% Texapon ASV,作用 5 min);

d) 重度血管融解(3 分):大血管和全部血管树都融解(如 5% Texapon ASV,作用 5 min)。

5.3.4 要求

观察并记录出血、凝血和血管融解出现的时间和毒性效应变化的程度,精确到秒。其他 CAM 变化信息的收集对于进一步分析和回顾性研究非常有用。必要时应拍照并保存试验图片,并将观察结果与实验室历史资料或有关参考图片作对比。

6 结果和报告

6.1 刺激评分法(irritation score,IS)

采用反应时间法进行的试验,应用式(1)计算刺激评分(IS),结果保留小数点后两位:

$$IS = \frac{(301 - \sec H) \times 5}{300} + \frac{(301 - \sec L) \times 7}{300} + \frac{(301 - \sec C) \times 9}{300} \quad \cdots\cdots\cdots\cdots\cdots (1)$$

式中:

sec H(出血时间 hemorrhage time)——CAM 膜上观察到开始发生出血的平均时间,单位为秒(s);

sec L(血管融解时间 vessel lysis time)——CAM 膜上观察到开始发生血管融解的平均时间,单位为秒(s);

sec C(凝血时间 coagulation time)——CAM 膜上观察到开始出现凝血的平均时间,单位为秒(s)。

根据计算的 IS 数值按表 1 对受试物眼刺激性进行分类。

表 1 刺激评分法结果评价

刺激评分	刺激性分类
IS<1	无刺激性
1≤IS<5	轻刺激性
5≤IS<9	中度刺激性
IS≥10	强刺激性/腐蚀性

6.2 终点评分法(end point score,ES)

采用终点评价法进行的试验,应计算终点评分(ES),结果保留小数点后两位:每只鸡胚记分=每只鸡胚观察到的出血、凝血和血管融解程度的和;ES=6 只鸡胚得分的数学总和的平均值。根据 ES 数值按表 2 对受试物眼刺激性进行分类。

表 2 终点评分法结果评价

终点评分	刺激性分类
ES≤12	无/轻刺激性
12<ES<16	中度刺激性
ES≥16	强刺激性/腐蚀性

6.3 试验可接受标准

如果试验设定的阴性对照和阳性对照产生的反应结果正好分别在非刺激性和强刺激性的分类范围内,则认为试验结果是可接受的。历史对照研究表明,采用 0.9%氯化钠作为阴性对照,IS 的值是 0.0。采用 1% SDS 和 0.1 mol/L 氢氧化钠作为阳性对照,IS 值的范围在 10 到 19 之间。

6.4 试验报告

试验报告模式见附录 B,应包括以下内容:

a) 受试物及制备：包括受试物名称、登记号、纯度与组成、理化特性、试验前处理、溶剂/赋形剂使用、阳性对照和参考物质等；
b) 试验条件：包括鸡胚品系、日龄、来源、质量证明、培养条件等；
c) 试验方法：包括预试验过程和结果、试验方法选择理由、试验可接受的标准、试验过程描述等；
d) 试验结果：包括每个样品的试验数据、其他观察结果描述，必要的试验图片等；
e) 结果讨论。

附　录　A
（规范性附录）
鸡胚绒毛尿囊膜试验程序

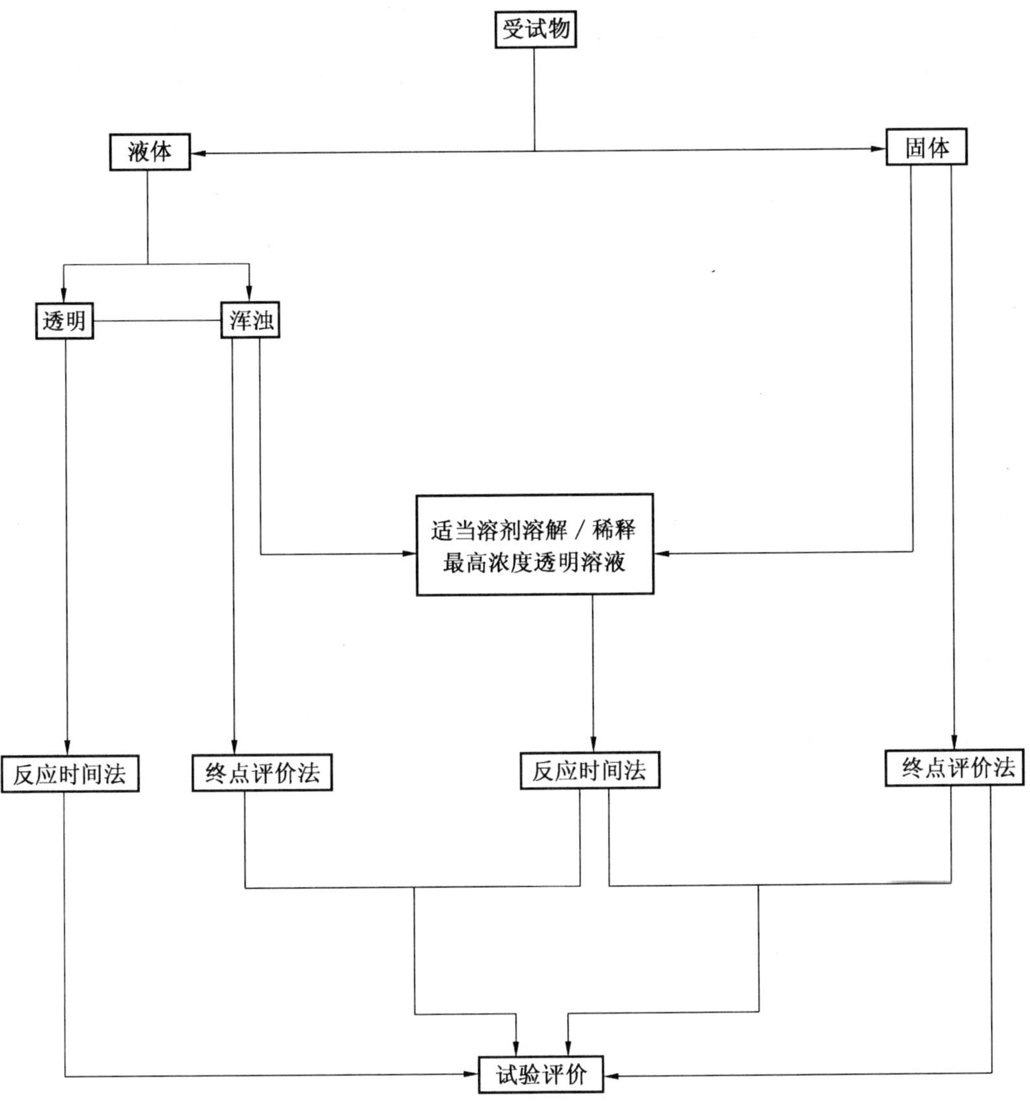

图 A.1　鸡胚绒毛尿囊膜试验程序

附 录 B
（规范性附录）
试验记录表

表 B.1 鸡胚绒毛尿囊膜试验记录表

<table>
<tr><td colspan="9">受试物</td></tr>
<tr><td colspan="7">名称：</td><td colspan="2">CAS 编号(如已知)：</td></tr>
<tr><td colspan="7">纯度：纯物质（ ）混合物（ ）</td><td colspan="2">分子量：</td></tr>
<tr><td colspan="9">受试物描述：透明液体（ ） 浑浊液（ ） 固体颗粒（ ） 颜色（ ） 其他（ ）</td></tr>
<tr><td colspan="9">受试物剂型：粉状（ ）膏状（ ）液态（ ）其他（ ）</td></tr>
<tr><td colspan="9">贮存条件(√)： 低温冻存（ ） 冰箱（ ） 室温（ ） 暗处（ ）</td></tr>
<tr><td colspan="9">贮存期限(如已知)：</td></tr>
<tr><td colspan="9">受试物制备</td></tr>
<tr><td colspan="7">溶剂名称(如使用)：</td><td colspan="2">溶剂百分比(体积分数)：</td></tr>
<tr><td colspan="9">受试物处理：研磨（ ）稀释（ ）溶解（ ）其他（ ）</td></tr>
<tr><td colspan="9">辅助溶解方法(√)： 磁力搅拌（ ） 超声波（ ） 旋涡混匀（ ） 加热至 ____℃（ ）</td></tr>
<tr><td colspan="7">最高浓度透明溶液：</td><td colspan="2">pH 值(最高浓度测定)</td></tr>
<tr><td colspan="9">鸡胚</td></tr>
<tr><td colspan="7">品系：莱杭（ ）星杂（ ）其他（ ）</td><td colspan="2">供应商：</td></tr>
<tr><td colspan="7">日龄(d)：</td><td colspan="2">合格证编号：</td></tr>
<tr><td colspan="9">试验条件</td></tr>
<tr><td colspan="9">室温： 相对湿度： 孵箱温度： 相对湿度：</td></tr>
<tr><td colspan="9">作用时间： 冲洗时间：</td></tr>
<tr><td colspan="9">预试验结论：</td></tr>
<tr><td colspan="9">试验接受标准(√)</td></tr>
<tr><td colspan="4">阴性对照：</td><td colspan="2">IS 值＝</td><td>ES 值＝</td><td>接受（ ）</td><td>拒绝（ ）</td></tr>
<tr><td colspan="4">阳性对照：</td><td colspan="2">IS 值＝</td><td>ES 值＝</td><td>接受（ ）</td><td>拒绝（ ）</td></tr>
<tr><td colspan="4">参考物质对照：</td><td colspan="2">IS 值＝</td><td>ES 值＝</td><td>接受（ ）</td><td>拒绝（ ）</td></tr>
<tr><td colspan="9">阳性对照物及历史数据：</td></tr>
<tr><td colspan="9">试验结果</td></tr>
<tr><td rowspan="2">鸡胚编号</td><td colspan="2">出血</td><td colspan="2">血管融解</td><td colspan="2">凝血</td><td colspan="2">受试物实验记录编号________</td></tr>
<tr><td>Sec H</td><td>程度</td><td>Sec L</td><td>程度</td><td>Sec C</td><td>程度</td><td colspan="2" rowspan="4">时间反应法：
IS＝
终点评估法：
ES＝</td></tr>
<tr><td>1</td><td colspan="6"></td></tr>
<tr><td>2</td><td colspan="6"></td></tr>
<tr><td>3</td><td colspan="6"></td></tr>
<tr><td>4</td><td colspan="6"></td><td colspan="2" rowspan="3">结果评价：</td></tr>
<tr><td>5</td><td colspan="6"></td></tr>
<tr><td>6</td><td colspan="6"></td></tr>
<tr><td colspan="7">签名：</td><td colspan="2">日期：</td></tr>
</table>

中华人民共和国出入境检验检疫行业标准

SN/T 2330—2009

化妆品胚胎和发育毒性的小鼠胚胎干细胞试验

Cosmetics embryotoxicity and developmental toxicity of mice embryonic stem cell test

2009-07-07 发布　　　　2010-01-16 实施

中华人民共和国国家质量监督检验检疫总局 发布

前　　言

本标准的附录A、附录B、附录C、附录D为资料性附录，附录E为规范性附录。

本标准由国家认证认可监督管理委员会提出并归口。

本标准起草单位：中华人民共和国广东出入境检验检疫局、中山大学。

本标准主要起草人：程树军、项鹏、焦红、陈蕊、秦瑶、温巧玲、许崇辉、潘芳。

本标准系首次发布的出入境检验检疫行业标准。

化妆品胚胎和发育毒性的小鼠胚胎干细胞试验

1 范围

本标准规定了化妆品胚胎和发育毒性小鼠胚胎干细胞试验的试验原理、试验准备、试验方法、结果和报告。

本标准适用于化妆品原料/化学品潜在胚胎毒性的筛选和检测。

本标准为胚胎和发育毒性的动物试验的替代方法之一，结合其他替代试验或动物试验用于化学物质毒性的整体评价。

本标准也可供制药、农业、工业化学物质、食品添加剂和其他污染物胚胎和发育毒性试验的参考。

2 术语和定义

下列术语和定义适用于本标准。

2.1

胚胎干细胞　embryonic stem cells，ES

来源于胚胎内细胞团或原始生殖细胞，能无限分裂并保持未分化状态，具有向胚胎三个胚层来源的所有细胞分化的能力。

2.2

胚胎体　embryoid bodies，Ebs

在体外培养环境中，胚胎干细胞培养体系中撤除抑制细胞分化的因子，胚胎干细胞就会失去保持未分化状态的能力，可以自发形成多细胞结构，即胚胎体，胚胎体中含有内胚层、中胚层和外胚层 3 个胚层的细胞。

2.3

分化　differentiation

分化是一个过程。在分化的过程中，细胞内一些特定的基因开始表达，而其他基因并不表达，从而一个非特化的细胞特化成为一个具有特殊结构并执行一定功能的细胞。

2.4

成纤维细胞　fibroblast

是疏松结缔组织的主要细胞成分，细胞呈梭形或扁的星状，具有突起，细胞的形态结构可随其功能状态的不同而改变。

2.5

胚胎毒性　embryotoxicity

外源性化学物直接或间接地作用于胚胎产生胚胎毒作用，表现为妊娠着床前早期或着床后阶段胚胎的自动丢失，如吸收、流产、死胎和整个胚胎或器官和系统生长发育迟缓等。

2.6

小鼠白血病抑制因子　mice leuckemia inhibitory factor，mLIF

用于维持小鼠胚胎干细胞增殖和未分化的状态的一类生长因子。

2.7

悬滴培养　hanging drop method

用于诱导胚胎干细胞分化为胚胎体样结构的一种细胞培养方法，以观察细胞生长和发育过程。

2.8

半数抑制浓度　ID_{50}

抑制 ES 细胞分化为心肌细胞 50%的受试物浓度。

2.9

胚胎干细胞半数致死浓度　IC_{50} ES

ES 细胞生长和活力抑制 50%的受试物浓度。

2.10

成纤维细胞半数致死浓度　IC_{50} 3T3

3T3 成纤维细胞生长和活力抑制 50%的受试物浓度。

3　试验原理

胚胎毒性试验或用妊娠动物在体内进行，或用培养的胚胎以及来自妊娠动物的胚胎组织或细胞在体外进行。这几种体内和体外试验必须以牺牲动物为代价。本试验基于胚胎毒性作用中最重要的指标，即受试物对胚胎和成体组织的毒性损伤存在敏感性差异，这种差异与分化的抑制程度密切相关，胚胎干细胞(ES)对毒性物质的反应比成体细胞更为敏感。本试验采用两个永生化的小鼠细胞系：mES 为小鼠胚胎干细胞，代表胚胎组织；3T3 为成纤维细胞，代表成体组织。mES 细胞在白血病抑制因子(mLIF)存在的情况下能保持未分化状态，在适当条件下 ES 细胞具有形成胚胎体和分化成主要的胚胎组织的能力。通过评价抑制胚胎干细胞分化的能力和抑制 ES、3T3 细胞生长的能力，预测受试物的潜在胚胎毒性。

4　试验材料

除另有规定外，所有试剂均为分析纯，水为重蒸水或超纯水，试剂最好选用进口试剂。

4.1　细胞

4.1.1　胎鼠成纤维细胞(Balb/c 3T3 细胞)：来源于 Balb/c 小鼠，最好来源于美国标准生物品收藏中心(American Type Culture Collection，ATCC)。

4.1.2　小鼠 ES 细胞(mES)：推荐 ES D3 细胞系，来源于 129 小鼠，最好来源于 ATCC(No. CRL1934)；如有充分证明，也可使用其他细胞系，如 E14Tg2A(ATCC No. CRL1821)。欧洲细胞培养物保藏中心(European Collection of Cell Cultures，ECACC)。

4.2　细胞培养基制备

4.2.1　3T3 常规培养基/检测培养基：10%胎牛血清(FCS)、4 mmol/L L-谷氨酰胺、50 U/mL 青霉素、50 μg/mL 链霉素。

4.2.2　3T3 冻存培养基：20%FCS、4 mmol/L L-谷氨酰胺、50 U/mL 青霉素、50 μg/mL 链霉素、10% DMSO。

4.2.3　mES 完全培养基：20%FCS、2 mmol/L L-谷氨酰胺、50 U/mL 青霉素、50 μg/mL 链霉素、1% NAA、0.1 mmol/L β-巯基乙醇、1 000 U/mL mLIF，4 ℃保存不超 2 周，用于 ES 细胞维持未分化状态。

4.2.4　mES 检测培养基：20%FCS、2 mmol/L L-谷氨酰胺、50 U/mL 青霉素、50 μg/mL 链霉素、1% NAA、0.1 mmol/L β-巯基乙醇。

4.2.5　mES 冻存培养基：40%FCS、2 mmol/L L-谷氨酰胺、50 U/mL 青霉素、50 μg/mL 链霉素、1% NAA、0.1 mmol/L 巯基乙醇、10%DMSO。

4.3　试验试剂

4.3.1　H-DMEM：高糖 DMEM，推荐 Gibco 公司或 HyClone 公司的产品。

4.3.2　L-谷氨酰胺。

4.3.3　胎牛血清(FCS)：56 ℃加热灭活 30 min。

4.3.4 小牛血清：56 ℃加热灭活 30 min。

4.3.5 胰酶/EDTA(Trypsin/EDTA)：配成 0.25%。

4.3.6 青霉素/链霉素双抗：青霉素(100 U/mL)，链霉素(100 μg/mL)。

4.3.7 二甲基亚砜(DMSO)：用于非水溶性化学品溶剂，或用于冻存细胞。

4.3.8 非必须氨基酸(Non essential amino acids，NAA)。

4.3.9 β-巯基乙醇(β-mercaptoethanol，β-ME)：工作液浓度为 10 mmol/L，可用 PBS 配制，4 ℃下可保存 1 周。

4.3.10 小鼠白血病抑制因子(mLIF)：原液浓度为 10^6 U/mL 的 mLIF，－20 ℃保存，融解后保存在 4 ℃，可保持活性约 1 年；原液浓度为 10^7 U/mL 的 mLIF，可用 PBS(含 1% BSA)或培养基按 1∶10 稀释后保存在－20 ℃或 4 ℃。

4.3.11 噻唑蓝，3-(4，5-dimethyl-2-thiazolyl)-2，5-diphenyl-2H-tetrazolium bromide，MTT。

4.3.12 异丙醇(isopropanol 或 propan-2-o1)。

4.3.13 十二烷基硫酸钠(SDS)，又称月桂基硫酸钠(SLS)：用水配成 20%储存液，室温保存。

4.3.14 磷酸缓冲液(D-PBS)：无 Ca^{2+} 和 Mg^{2+}，保存于室温或 4 ℃冰箱中。

4.3.15 5-氟尿嘧啶(5-fluorouracil，5-FU)：阳性对照物，以 D-PBS 配制，按终浓度 2 mg/mL 分装保存于－20 ℃。

4.3.16 青霉素 G：阴性对照物，以终浓度 1 000 U/mL 分装保存于－20 ℃。

4.3.17 牛血清白蛋白(BSA)：组织培养用。

4.3.18 台盼蓝：配制成 10 mg/mL 水溶液。

4.3.19 超纯水。

4.3.20 无水乙醇。

4.4 MTT 溶液

4.4.1 MTT 贮存液：通常使用的浓度为 5 mg/mL。称取 MTT 0.5 g，溶于 100 mL 的磷酸缓冲液(PBS)，用 0.22 μm 滤膜过滤除菌，4 ℃避光保存。在配制和保存的过程中，容器最好用铝箔纸包裹。需注意，MTT 法只能用来检测细胞相对数量和相对活力，但不能测定细胞绝对数。在用酶标仪检测结果的时候，为了保证实验结果的线性，MTT 吸光度最好在 0～0.7 范围内。

4.4.2 MTT 解吸液：3.49 mL 20%的 SDS 贮存液与 96.51 mL 异丙醇混合，使用前新鲜配制，如出现沉淀温育至 37 ℃。

4.5 耗材

4.5.1 培养瓶：25 cm^2 和 75 cm^2，用于常规培养。

4.5.2 培养皿：60×15 mm 和 100×20 mm，用于细胞常规培养和悬滴培养。

4.5.3 96 孔平底组织培养微孔板。

4.5.4 24 孔组织培养板。

4.5.5 2 mL 细胞冻存管。

4.5.6 0.22 μm 微孔滤膜。

4.5.7 不透光管(light tight tubes)或铝薄纸遮蔽管(wrap tubes)：用于光敏性物质溶液的配制。

4.5.8 封口膜：用于封闭 96 孔板，防止化学物质挥发，如 Dynatech 公司(Cat No. M 30)。

4.6 仪器和设备

4.6.1 培养箱：温度 37 ℃±1 ℃，相对湿度 90%±5%，5%±1%CO_2。

4.6.2 层流洁净柜(生物安全标准)。

4.6.3 恒温水浴箱：温度 37 ℃±1 ℃。

4.6.4 倒置相差显微镜。

4.6.5 电子天平(精确到 0.001)。

4.6.6 96-孔板分光光度计(酶标仪)。
4.6.7 移液器:单通道或多通道移液器。
4.6.8 微孔板摇床。
4.6.9 细胞计数仪或血球计数器。
4.6.10 离心机(最好配有微孔板转子)。

5 试验过程

5.1 受试物溶液的制备

5.1.1 溶剂

参照附录A把受试物溶解在合适的溶剂中。所选择的溶剂其浓度不能具有细胞毒性和对细胞分化有任何影响,且该浓度在试验过程中应始终保持一致。各溶剂推荐的最高浓度DMSO为0.25%,乙醇为0.5%。

5.1.2 预试验受试物浓度范围的设置

以受试物的最高溶解浓度和无细胞毒性的最高溶剂浓度作为最高试验浓度,推荐采用2倍系列稀释法制备受试物浓度。

5.1.3 正式试验受试物浓度范围的设置

以10进制几何浓度序列稀释法,在梯度为1.2~3之间,按5.1.2"预试验"中确定的剂量-反应关系范围,以较小的稀释倍数制备6个~8个试验浓度。如稀释因子2.15($=\sqrt[3]{10}$)将一个log单位分成等距离的3个间隔。稀释因子1.78($=\sqrt[4]{10}$)将一个log单位分成等距离的4个间隔。稀释因子1.47($=\sqrt[6]{10}$)将一个log单位分成等距离的6个间隔。稀释因子1.21($=\sqrt[12]{10}$)将一个log单位分成等距离的12个间隔。以因子1.47作为例子。加入0.47体积的稀释液稀释1体积最高浓度的溶液,混合均匀,取一体积此溶液加入0.47体积的稀释液,依次同样操作6次,即可得到以1.47为稀释因子的十进制序列稀释液。正式试验应设1个浓度的阳性对照物质(见5.3.3)。

5.1.4 注意事项

受试物制备应注意以下几点:

a) 任何化学物质的最大试验浓度是1 000 μg/mL;
b) 不要使用mES完全培养基制备受试物贮存液,因为血清蛋白质、受试物或其他成分可能在反复冻融中出现沉淀;
c) 提前制备贮存液,包括阳性对照物5-氟尿嘧啶、双抗、阴性对照物青霉素G等可以冻存于−20 ℃;
d) 强酸和强碱化学物质可能影响培养基的缓冲能力,因此受试物溶解后,应目测检查最高浓度受试物培养基的pH值,如变紫或浅黄(pH>8或pH<6.5),表明培养基缓冲能力下降,贮存液应用0.1 mol/L氢氧化钠或0.1 mol/L盐酸中和;
e) 受试物如对光线敏感,应避免长时间曝露于光线(如显微镜)下,应在更换培养基前在显微镜下观察细胞。采用不透光管或铝薄包裹的遮蔽管配制溶液;
f) 对挥发性受试物,应在受试物处理完培养板后,立即用可透过CO_2但不能透过挥发性受试物的封口膜覆盖后再盖上板盖;
g) 对未知受试物进行细胞毒性试验(见5.3)前,应测定含最高受试物浓度的检测用培养基(方法:加20 μL MTT液于200 μL。含最高受试物浓度的检测用培养基中,37 ℃、5%CO_2孵育2 h)在550 nm~570 nm处的绝对光密度($OD_{550-570}$)值,以排除化学物可能与MTT发生的化学反应。测得的OD值应>0.05。如OD值小于此值,而且所代表的浓度恰好在预期的IC_{50}范围内,那么在试验的第10 d,加MTT前,应把培养板上除空白外的所有培养孔中的培养基换成不含受试物的检测用培养基。

5.2 mES 细胞分化能力检测

5.2.1 mES 细胞悬液制备

mES 细胞的维持培养参见附录 B。为防止 mES 细胞贴壁，用 60 mm 培养皿制备浓度约为 3.75×10^4 个细胞/mL 的 mES 细胞悬液。用台盼蓝染色法检查 mES 细胞的细胞活力，如活力≥90%则细胞用于试验。试验过程中应不断轻微晃动细胞以保持细胞处于悬浮状态，并尽可能缩短培养箱外停留时间。

5.2.2 试验程序(参见附录 C)

5.2.2.1 第一步(第 0 天)：悬滴培养，mES 细胞集落形成

根据 5.1 的方法将受试物溶于适当溶剂(如 mES 检测培养基)中，制备不同浓度的受试物溶液(每个浓度用一个培养皿)。然后加入制备好的 mES 细胞悬液，浓度为 3.75×10^4 个细胞/mL。用移液器吸取 20 μL 含一定测试化学物的细胞悬液(约 750 个细胞)于 100×20 mm 组织培养皿的盖子内，每个盖子加 50 滴～80 滴，每个浓度的化学物用一个培养皿盖，空白对照组(mES 检测培养基)和溶剂对照组也一样。小心翻转盖子于正常位置，培养皿中加 5 mL PBS。CO_2 培养箱悬滴培养 3 d。

5.2.2.2 第二步(第 3 天)：细胞悬浮培养，胚胎体形成

制备不同浓度的受试物溶液，每一个浓度的测试化学物、空白对照(mES 检测培养基)、溶剂对照分别各自使用一个培养皿。吸取 5 mL 含适当浓度受试物的培养基或溶剂于“悬滴”培养皿盖中，将培养盖倾斜约 45°以使胚胎体(EBs)滑落底部，用 5 mL 移液器(避免损伤 EBs)轻轻将所有细胞悬液转移至 60 mm 培养皿。注意“悬滴”中的化学物浓度与培养皿中的保持一致。CO_2 培养箱继续培养 2 d。

5.2.2.3 第三步(第 5 天)：24 孔板培养，心肌细胞分化

制备不同浓度的受试物溶液，每一浓度的测试化学物、空白对照和溶剂对照分别各自使用一个 24 孔板。往 24 孔板的各孔中加入 1 mL 同一浓度的测试溶液。用吸头以约 40 μL 体积每孔加 1 个 EBs。注意确保含 EBs 的测试溶液的与培养板孔中的测试溶液浓度一致。CO_2 培养箱培养 5 d。

5.2.3 结果观察

试验第 10 d 时，相差显微镜下仔细观察每个培养板各孔含自主收缩心肌细胞的孔数，并记录。

5.2.4 质量控制

5.2.4.1 一般要求

重复试验至少 1 次(2 次有效试验)，第 2 次试验时，应另外配制试剂。

5.2.4.2 细胞质量控制

分化期末(第 10 d)检查溶剂对照板，如果 24 个 EBs 中至少 21 个已分化为自主收缩的心肌细胞，则试验结果可接受。比较空白对照板数据(mES 检测培养基)和溶剂对照板的数据可确定溶剂对 mES 分化有无影响。如果使用了最高允许浓度的溶剂，则溶剂对照和空白 mES 检测培养基对照都要设置。

5.2.4.3 检测过程的质量控制(阳性对照)

一批新的冻存细胞解冻后和新的化学物测试前，应采用 5 氟尿嘧啶为阳性参照物进行检测过程的质量控制。以 mES 细胞测定 ID_{50} 的值。最终检测浓度是 0.07、0.06、0.05、0.04、0.03 μg/mL 5-FU，从 2 mg/mL PBS 贮备液开始稀释。5-FU ID_{50} 的值应该在 0.048 μg/mL～0.06 μg/mL 的范围内。

5.2.4.4 FCS 的质量控制

每批 FCS 都要在无化学物质下进行分化能力测试，结果应是 24 孔中至少 21 孔出现心肌细胞，并重复 2 次，而且应是在细胞质量良好的情况下进行。完成血清测试后，5-FU 作为阳性对照也应检测至少 2 次。

5.3 mES 和 3T3 细胞毒性检测试验过程

5.3.1 试验程序(参见附录 D)

5.3.1.1 第一步(第 0 天)

mES 细胞和 3T3 细胞的常规培养参见附录 B。mES 细胞和 3T3 细胞的细胞毒性检测采用 96 孔

板，其结构如图1。常规培养制备ES或3T3细胞悬液 1×10^4 个细胞/mL，用多通道移液管加50 μL培养液于96孔板周边各孔，为空白对照，余下各孔加50 μL浓度为 1×10^4 个细胞/mL的细胞悬液，每孔细胞浓度为500细胞/孔。可用台盼蓝染色检查细胞活性，活力>90%可进行试验。5% CO_2 37 ℃孵育2 h，使细胞贴附。2 h后，加150 μL含一定浓度化学物质的检测培养液(试验液)，注意150 μL体积应含1.333×的终化学浓度。加150 μL无化学物的检测培养液于周边空白对照孔，5% CO_2 37 ℃孵育3 d。

	1	2	3	4	5	6	7	8	9	10	11	12
A	b	b	b	b	b	b	b	b	b	b	b	b
B	b	CO	C1	C2	C3	C4	C5	C6	C7	C8	CO	b
C	b	CO	C1	C2	C3	C4	C5	C6	C7	C8	CO	b
D	b	CO	C1	C2	C3	C4	C5	C6	C7	C8	CO	b
E	b	CO	C1	C2	C3	C4	C5	C6	C7	C8	CO	b
F	b	CO	C1	C2	C3	C4	C5	C6	C7	C8	CO	b
G	b	CO	C1	C2	C3	C4	C5	C6	C7	C8	CO	b
H	b	b	b	b	b	b	b	b	b	b	b	b

CO——溶剂对照；

b——空白(检测培养液)；

$C_1\sim C_8$——八个浓度的受试物(C_1：最高浓度，C_8：最低浓度)。

注：当进行质量控制时(见5.3.3.2)，$C_1\sim C_8$ 则为不同浓度的阳性对照，空白对照为1 000 U/mL青霉素G。

图1 96细胞毒性试验溶液分布图

5.3.1.2 第二步(第3天)

用多通道移液管吸出试验溶液(除周边空白对照孔)，注意不要破坏孔底的细胞层，加200 μL新制备的试验液(终浓度同第0天)。5% CO_2 37 ℃继续培养2 d。

5.3.1.3 第三步(第5天)

用通道移液管吸出试验溶液，加200 μL新的试验溶液(每孔终浓度与0 d相同)，再培养5 d。第10 d检测细胞抑制情况。

5.3.2 结果观察

5.3.2.1 显微镜检查

相差显微镜下观察细胞，记录由于受试物的细胞毒性作用引起的形态变化，同时用来排除实验误差，镜检细胞毒性并不作为本试验的检测终点。

5.3.2.2 MTT测定

加20 μL MTT(5 mg/mL)于培养板上所有孔中，37 ℃孵育2 h；2 h后，小心倾倒或用吸管吸出MTT液，将板翻转置于吸水纸上1 min；每孔准确加130 μL温至37 ℃的MTT解吸液；在微孔板摇床上完全摇动微孔板15 min以溶解蓝色偶氮，直到溶液清亮无碎片，如果孵育后集聚仍存在，在测定吸光度之前，可用多通道移液器上下反复吹打，使沉淀重悬；酶标仪测定溶液在550 nm~570 nm的吸光度。

5.3.3 质量控制

5.3.3.1 细胞质量控制

试验第10天，MTT检测后，检查溶剂对照孔的绝对光密度($OD_{550\text{-}570}$)、(96孔板的2和11列)，按照以往资料，应符合下列确认范围：mES ES的 $OD_{550\text{-}570}$，95%置信限范围应在0.15~0.8之间或0.90~1.6之间；3T3细胞的 $OD_{550\text{-}570}$，95%置信限范围应在0.15~0.6之间。

5.3.3.2 检测过程的质量控制(阳性对照)

复苏新的一批冻存细胞和测试新的化学物质前,用5-氟尿嘧啶为阳性对照和青霉素G为阴性对照进行检查过程的质量控制。用于mES和3T3的最高测试浓度是1 μg/mL 5-FU(用PBS制备2 mg/mL贮存液),按2倍稀释成序列,分别测定mES和3T3细胞5-FU的IC_{50}值。mES细胞和3T3细胞5-FU的IC_{50}值的范围分别应该在0.048 μg/mL~0.086 μg/mL之间和是0.12 μg/mL~0.5 μg/mL之间。一个浓度的青霉素G(1 000 U/mL)置于培养板的同一列(3列),青霉素G浓度应该对细胞的活力无影响。每个细胞毒性检测除包括7个稀释度的测试化学物外,还包括1个固定稀释度的阳性对照化学物5-氟尿嘧啶。5-氟尿嘧啶的采用浓度来自mES和3T3细胞的IC_{50}的历史平均值,对于3T3细胞和mES细胞分别是0.29 μg/mL和0.06 μg/mL。在这一浓度下,抑制率应该在20%~80%的范围内。

6 结果和报告

6.1 ID_{50}和IC_{50}的计算

分别计算mES细胞分化抑制50%的受试物浓度(ID_{50})、mES细胞生长抑制50%的受试物浓度(IC_{50} mES)和3T3细胞抑制50%的受试物浓度(IC_{50}3T3)。计算方法可选择概率作图法,x为log、y为概率单位,x轴是测试浓度的对数,y轴是影响作用的百分率。也可选择生物统计方法,模拟浓度-反应曲线更精确的计算出ID_{50}和IC_{50}的值,并计算出这些值的置信区间。推荐用Litchfield & Wilcoxon图解法或Finney(1971)的概率单位分析法。

6.2 毒性终点的计算

6.2.1 mES细胞的分化检测

试验第10天,记录溶剂对照24孔培养板中出现收缩的心肌细胞的孔数,设此数为100%;记录每个给定受试物浓度的24孔培养板中含收缩心肌细胞的孔数;计算与溶剂对照培养板相比的分化抑制率(%);采用电子记录表的形式记录数据。按6.1,计算ID_{50}。

6.2.2 mES和3T3细胞毒性检测

测定空白孔平均OD 550~570的值,并从96孔板所有孔的OD值中除去此值,用于校正培养板的塑料材料对于染料的粘附作用。测定溶剂对照孔的平均OD 550~570值(列:2 B-G和11 B-G),将此值设为100%细胞活性。测定4到10列每列的平均OD值,每一列分别代表测试化学品的一个浓度,用细胞活性占溶剂对照孔的百分率表示。

6.2.3 数据记录

由酶标仪读出的光密度数据(OD 570)直接转换成EXCEL表格(参见附录A),以标准格式保存的数据便于在不同实验室间进行统计比较和验证,而且平均OD值、标准差和活性百分率可以自动计算。

6.3 毒性分类

6.3.1 预测模型(prediction model,PM)

如IC_{50}或ID_{50}的值超过1 000 μg/mL,则试验结果确定为1 000 μg/mL,表明进一步试验的最大浓度将是1 000 μg/mL。而且在判别函数中将检测终点进行了变量转换,即IC_{50} 3T3转变为lg(IC_{50} 3T3),将IC_{50}ES转变为lg(IC_{50} ES),将ID_{50}转变为(IC_{50}3T3-ID_{50})/IC_{50}3T3。

6.3.2 线性判别函数

用式(1)、式(2)、式(3)分别计算线性判别值Ⅰ、Ⅱ、和Ⅲ:

$$\text{I} = 5.916\lg(IC_{50}3T3) + 3.500\lg(IC_{50}ES) - 5.307[(IC_{50}3T3 - ID_{50})/IC_{50}3T3] - 15.27 \qquad (1)$$

$$\text{II} = 3.651\lg(IC_{50}3T3) + 2.394\lg(IC_{50}ES) - 2.033[(IC_{50}3T3 - ID_{50})/IC_{50}3T3] - 6.85 \qquad (2)$$

$$\text{III} = -0.125\lg(IC_{50}3T3) - 1.917\lg(IC_{50}ES) + 1.500[(IC_{50}3T3 - ID_{50})/IC_{50}3T3] - 2.67 \qquad (3)$$

式中：

$IC_{50}ES$——为ES细胞活力抑制50%的受试物浓度，单位为微克每毫升(μg/mL)；

$IC_{50}3T3$——为3T3成纤维细胞活力抑制50%的受试物浓度，单位为微克每毫升(μg/mL)；

ID_{50}——为ES细胞分化为心肌细胞抑制50%的受试物浓度，单位为微克每毫升(μg/mL)。

由式(1)、式(2)、式(3)计算出的数值Ⅰ、Ⅱ和Ⅲ用于6.3.3受试物的毒性分类。

6.3.3 毒性分类标准

如Ⅰ＞Ⅱ，且Ⅰ＞Ⅲ，判断受试物无胚胎毒性；如Ⅱ＞Ⅰ，且Ⅱ＞Ⅲ，判断受试物弱胚胎毒性；如Ⅲ＞Ⅰ，且Ⅲ＞Ⅱ，判断受试物强胚胎毒性。

6.4 试验报告

试验报告模式见附录E，应包括以下内容：

a) 受试物及制备：包括受试物名称、编号、贮存条件、理化特性、溶剂/赋形剂名称和使用、受试物溶解和中和方法等；

b) 细胞及培养条件：包括细胞名称、供应商、传代数，培养条件，培养基名称、供应商和批号，血清名称、等级、供应商、批号等；

c) 试验方法：包括预试验过程和结果，试验可接受标准，试验过程描述等；

d) 试验结果：包括浓度样品的试验数据，计算数据等；

e) 结果解释。

附 录 A
（资料性附录）
受试物溶解液配制试验程序

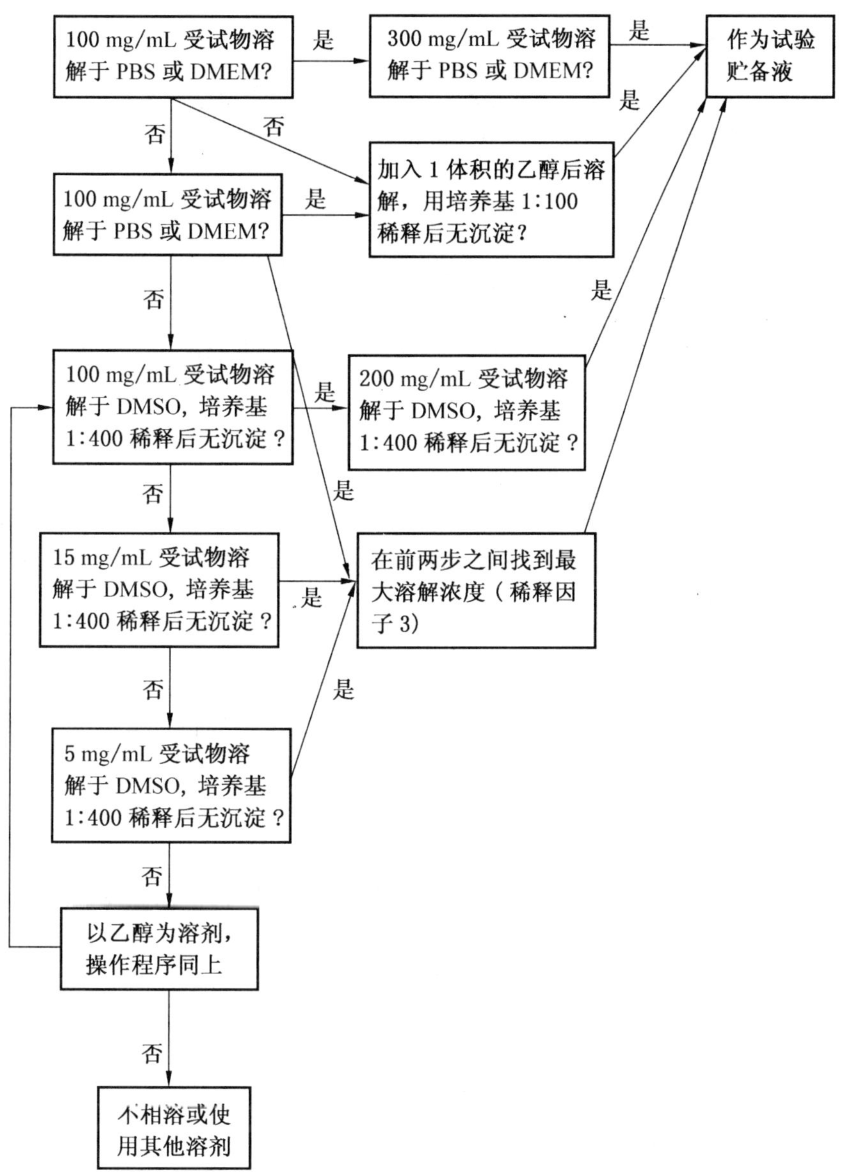

注：用于细胞毒性和分化检测的最高溶剂浓度是：乙醇 0.5％，含 50％乙醇的 PBS 1％，DMSO 0.25％。

图 A.1 受试物溶解液配制试验程序

附 录 B
（资料性附录）
细胞维持和培养程序

B.1 mES 和 Balb/c 3T3 的常规培养

mES 和 Balb/c 3T3 细胞在培养皿或培养瓶中常规培养生长成单层，每天观察细胞生长，记录细胞形态特性和贴壁情况。当细胞接近 80%融合时，可进行胰酶消化操作。

B.2 胰酶消化

吸出培养液，用无 Ca^{2+} 和 Mg^{2+} PBS 冲洗两次，冲洗时轻轻晃动以尽量洗去培养添加物，去除冲洗液。加 1 mL～2 mL 预温的 0.125%胰酶/0.01% EDTA 液于单层细胞，作用几秒；加 6 mL 培养基中止消化；吹打使细胞悬浮；1 000 r/min 离心 3 min～5 min；用培养基重悬细胞。可通过显微镜观察确定中止消化时间。

B.3 细胞计数

离心去除上清和悬浮细胞，加 0.1 mL～0.2 mL 培养基（3T3 用常规培养基，ES 细胞用完全培养基）；轻微吹散细胞使细胞分散；血球计和细胞计数器计数。如准备开始做分化试验，此时 ES 细胞的密度不能低于 1×10^6 细胞/mL。

B.4 传代培养

细胞计数后，可传代培养也可用于检测，mES 和 Balb/c 3T3 细胞以密度约 5×10^4/mL 常规传代，2 d～3 d 传代一次。

B.5 冻存

mES 和 Balb/c 3T3 可保存在无菌、冻存管中，DMSO 为细胞保存剂。胰酶消化细胞离心 200*g* 10 min；弃去上清液，重悬细胞于冻存培养基中，细胞浓度 1×10^6/mL～5×10^6/mL，每支冻存管 1 mL 细胞悬液；冻存速率 1 ℃/min 至－70 ℃；将冻存管投入液氮。

B.6 复苏

将冻存管放入 37 ℃水浴，不超过 1 min；用含培养基重悬细胞，离心去除 DMSO，再用培养基（3T3 用常规培养基，ES 细胞用完全培养基）重悬细胞。37 ℃培养，同 B.1。细胞传 2 代～3 代后用于细胞毒性试验。复苏后细胞传代不能超过 25 代（如每周传 3 代，不超过 2 个月）。

附 录 C
（资料性附录）
mES 细胞分化试验流程

C.1 第一步：悬滴培养，mES 细胞集落形成

制备含不同浓度受试物和 mES 细胞（3.75×10^4/mL）的检测培养基，悬滴细胞培养（每一浓度用一个培养皿，对照组为检测培养基），孵育 3 d，诱导 mES 细胞集落形成。见图 C.1。

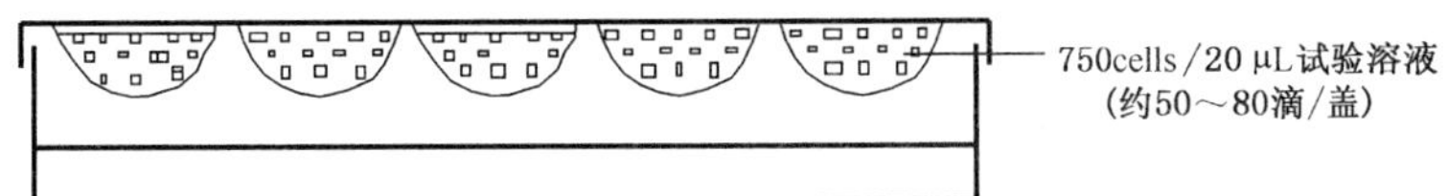

图 C.1 悬滴培养

C.2 第二步：细胞悬浮培养，胚胎体形成

制备含不同浓度受试物和 mES 细胞（3.75×10^4/mL）的检测培养基，细胞悬浮培养（每一浓度用一个培养皿，对照组为检测培养基），孵育 2 d，分化形成胚胎体（EBS）。见图 C.2。

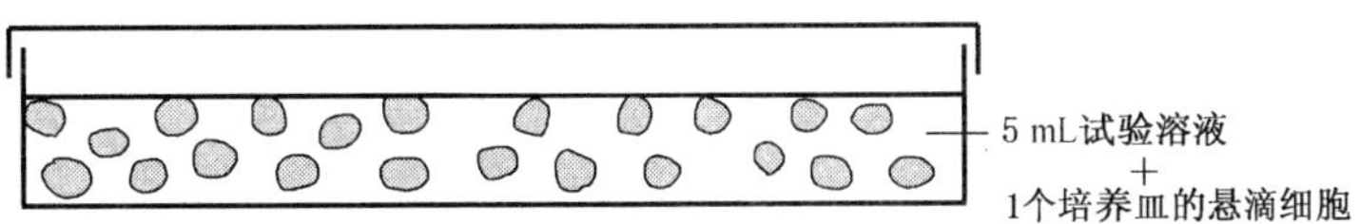

图 C.2 细胞悬浮培养

C.3 第三步：24 孔板培养，心肌细胞分化

制备含不同浓度受试物和 mES 细胞（3.75×10^4/mL）的检测培养基，24 孔板培养（每一浓度用一个 24 孔板，对照组为检测培养基），孵育 5 d，分化形成心肌细胞。见图 C.3。

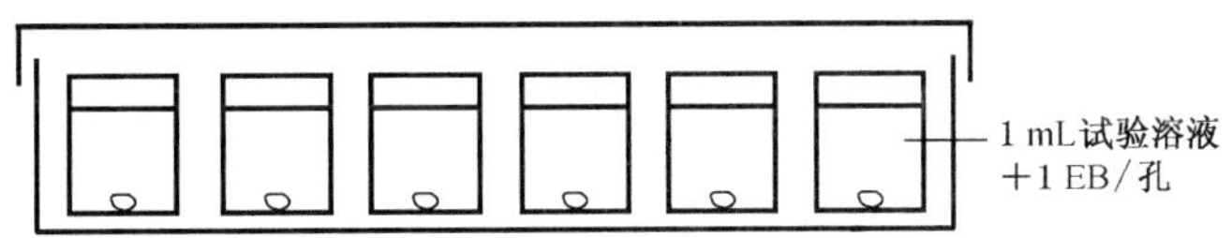

图 C.3 心肌细胞分化

附　录　D
（资料性附录）
mES 细胞和 3T3 细胞毒性试验流程

接种 96 孔板：500 细胞/50 μL 3T3 或 mES 检测培养基/孔

孵育 2 h

第一步

↓

加 150 μL 溶解受试物的 3T3 或 mES 检测培养基(8 个浓度)

(对照组为 3T3 或 mES 检测培养基)

孵育 3 d

↓

去除 3T3 或 mES 检测培养基

第二步

↓

加 200 μL 溶解受试物的 3T3 或 mES 检测培养基(浓度与第一步相同)

(对照组为 3T3 或 mES 检测培养基)

孵育 2 d

↓

去除 3T3 或 mES 检测培养基

第三步

↓

加 200 μL 溶解受试物的 3T3 或 mES 培养基(浓度与第一步相同)

(对照组为 3T3 或 mES 检测培养基)

孵育(5% CO_2 37 ℃)5 d

↓

加 20 μL MTT(5 mg/mL 每孔)

孵育(5% CO_2 37 ℃)2 h

↓

去除 MTT 培养基，加 130 μL MTT 解吸液于各孔

↓

摇动 15 min

↓

测定 570 nm OD 值，参考波长 630 nm

图 D.1　mES 细胞和 3T3 细胞毒性试验流程

附　录　E
（规范性附录）
试验报告记录表

表 E.1　3T3 细胞 MTT 毒性试验记录表

<table>
<tr><td colspan="4">试验说明：</td></tr>
<tr><td colspan="2">试验开始日期</td><td colspan="2">试验完成日期</td></tr>
<tr><td colspan="4">受试物</td></tr>
<tr><td colspan="2">名称(中英文)：</td><td colspan="2">CAS 编号(如已知)：</td></tr>
<tr><td colspan="2">溶剂名称(如使用)：</td><td colspan="2">溶剂百分比(体积分数)：</td></tr>
<tr><td colspan="2">pH 值(最高浓度测定)：</td><td colspan="2">是否中和及中和液：</td></tr>
<tr><td colspan="2">贮备液浓度：</td><td colspan="2">终溶剂浓度：</td></tr>
<tr><td colspan="4">细胞系</td></tr>
<tr><td colspan="2">名称：</td><td colspan="2">来源：</td></tr>
<tr><td colspan="2">供应商：</td><td colspan="2">解冻后传代数：</td></tr>
<tr><td colspan="2">总传代数(如已知)：</td><td colspan="2"></td></tr>
<tr><td colspan="4">细胞培养条件</td></tr>
<tr><td colspan="2">培养基名称：</td><td>供应商：</td><td>批号：</td></tr>
<tr><td colspan="2">血清名称：</td><td>供应商：</td><td>批号：</td></tr>
<tr><td colspan="2">血清浓度：</td><td>生长期______%</td><td>干预期______%</td></tr>
<tr><td colspan="4">试验接受标准(√)</td></tr>
<tr><td>CO：平均绝对 OD560 值</td><td>平均 OD 值＝</td><td>接受(　)</td><td>拒绝(　)</td></tr>
<tr><td>P：同时进行的 5-FU 测试的 IC_{50} 值</td><td>IC_{50} ＝　　　μg/mL</td><td>接受(　)</td><td>拒绝(　)</td></tr>
<tr><td colspan="4">试验结果</td></tr>
<tr><td>化学物浓度/(μg/mL)</td><td>OD560
平均值±标准差</td><td>活力/%
平均值±标准差</td><td>MTT 实验结果</td></tr>
<tr><td>VC＝0</td><td></td><td>100</td><td rowspan="8">$IC_{50\ 3T3}$ ＝　　　　　μg/mL
$\lg(IC_{50\ 3T3})$＝</td></tr>
<tr><td>C1＝</td><td></td><td></td></tr>
<tr><td>C2＝</td><td></td><td></td></tr>
<tr><td>C3＝</td><td></td><td></td></tr>
<tr><td>C4＝</td><td></td><td></td></tr>
<tr><td>C5＝</td><td></td><td></td></tr>
<tr><td>C6＝</td><td></td><td></td></tr>
<tr><td>C7＝</td><td></td><td></td></tr>
<tr><td colspan="2">签名：</td><td colspan="2">日期：</td></tr>
</table>

表 E.2 ES 细胞 MTT 毒性试验记录表

试验说明：			
试验开始日期		试验完成日期	
受试物			
名称（中英文）：		CAS 编号（如已知）：	
溶剂名称（如使用）：		溶剂百分比（体积分数）：	
pH 值（最高浓度测定）：		是否中和及中和液：	
贮备液浓度：		终溶剂浓度：	
细胞系			
名称：		来源：	
供应商：		解冻后传代数：	
总传代数（如已知）：			
细胞培养条件			
培养基名称：		供应商：	批号：
血清名称：		供应商：	批号：
血清浓度：		生长期_____%	干预期_____%
试验接受标准（√）			
CO：平均绝对 OD560 值	平均 OD 值＝	接受（ ）	拒绝（ ）
P：同时进行的 5-FU 测试的 IC_{50} 值	IC_{50} ＝ μg/mL	接受（ ）	拒绝（ ）
阳性对照物及历史数据：			
试验结果			
化学物浓度/（μmol/mL）	OD560 平均值±标准差	活力/% 平均值±标准差	
VC＝0		100	$IC_{50\ ES}$＝ μg/mL lg（$IC_{50\ ES}$）＝
C1＝			
C2＝			
C3＝			
C4＝			
C5＝			
C6＝			
C7＝			
签名：		日期：	

表 E.3　ES 细胞分化试验记录表

<table>
<tr><td colspan="6">试验说明：</td></tr>
<tr><td colspan="3">试验开始日期</td><td colspan="3">试验完成日期</td></tr>
<tr><td colspan="6">受试物</td></tr>
<tr><td colspan="3">名称(中英文)：</td><td colspan="3">CAS 编号(如已知)：</td></tr>
<tr><td colspan="3">溶剂名称(如使用)：</td><td colspan="3">溶剂百分比(体积分数)：</td></tr>
<tr><td colspan="3">pH 值(最高浓度测定)：</td><td colspan="3">是否中和及中和液：</td></tr>
<tr><td colspan="3">贮备液浓度：</td><td colspan="3">终溶剂浓度：</td></tr>
<tr><td colspan="6">细胞系</td></tr>
<tr><td colspan="3">名称：</td><td colspan="3">来源：</td></tr>
<tr><td colspan="3">供应商：</td><td colspan="3">解冻后传代数：</td></tr>
<tr><td colspan="3">总传代数(如已知)：</td><td colspan="3"></td></tr>
<tr><td colspan="6">细胞培养条件</td></tr>
<tr><td colspan="3">培养基名称：</td><td>供应商：</td><td colspan="2">批号：</td></tr>
<tr><td colspan="3">血清名称：</td><td>供应商：</td><td colspan="2">批号：</td></tr>
<tr><td colspan="3">血清浓度：</td><td>生长期______%</td><td colspan="2">干预期______%</td></tr>
<tr><td colspan="6">试验接受标准(√)</td></tr>
<tr><td colspan="2">培养基对照</td><td>平均 OD 值=</td><td>接受(　)</td><td colspan="2">拒绝(　)</td></tr>
<tr><td colspan="2">P:同时进行的 5-FU 测试的 IC_{50} 值</td><td>IC_{50} =　　μg/mL</td><td>接受(　)</td><td colspan="2">拒绝(　)</td></tr>
<tr><td colspan="6">试验结果</td></tr>
<tr><td>化学物浓度/(μg/mL)</td><td>含 EB 培养孔</td><td>含心肌细胞孔</td><td>含心肌细胞孔/%</td><td colspan="2" rowspan="10">ID_{50} =　　μg/mL</td></tr>
<tr><td>培养基对照</td><td></td><td></td><td></td></tr>
<tr><td>溶剂对照</td><td></td><td></td><td></td></tr>
<tr><td>C1=</td><td></td><td></td><td></td></tr>
<tr><td>C2=</td><td></td><td></td><td></td></tr>
<tr><td>C3=</td><td></td><td></td><td></td></tr>
<tr><td>C4=</td><td></td><td></td><td></td></tr>
<tr><td>C5=</td><td></td><td></td><td></td></tr>
<tr><td>C6=</td><td></td><td></td><td></td></tr>
<tr><td>C7=</td><td></td><td></td><td></td></tr>
<tr><td>预测模型：</td><td colspan="5">Ⅰ：$5.916\lg(IC_{50}3T3)+3.500\lg(IC_{50}ES)-5.307[(IC_{50}3T3-ID_{50})/IC_{50}3T3]-15.27-$
Ⅱ：$3.651\lg(IC_{50}3T3)+2.394\lg(IC_{50}ES)-2.033[(IC_{50}3T3-ID_{50})/IC_{50}3T3]-6.85=$
Ⅲ：$-0.125\lg(IC_{50}3T3)-1.917\lg(IC_{50}ES)+1.500[(IC_{50}3T3-ID_{50})/IC_{50}3T3]-2.67=$</td></tr>
<tr><td>结论</td><td colspan="5"></td></tr>
<tr><td colspan="3">签名：</td><td colspan="3">日期：</td></tr>
</table>

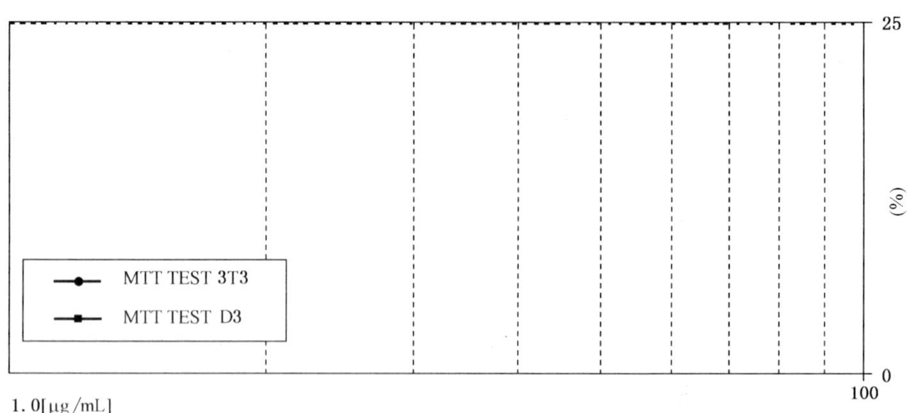

图 E.1　3T3 成纤维细胞/ES 胚胎干细胞剂量-反应曲线

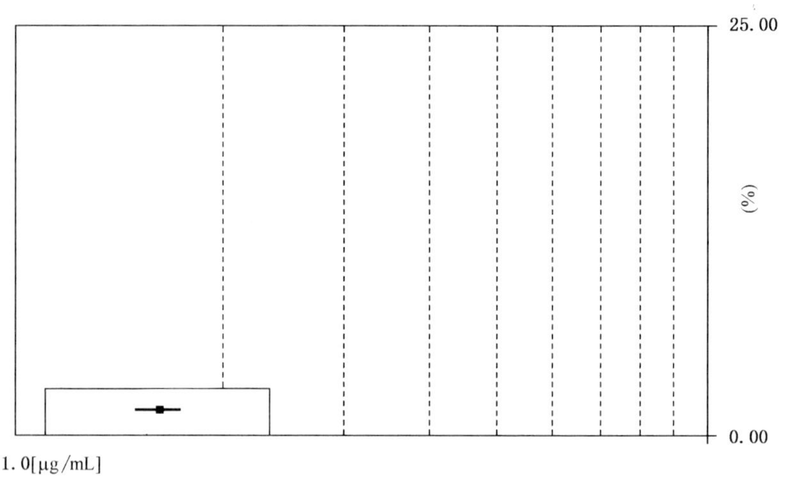

图 E.2　干细胞分化剂量-反应曲线

结论描述：________________________________

中华人民共和国出入境检验检疫行业标准

SN/T 2448—2010

唇膏中水溶性着色剂的测定 高效液相色谱法

Determination of water-soluble colorants in lipsticks—High performance liquid chromatography

2010-01-10 发布　　2010-07-16 实施

中华人民共和国国家质量监督检验检疫总局 发布

前　言

本标准的附录A和附录B为资料性附录。

本标准由国家认证认可监督管理委员会提出并归口。

本标准由中华人民共和国深圳出入境检验检疫局负责起草。

本标准主要起草人：李英、孙小颖、刘丽、张琛、邓银舟、白爽。

本标准系首次发布的出入境检验检疫行业标准。

唇膏中水溶性着色剂的测定 高效液相色谱法

1 范围

本标准规定了唇膏中九种水溶性着色剂溶剂绿 7、食品黄 3、食品红 17、酸性黄 1、酸性红 1、食品红 4、食品红 1、橙黄Ⅰ、酸性橙 7 含量的高效液相色谱测定方法。

本标准适用于唇膏中水溶性着色剂的测定。

2 规范性引用文件

下列文件中的条款通过本标准的引用而成为本标准的条款。凡是注日期的引用文件，其随后所有的修改单(不包括勘误的内容)或修订版均不适用于本标准，然而，鼓励根据本标准达成协议的各方研究是否可使用这些文件的最新版本。凡是不注日期的引用文件，其最新版本适用于本标准。

GB/T 6682　分析实验室用水规格和试验方法

3 方法提要

将试样用三氯甲烷溶解或均匀分散后，用水提取试样中的水溶性着色剂，用高效液相色谱测定，根据保留时间及光谱图定性，外标法定量。

4 试剂和材料

除另有说明外，所用试剂均为分析纯，水为 GB/T 6682 规定的一级水。

4.1　乙腈：高效液相色谱级。

4.2　三氯甲烷。

4.3　氢氧化钠。

4.4　磷酸二氢钾。

4.5　磷酸二氢钾缓冲溶液：称取 2.0 g 磷酸二氢钾(4.4)，溶于 1 000 mL 水中，用 10 g/L 的氢氧化钠(4.3)溶液调节 pH 值至 6。

4.6　溶剂绿 7、食品黄 3、食品红 17、酸性黄 1、酸性红 1、食品红 4、食品红 1、橙黄Ⅰ、酸性橙 7 标准品。

4.7　溶剂绿 7、食品黄 3、食品红 17、酸性黄 1、酸性红 1、食品红 4、食品红 1、橙黄Ⅰ、酸性橙 7 标准储备溶液：准确称取各标准品(4.6)适量，用水分别配制成浓度为 1 mg/mL 溶液，室温下避光保存。

4.8　混合标准工作溶液：吸取适量溶剂绿 7、食品黄 3、食品红 17、酸性黄 1、酸性红 1、食品红 4、食品红 1、橙黄Ⅰ、酸性橙 7 标准储备溶液(4.7)，用水稀释成适当浓度，室温下避光保存。

5 仪器和设备

5.1　高效液相色谱仪：配有二极管阵列检测器。

5.2　漩涡混合仪。

5.3　离心机。

5.4　pH 计。

5.5　分析天平：感量 0.1 mg。

6 分析步骤

6.1 提取

称取 0.1 g～0.5 g 唇膏(精确到 0.000 1 g)于 50 mL 离心试管中，加 10 mL 三氯甲烷(4.2)，旋紧，用漩涡混合仪(5.2)混匀，准确加入 10 mL 水，再次混匀后，在离心机(5.3)中高速离心 10 min，吸取上层清液过 0.45 μm 滤膜，供高效液相色谱仪测定。

6.2 测定

6.2.1 液相色谱条件

a) 色谱柱：C_{18}，5 μm，250 mm×4.6 mm(内径)或相当者；

b) 流动相：见表 1；

表 1 流动相梯度洗脱

时间/min	磷酸二氢钾缓冲溶液/%	乙腈/%
0	22	78
5.0	22	78
8.0	45	55
12.0	45	55
17.0	75	25
22.0	75	25

c) 进样量：20 μL；

d) 检测波长：240 nm；

e) 柱温：30 ℃；

f) 流速：1.0 mL/min。

6.2.2 测定

根据试液中着色剂含量，选择浓度相近的标准工作溶液。标准工作溶液和试液中着色剂的响应值均应在仪器检测的线性范围内。对标准工作溶液和试液等体积参插进样测定。在上述色谱条件下，溶剂绿 7、食品黄 3、食品红 17、酸性黄 1、酸性红 1、食品红 4、食品红 1、橙黄Ⅰ、酸性橙 7 的保留时间分别约为 2.405 min、3.729 min、4.737 min、6.263 min、7.124 min、9.997 min、10.923 min、11.655 min、14.057 min。标准品的种类表和色谱图参见附录 A、附录 B。

6.2.3 空白试验

除不加样品外，均按上述步骤进行。

7 结果计算

用色谱数据处理机或按式(1)计算各着色剂含量，以质量分数表示：

$$X=\frac{(A_i-A_0)\cdot c_s\cdot V}{A_s\cdot m} \quad\cdots\cdots(1)$$

式中：

X——各被测着色剂的质量分数，单位为毫克每千克(mg/kg)；

A_i——试液中各被测着色剂的峰面积；

A_0——空白试液中各被测着色剂的峰面积；

c_s——标准工作溶液中各着色剂浓度，单位为微克每毫升(μg/mL)；

A_s——标准工作溶液中各着色剂的峰面积；

V——试液最终定容体积，单位为毫升(mL)；

m——样品的质量，单位为克(g)。

8 测定低限

本方法对溶剂绿7、食品黄3、食品红17、食品红4和酸性橙7测定低限为0.2 mg/kg，对酸性黄1、酸性红1和食品红1测定低限为1 mg/kg，对橙黄Ⅰ测定低限为2 mg/kg。

9 回收率及精密度

回收率及精密度见表2。

表2 着色剂的回收率和精密度

着色剂名称	质量水平/μg	平均回收率/%	相对标准偏差/%
溶剂绿7	5.13	89.56	6.49
	51.30	96.82	3.85
	410.40	94.54	3.68
食品黄3	4.74	85.78	6.22
	47.40	91.73	5.63
	379.20	91.33	6.70
食品红17	5.03	93.11	5.59
	50.30	97.49	4.25
	402.40	94.17	5.39
酸性黄1	5.16	88.89	6.27
	51.60	94.27	6.87
	412.80	92.06	7.56
酸性红1	4.65	85.78	8.20
	46.50	91.27	5.74
	372.00	98.11	4.53
食品红4	5.06	96.22	7.31
	50.60	96.33	3.92
	404.80	95.83	5.04
食品红1	5.08	86.89	7.01
	50.80	90.20	6.25
	406.40	93.61	4.56
橙黄Ⅰ	5.12	96.00	7.37
	51.20	100.16	5.41
	409.60	97.44	5.58
酸性橙7	5.08	85.33	5.11
	50.80	88.49	6.61
	406.40	92.49	7.00

附 录 A
（资料性附录）
九种水溶性着色剂种类表

表 A.1 九种水溶性着色剂种类表

序号	中文名称	英文名称	化学文摘号 CAS	染料索引号 C. I.	分子式
1	溶剂绿 7	solvent green 7	6358-69-6	59040	$C_{16}H_{7}Na_{3}O_{10}S_{3}$
2	食品黄 3	food yellow 3	2783-94-0	15985	$C_{16}H_{10}N_{2}Na_{2}O_{7}S_{2}$
3	食品红 17	food red 17	25956-17-6	16035	$C_{18}H_{14}N_{2}Na_{2}O_{8}S_{2}$
4	酸性黄 1	acid yellow 1	846-70-8	10316	$C_{10}H_{4}N_{2}Na_{2}O_{8}S$
5	酸性红 1	acid red 1	3734-67-6	18050	$C_{18}H_{13}N_{3}Na_{2}O_{8}S_{2}$
6	食品红 4	food red 4	2302-96-7	16045	$C_{20}H_{12}N_{2}Na_{2}O_{7}S_{2}$
7	食品红 1	food red 1	4548-53-2	14700	$C_{18}H_{14}N_{2}Na_{2}O_{7}S_{2}$
8	橙黄Ⅰ	orange Ⅰ	523-44-4	14600	$C_{16}H_{11}N_{2}NaO_{4}S$
9	酸性橙 7	acid orange 7	633-96-5	15510	$C_{16}H_{11}N_{2}NaO_{4}S$

附 录 B
（资料性附录）
水溶性着色剂标准品液相色谱图

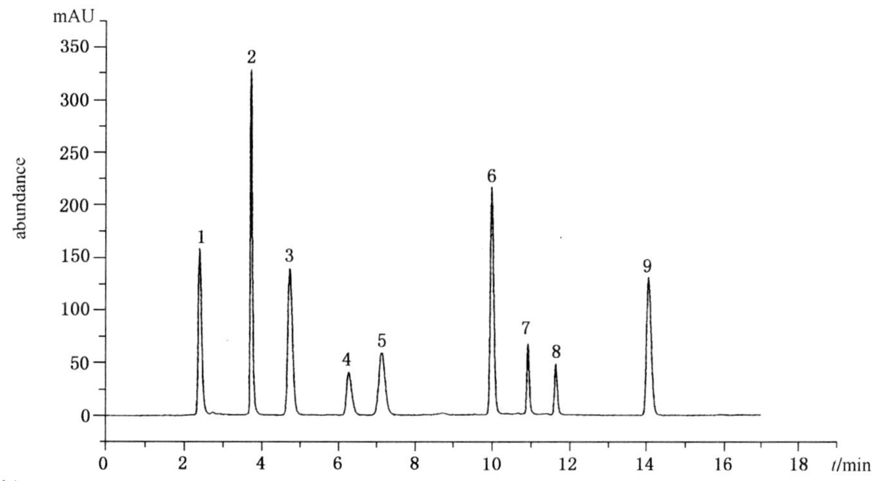

1——溶剂绿 7(2.405 min)；

2——食品黄 3(3.729 min)；

3——食品红 17(4.737 min)；

4——酸性黄 1(6.263 min)；

5——酸性红 1(7.124 min)；

6——食品红 4(9.997 min)；

7——食品红 1(10.923 min)；

8——橙黄Ⅰ(11.655 min)；

9——酸性橙 7(14.057 min)。

图 B.1 水溶性着色剂标准品的液相色谱图

中华人民共和国出入境检验检疫行业标准

SN/T 2533—2010

进出口化妆品中糖皮质激素类与孕激素类检测方法

Determination of corticosteroids and progesterones in cosmetics for import and export

2010-03-02 发布　　　　2010-09-16 实施

中华人民共和国国家质量监督检验检疫总局 发布

前　言

本标准的附录A、附录B、附录C和附录D均为资料性附录。

本标准由国家认证认可监督管理委员会提出并归口。

本标准由中华人民共和国河南出入境检验检疫局负责起草。

本标准主要起草人:杨冀州、袁萍、刘亚风、祝伟霞、郭俊峰、魏蔚。

本标准系首次发布的出入境检验检疫行业标准。

进出口化妆品中糖皮质激素类与孕激素类检测方法

1 范围

本标准规定了化妆品中曲安西龙、泼尼松龙、氢化可的松、甲泼尼松龙、倍他米松、地塞米松、氟米松、曲安奈德、氟氢松、醋酸氢化可的松、醋酸氟氢可的松、醋酸泼尼松、醋酸可的松、醋酸地塞米松、哈西奈德、17α-羟基醋酸去氧皮质酮、丙酸倍氯米松等17种糖皮质激素类药物和炔诺酮、孕酮、甲烯雌醇醋酸酯、甲炔诺酮、地屈孕酮、醋酸羟孕酮、醋酸甲地孕酮、米非司酮、醋酸氯地孕酮、醋酸甲羟孕酮、己酸羟孕酮等11种孕激素类药物含量检测的液相色谱-质谱/质谱(LC-MS/MS)和液相色谱法(LC)检测方法。

本标准适用于膏状、乳状、水状化妆品中17种糖皮质激素和11种孕激素含量检测的液相色谱方法和液相色谱-质谱/质谱确证方法。

本标准的液相色谱-质谱/质谱法为仲裁法。

2 规范性引用文件

下列文件中的条款通过本标准的引用而成为本标准的条款。凡是注明日期的引用文件，其随后所有的修改单(不包括勘误的内容)或修订版均不适用于本标准，然而，鼓励根据本标准达成协议的各方面研究是否可使用这些文件的最新版本。凡是不注明日期的引用文件，其最新版本适用于本标准。

GB/T 6682 分析实验室用水规格和实验方法

3 试样的制备与保存

混匀所取样品，均分成两份作为试样，分别装入洁净容器，密封并做好标识。

方法一 液相色谱-质谱/质谱法

4 方法提要

化妆品中糖皮质激素、孕激素采用乙腈超声提取，吹干浓缩后经固相萃取柱净化，液相色谱-质谱/质谱检测和确证，外标法定量。

5 试剂和材料

除特殊注明外，水为GB/T 6682规定的一级水。

5.1 甲醇：高效液相色谱级。

5.2 乙腈：高效液相色谱级。

5.3 乙酸胺：高效液相色谱级。

5.4 甲醇-水(30+70，体积比)溶液：量取30 mL甲醇与70 mL水混合。

5.5 10 mmol/L乙酸胺溶液：称取0.77 g乙酸胺(5.3)，用水溶解并定容至1 000 mL。

5.6 乙腈-10 mmol/L乙酸胺溶液(70+30，体积比)：量取70 mL乙腈与30 mL 10 mmol/L乙酸胺溶液(5.5)混合。

5.7 标准品：标准品名称及CAS号参见附录A中表A.1，纯度大于等于99%。

5.8 标准储备溶液：分别称取糖皮质激素、孕激素类标准品各 0.010 g(5.7)，用甲醇溶解并定容至 100 mL，浓度相当于 100 μg/mL，该标准储备液贮存于－18 ℃以下，可稳定 3 个月。

5.9 标准中间溶液：准确移取 1.0 mL 标准贮备溶液(5.8)，用甲醇定容至 100 mL，浓度相当于 1.0 μg/mL，该溶液贮存于 0 ℃～4 ℃，可稳定 1 个月。

5.10 标准工作溶液：根据需要用本标准规定操作方法制得空白样品提取液，将标准中间溶液(5.9)稀释成适当浓度的标准工作溶液，该工作溶液应使用前配制。

5.11 固相萃取柱：Oasis HLB(60 mg/3 mL，)或相当者。使用前依次用 3 mL 甲醇、3 mL 水预处理，保持柱体湿润。

5.12 0.22 μm 微孔滤膜：有机相。

6 仪器和设备

6.1 液相色谱-质谱/质谱仪：配电喷雾离子源(ESI)。

6.2 分析天平：感量 0.1 mg，0.01 g。

6.3 超声波提取仪：40 ℃。

6.4 冰箱：－18 ℃。

6.5 旋涡混匀器。

6.6 温控离心机：4 000 r/min，－10 ℃。

6.7 固相萃取装置。

6.8 氮气浓缩仪。

6.9 聚丙烯离心管：20 mL，10 mL。

7 测定步骤

7.1 样品提取

7.1.1 膏状、乳状样品

准确称取 1 g 均匀试样(精确到 0.01 g)于 20 mL 聚丙烯离心管中，加入 10 mL 乙腈，混匀后40 ℃超声提取 20 min，每隔 5 min 取出晃动一次，超声后涡旋混匀 3 min，4 000 r/min 离心 5 min，将上清液转移至 10 mL 聚丙烯离心管中，置于－18 ℃冰箱中冷冻 30 min，取出后立即于－10 ℃ 4 000 r/min 离心 2 min，上清液于 50 ℃水浴中氮吹浓缩至干，用 3 mL 甲醇-水(5.4)溶解残渣，待净化。

7.1.2 水状样品

准确称取 1 g 均匀试样(精确到 0.01 g)于 20 mL 聚丙烯离心管中，加入 10 mL 乙腈，混匀后40 ℃超声提取 20 min，每隔 5 min 取出晃动一次，超声后涡旋混匀 3 min，4 000 r/min 离心 5 min，将上清液转移至 10 mL 聚丙烯离心管中，50 ℃水浴中氮吹浓缩至干，用 3 mL 甲醇-水(5.4)溶解残渣，待净化。

7.2 净化

将样液转移至已活化过的固相萃取柱中(5.11)，控制样液流速约 1 mL/min，待样液全部流出后，依次用 3 mL 水、3 mL 甲醇-水(5.4)淋洗，弃去全部流出液，15 mm Hg 以下减压抽干 5 min，使柱体保持干涸，用 10 mL 甲醇洗脱，洗脱液于 50 ℃水浴中氮吹浓缩至干，用 1.0 mL 乙腈-乙酸胺混合溶液(5.6)溶解残渣，经 0.22 μm 滤膜过滤，供液相色谱-质谱/质谱测定。

7.3 测定

7.3.1 液相色谱条件

7.3.1.1 色谱柱：C_{18}，150 mm×2.1 mm(内径)，5 μm，或相当者；

7.3.1.2 柱温：25 ℃；

7.3.1.3 进样量：10 μL；

7.3.1.4 流动相：乙腈-10 mmol/L 乙酸胺溶液，梯度洗脱程序见表 1。

表 1 液相色谱-质谱/质谱法梯度洗脱程序

时间/min	流速/(mL/min)	乙腈/%	10 mmol/L 乙酸胺/%
0	0.3	20	80
8	0.3	50	50
15	0.3	50	50
18.5	0.3	60	40
20	0.3	60	40
21	0.3	90	10
25	0.3	90	10
25.5	0.3	20	80
31	0.3	20	80

7.3.2 质谱条件

7.3.2.1 离子化模式:电喷雾正离子模式(ESI+);

7.3.2.2 质谱扫描方式:多反应监测(MRM);

7.3.2.3 其他质谱参考条件参见附录 B。

7.3.3 液相色谱-质谱/质谱测定

7.3.3.1 定量测定

根据样液中糖皮质激素、孕激素浓度大小,选定峰面积相近的标准工作溶液,标准工作溶液和样液中糖皮质激素、孕激素响应值均应在仪器的检测线性范围内。对标准工作溶液和样液等体积参差进样测定,在上述色谱条件下,糖皮质激素、孕激素参考保留时间参见附录 A 中表 A.1。标准溶液的多反应监测色谱图参见附录 C 中图 C.1。

7.3.3.2 定性测定

按照上述仪器条件测定样品和标准工作溶液,如果样品与标准工作液中待测物质色谱峰相对保留时间在±2.5%范围内;糖皮质激素、孕激素的质谱两个定性离子必须同时出现,样品中目标化合物的两个子离子的相对丰度比与浓度相当的标准溶液相比,其允许误差不超过表 2 规定的范围。

表 2 相对离子丰度最大容许误差

相对丰度(基峰)/%	相对离子丰度最大容许误差/%
>50	±20
大于 20 至小于等于 50	±25
大于 10 至小于等于 20	±30
小于等于 10	±50

8 空白试验

除不加试样外,均按上述操作步骤进行。

9 结果计算

用数据处理软件中的外标法,或按照式(1)计算试样品中糖皮质激素、孕激素类药物含量。

$$X = \frac{A \times c_s \times V}{A_s \times m} \qquad \cdots\cdots(1)$$

式中：

X——试样中糖皮质激素、孕激素类药物的含量，单位为微克每千克（μg/kg）；

A——样液中糖皮质激素、孕激素类药物的色谱峰面积；

c_s——标准工作液中糖皮质激素、孕激素类药物的浓度，单位为纳微克每升（μg/L）；

V——样液最终定容体积，单位为毫升（mL）；

A_s——标准工作液中糖皮质激素、孕激素类药物的色谱峰面积；

m——最终样液所代表的试样量，单位为克（g）。

10 测定低限和回收率

10.1 测定低限

本标准中17种糖皮质激素与11种孕激素的测定低限均为10 μg/kg。

10.2 回收率

本标准的添加浓度范围与回收率数据参见附录D中表D.1。

方法二 液相色谱法

11 方法提要

化妆品中糖皮质激素、孕激素用乙腈超声提取，吹干浓缩后经固相萃取柱净化，用配有二极管阵列检测器或双波长紫外检测器的液相色谱仪测定，外标法定量。

12 试剂和材料

除特殊注明外，所用试剂和材料均同5.1～5.2，5.7～5.9，5.11～5.12。

12.1 乙腈-水（7+3，体积比）：量取70 mL乙腈与30 mL水混合。

12.2 标准工作溶液：根据需要用乙腈-水（12.1）将标准中间溶液（5.9）稀释成适当浓度的标准工作溶液，该溶液使用前配制。

13 仪器和设备

除特殊注明外，所用试剂和材料均同6.2～6.8。

液相色谱仪：配二极管阵列检测器或双波长紫外检测器。

14 测定步骤

14.1 样品提取

同7.1。

14.2 净化

样品残渣用1.0 mL乙腈-水（12.1）溶解，经0.22 μm滤膜过滤后，供液相色谱测定。其他同7.2。

14.3 测定

14.3.1 液相色谱条件

14.3.1.1 色谱柱：C_{18}，150 mm×4.6 mm（内径），5 μm或相当者。

14.3.1.2 柱温：35 ℃。

14.3.1.3 进样量：20 μL。

14.3.1.4 检测波长：240 nm和290 nm。

14.3.1.5 流动相：乙腈-水，梯度洗脱程序见表3。

表 3 液相色谱法梯度洗脱程序

时间/min	流速/(mL/min)	乙腈/%	水/%
0	1.0	20	80
5	1.0	20	80
13	1.0	30	70
24	1.0	30	70
25	1.0	40	60
30	1.0	40	60
35	1.0	60	40
40	1.0	60	40
41	1.0	90	10
45	1.0	90	10
46	1.0	20	80
50	1.0	20	80

14.3.2 液相色谱测定

根据样液中糖皮质激素、孕激素浓度大小，选定峰面积相近的标准工作溶液，标准工作溶液和样液中糖皮质激素、孕激素响应值均应在仪器的检测线性范围内。对标准工作溶液和样液等体积参差进样测定，在上述色谱条件下，糖皮质激素、孕激素参考保留时间参见附录 A 中表 A.1。标准溶液的色谱图参见附录 C 中图 C.2。

15 空白试验

除不加试样外，均按上述操作步骤进行。

16 结果计算和表述

同第 9 章。

17 测定低限、回收率

17.1 测定低限

本方法测定低限为 100 μg/kg。

17.2 回收率

回收率实验数据参见附录 D 中表 D.2。

附 录 A
（资料性附录）
检测化合物和保留时间

表 A.1 检测化合物及参考保留时间

类型	化合物	英文名称	CAS 号	HPLC 法参考保留时间/min	HPLC-MS/MS 法参考保留时间/min
糖皮质激素	曲安西龙	triamcinolone	124-94-7	8.9	7.1
	泼尼松龙	predisolone	50-24-8	13.6	8.7
	氢化可的松	hydrocortisone	50-23-7	13.9	8.8
	甲泼尼松龙	methylprednisolone	83-43-2	17.2	9.9
	倍他米松	betamethasone	378-44-9	18.2	10.4
	地塞米松	dexamethasone	50-02-2	18.6	10.7
	氟米松	flumethasone	2135-17-3	19.0	10.7
	曲安奈德	triamcinolone acetonide	76-25-5	21.8	11.1
	氟氢松	fluocinolone acetonide	67-73-2	24.5	11.7
	醋酸氢化可的松	hydrocortisone acetate	50-03-3	26.2	11.9
	醋酸氟氢可的松	fludrocortisone acetate	514-36-3	27.2	12.3
	醋酸泼尼松	prednisone acetate	125-10-0	27.9	12.5
	醋酸可的松	cortisone acetate	50-04-4	28.4	12.8
	醋酸地塞米松	dexamethasone acetate	1177-87-3	31.5	13.9
	哈西奈德	halcinonide	3093-35-4	37.7	20.4
	17α-羟基醋酸去氧皮质酮	17α-hydroxycorticosterone	56-47-3	37.9	20.3
	丙酸倍氯米松	cbeclomethasone	5534-09-8	41.1	24.3
孕激素	炔诺酮	norethisterone	68-22-4	29.6	13.3
	孕酮	progesterone	57-83-0	38.8	21.4
	甲烯雌醇醋酸酯	melengestrol acetate	2919-66-6	39.5	22.4
	甲炔诺酮	norgestrel	797-63-7	34.9	15.2
	地屈孕酮	dydrogesterone	152-62-5	36.8	18.1
	醋酸羟孕酮	17α-hydroxyprogesterone acetate	302-23-8	37.3	19.2
	醋酸甲地孕酮	megestrol acetate	595-33-5	38.8	21.6
	米非司酮	mifepristone	84371-65-3	38.9	20.3
	醋酸氯地孕酮	chlormadinone acetate	302-22-7	39.8	22.7
	醋酸甲羟孕酮	medroxyprogesterone acetate	71-58-9	39.5	22.6
	己酸羟孕酮	17α-hydroxyprogesterone caproate	630-56-8	44.4	27.1

附 录 B
（资料性附录）
液相色谱-质谱/质谱法仪器参数与监测离子[1)]

仪器参数与监测离子

a） 雾化气 GS1(NEB)：310.28 kPa (45 psi)(氮气)；

b） 气帘气(CUR)：172.38 kPa(25 psi)(氮气)；

c） 喷雾电压(IS)：5 000 V；

d） 离子源温度(TEM)：550 ℃；

e） 去溶剂气流 GS2：310.28 kPa(45 psi)(氮气)；

f） 碰撞气(CAD)：34.48 kPa(5 psi)(氮气)；

g） 其他质谱参数见表 B.1。

表 B.1 待测药物的主要参考质谱参数

药物名称	定量离子对	定性离子对	驻留时间/ms	去簇电压 DP/V	入口电压 EP/V	碰撞能量 CE/ev	碰撞室出口电压 CXP/V
醋酸地塞米松	435.3/309.3	435.3/309.3	100	50	9	19	20
		435.3/337.3	50	50	9	18	23
倍他米松	393.3/373.2	393.3/355.2	50	60	8	19	23
		393.3/373.2	50	60	9	13	25
醋酸可的松	403.4/163.3	403.4/163.3	150	110	11	35	10
		403.4/343.2	100	110	9	26	23
醋酸羟孕酮	373.3/313.3	373.3/313.3	50	70	8	21	20
		373.3/271.4	50	70	5	24	17
己酸羟孕酮	429.4/313.3	429.4/313.3	100	70	10	22	20
		429.4/271.4	100	70	7	27	18
泼尼松龙	361.3/147.2	361.3/147.2	100	50	10	33	9
		361.3/343.2	50	50	10	15	23
甲泼尼松龙	375.4/357.2	375.4/357.2	50	50	6	14	24
		375.4/161.3	100	50	6	28	10
17α-羟基醋酸去氧皮质酮	373.3/109.3	373.3/109.3	100	100	7	37	21
		373.3/331.2	50	100	7	25	21
醋酸甲地孕酮	385.4/267.3	385.4/267.3	100	70	8	26	18
		385.4/224.3	50	70	8	33	14
醋酸氯地孕酮	405.3/309.4	405.3/309.4	100	70	7	20	21
		405.3/267.3	100	70	11	30	17

1） 非商业性声明：附录 B 所列参考质谱条件是在 API4000 型液质联用仪上完成的，此处列出试验用仪器型号仅为提供参考，并不涉及商业目的，鼓励标准使用者尝试不同厂家或型号的仪器。

表 B.1（续）

药物名称	定量离子对	定性离子对	驻留时间/ms	去簇电压 DP/V	入口电压 EP/V	碰撞能量 CE/ev	碰撞室出口电压 CXP/V
地塞米松	393.2/237.1	393.2/237.1	100	50	8	25	15
		393.2/147.2	100	50	7	36	24
哈西奈德	455.1/227.2	455.1/227.2	100	100	13	40	15
		455.1/121.3	100	100	15	50	22
曲安西龙	395.1/357.3	395.1/357.3	50	65	10	20	23
		395.1/225.3	50	70	9	24	15
丙酸倍氯米松	521.3/503.2	521.3/503.2	50	60	11	17	13
		521.3/319.3	50	60	11	24	20
甲炔诺酮	313.4/245.2	313.4/109.3	100	90	8	38	21
		313.4/245.2	100	90	10	27	16
醋酸氢化可的松	405.4/327.3	405.4/309.3	50	80	10	25	17
		405.4/327.3	100	80	10	23	21
氟氢轻	453.5/121.3	453.5/121.3	150	70	7	49	23
		453.5/337.1	100	70	13	20	23
氢化可的松	363.3/121.3	363.3/121.3	150	110	13	32	7
		363.3/309.2	50	110	12	23	20
甲烯雌醇醋酸酯	397.3/279.3	397.3/279.3	100	70	12	27	17
		397.3/337.3	50	70	9	19	21
孕酮	315.3/109.3	315.3/109.3	100	70	12	35	6
		315.3/297.3	50	70	11	24	19
醋酸氟氢可的松	423.3/239.3	423.3/239.3	100	100	13	35	16
		423.3/343.3	50	100	14	30	21
氟米松	411.2/253.2	411.2/253.2	100	70	9	21	17
		411.2/335.2	50	70	10	17	21
曲安奈德	435.5/213.2	435.5/213.2	100	60	7	38	14
		435.5/225.1	100	60	11	29	14
醋酸泼尼松	401.2/295.4	401.2/147.2	100	65	11	36	9
		401.2/295.4	50	65	7	20	19
醋酸甲羟孕酮	387.4/123.2	387.4/123.2	100	70	7	38	23
		387.4/327.3	50	70	10	20	22

表 B.1（续）

药物名称	定量离子对	定性离子对	驻留时间/ms	去簇电压 DP/V	入口电压 EP/V	碰撞能量 CE/ev	碰撞室出口电压 CXP/V
米非司酮	430.3/134.3	430.3/134.3	150	80	8	42	8
		430.3/372.4	50	80	7	29	9
炔诺酮	299.3/109.3	299.3/109.3	100	110	10	36	6.2
		299.3/231.3	50	110	10	25	15
地屈孕酮	313.3/97.2	313.3/97.2	150	80	6	41	19
		313.3/211.2	100	80	11	32	13

附 录 C
（资料性附录）
液相色谱-质谱/质谱法与液相色谱法标准溶液色谱图

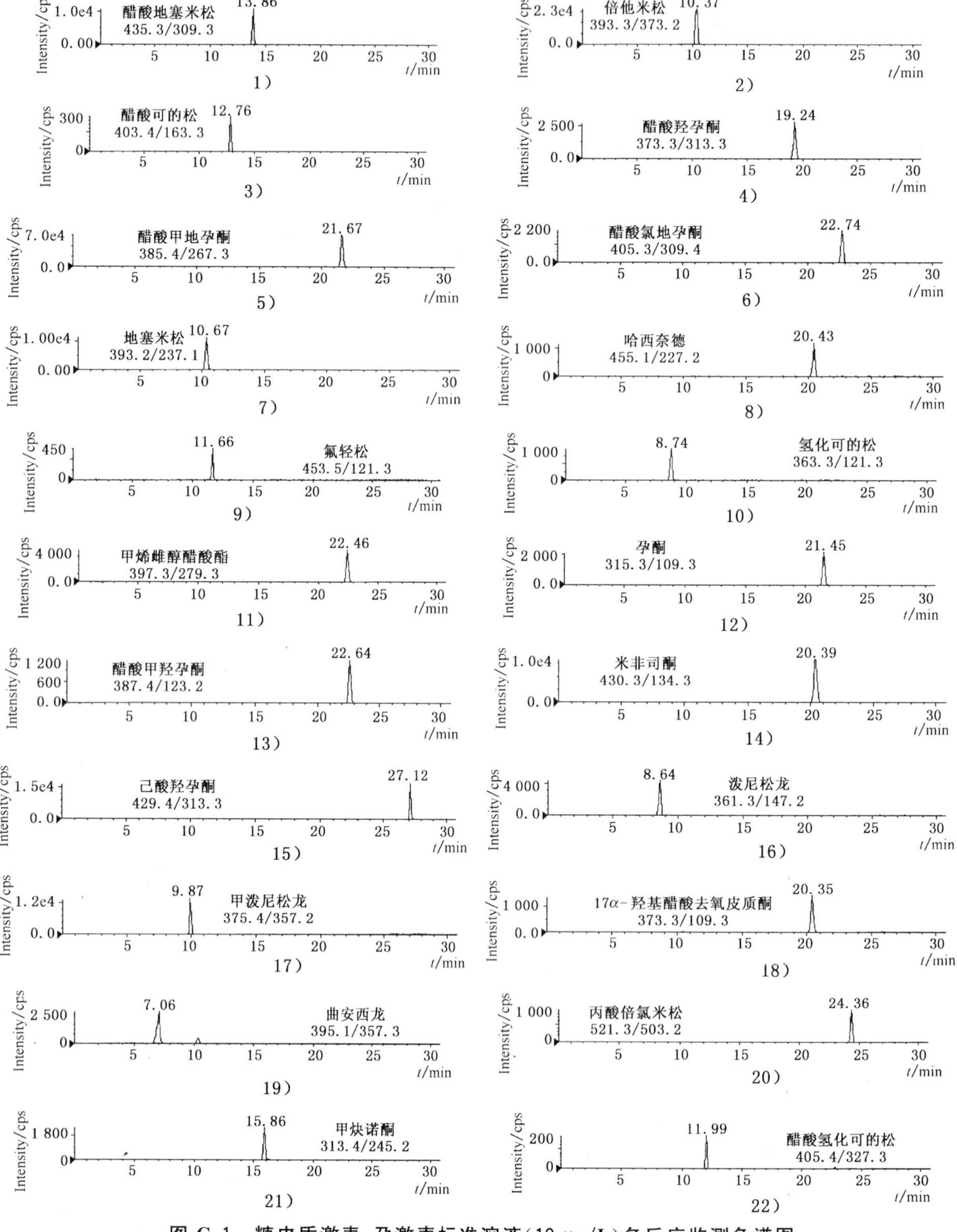

图 C.1 糖皮质激素、孕激素标准溶液（10 μg/L）多反应监测色谱图

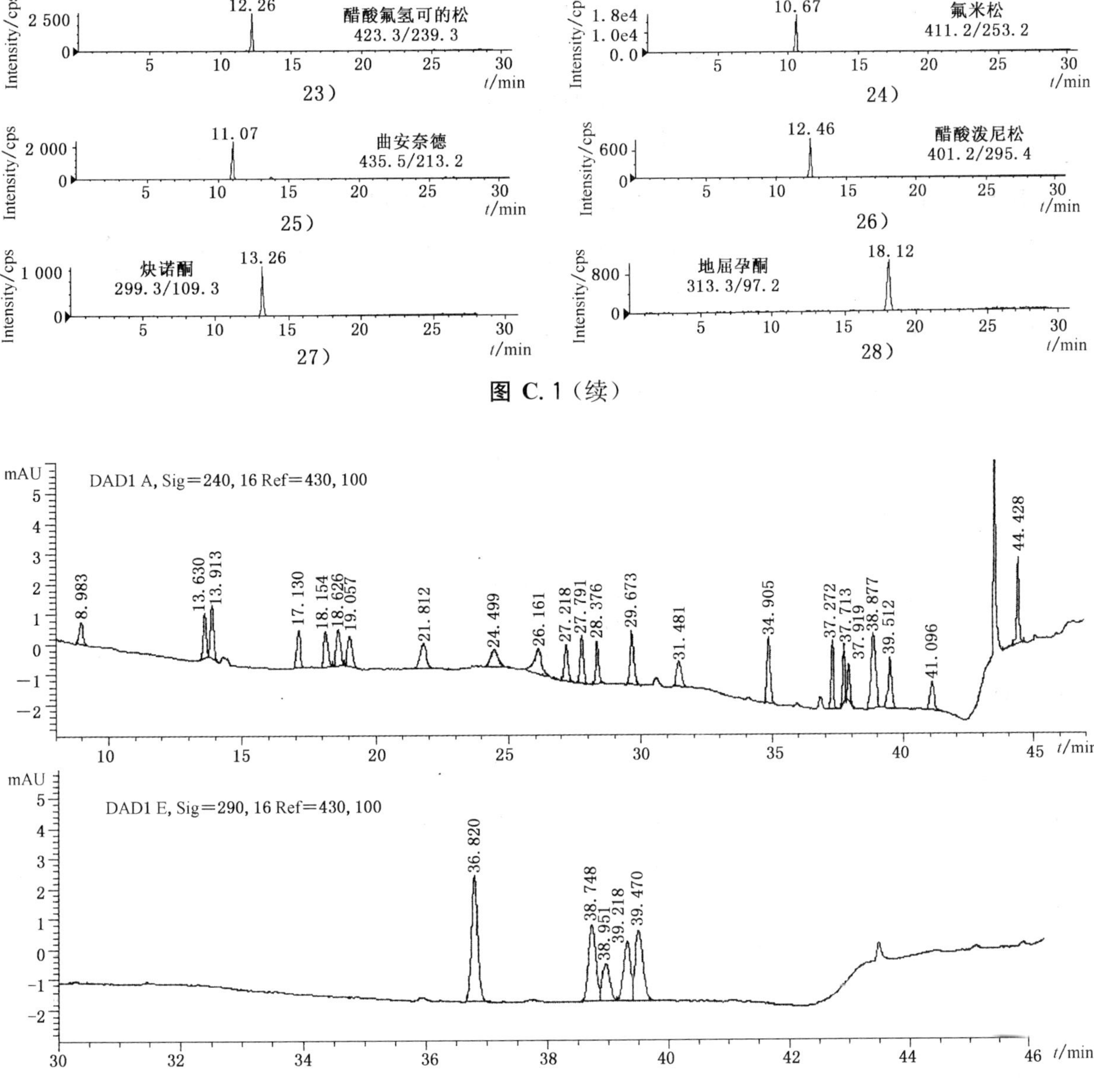

图 C.1（续）

图 C.2 糖皮质激素、孕激素标准溶液（200 μg/kg）液相色谱图

附 录 D
（资料性附录）
液相色谱-质谱/质谱法与液相色谱法回收率数据

表 D.1 化妆品中糖皮质激素、孕激素类药物添加浓度及回收率试验数据（LC-MS/MS 法）

药物名称	添加浓度/(μg/kg)	回收率/%	药物名称	添加浓度/(μg/kg)	回收率/%
醋酸地塞米松	10.0	71.4～91.8	甲炔诺酮	10.0	80.5～106.4
	20.0	74.0～92.0		20.0	82.1～97.6
	40.0	77.0～100.2		40.0	83.5～98.5
倍他米松	10.0	70.8～93.8	醋酸氢化可的松	10.0	76.5～92.7
	20.0	78.0～99.0		20.0	79.4～104.6
	40.0	79.5～99.5		40.0	83.6～99.5
醋酸可的松	10.0	71.8～90.8	氟氢轻	10.0	76.8～101.5
	20.0	76.1～102.4		20.0	80.4～97.3
	40.0	80.3～105.7		40.0	85.8～98.8
醋酸羟孕酮	10.0	72.8～98.7	氢化可的松	10.0	79.5～108
	20.0	79.4～94.5		20.0	86.2～106
	40.0	76.8～101.3		40.0	83.4～98.7
己酸羟孕酮	10.0	70.6～110.5	甲烯雌醇醋酸酯	10.0	73.2～108
	20.0	79.0～91.7		20.0	78.1～104
	40.0	81.4～99.6		40.0	85.5～100
泼尼松龙	10.0	76.8～108	孕酮	10.0	79.9～96.0
	20.0	77.6～110		20.0	82.4～94.7
	40.0	85.5～104		40.0	86.5～101
甲泼尼松龙	10.0	76.3～97.2	醋酸氟氢可的松	10.0	79.9～101
	20.0	81.0～102		20.0	79.4～104
	40.0	88.0～103		40.0	80.0～101
17α-羟基醋酸去氧皮质酮	10.0	73.5～107	氟米松	10.0	75.8～102
	20.0	79.0～98.1		20.0	88.9～105
	40.0	89.2～101		40.0	83.7～98.9
醋酸甲地孕酮	10.0	75.4～99.6	曲安奈德	10.0	78.3～105
	20.0	85.7～103		20.0	79.9～102
	40.0	89.0～98.7		40.0	84.5～104
醋酸氯地孕酮	10.0	71.7～101	醋酸泼尼松	10.0	77.1～95.0
	20.0	85.5～105		20.0	71.5～93.8
	40.0	89.0～99.7		40.0	89.0～99.7
地塞米松	10.0	80.0～109	醋酸甲羟孕酮	10.0	68.9～93.4
	20.0	84.1～103		20.0	72.5～90.2
	40.0	89.0～99.5		40.0	78.6～95.8

表 D.1（续）

药物名称	添加浓度/(μg/kg)	回收率/%	药物名称	添加浓度/(μg/kg)	回收率/%
哈西奈德	10.0	72.4～90.6	米非司酮	10.0	73.4～101
	20.0	76.8～97.4		20.0	80.5～96.7
	40.0	82.5～101		40.0	87.2～104.6
曲安西龙	10.0	76.5～98.0	炔诺酮	10.0	77.2～93.4
	20.0	78.5～97.6		20.0	80.1～96.7
	40.0	86.4～102		40.0	86.4～95.5
丙酸倍氯米松	10.0	70.9～89.9	地屈孕酮	10.0	75.3～98.7
	20.0	75.4～93.1		20.0	78.1～105
	40.0	80.2～98.5		40.0	80.2～95.2

表 D.2　化妆品中糖皮质激素、孕激素类药物添加浓度及回收率试验数据(LC 法)

药物名称	添加浓度/(μg/kg)	回收率/%	药物名称	添加浓度/(μg/kg)	回收率/%
醋酸地塞米松	100.0	75.3～101.2	甲炔诺酮	100.0	78.6～98.3
	200.0	82.0～97.0		200.0	73.5～91.6
	400.0	87.0～96.3		400.0	79.5～88.2
倍他米松	100.0	82.8～99.2	醋酸氢化可的松	100.0	81.5～97.6
	200.0	84.2～96.9		200.0	82.4～95.3
	400.0	91.5～102.4		400.0	83.6～92.1
醋酸可的松	100.0	72.4～100.6	氟氢轻	100.0	72.7～104.5
	200.0	83.6～98.4		200.0	80.4～102.3
	400.0	80.3～98.5		400.0	83.8～97.9
醋酸羟孕酮	100.0	79.4～103.7	氢化可的松	100.0	78.5～100
	200.0	77.1～94.2		200.0	80.2～98.3
	400.0	80.2～91.6		400.0	83.4～94.9
已酸羟孕酮	100.0	82.1～98.8	甲烯雌醇醋酸酯	100.0	75.6～89.2
	200.0	80.2～95.7		200.0	79.0～86.7
	400.0	85.4～93.4		400.0	84.7～91.6
泼尼松龙	100.0	72.7～99.0	孕酮	100.0	79.9～96.0
	200.0	80.3～102		200.0	83.6～99.7
	400.0	82.5～98.6		400.0	86.5～96.5
甲泼尼松龙	100.0	84.5～98.2	醋酸氟氢可的松	100.0	81.1～104
	200.0	81.0～92.2		200.0	79.4～98.5
	400.0	88.0～95.4		400.0	85.5～97.8
17α-羟基醋酸去氧皮质酮	100.0	81.1～100	氟米松	100.0	76.4～99.7
	200.0	82.0～98.4		200.0	82.9～96.2
	400.0	87.8～103		400.0	85.8～98.8

表 D.2（续）

药物名称	添加浓度/(μg/kg)	回收率/%	药物名称	添加浓度/(μg/kg)	回收率/%
醋酸甲地孕酮	100.0	76.7～93.2	曲安奈德	100.0	74.5～105
	200.0	85.7～94.8		200.0	78.6～94.7
	400.0	89.0～92.3		400.0	82.6～91.0
醋酸氯地孕酮	100.0	83.1～101	醋酸泼尼松	100.0	70.1～96.7
	200.0	84.5～97.1		200.0	76.5～101.7
	400.0	86.4～99.2		400.0	86.1～102.5
地塞米松	100.0	70.0～101	醋酸甲羟孕酮	100.0	71.8～83.9
	200.0	76.1～97.3		200.0	81.1～100.2
	400.0	84.4～96.7		400.0	85.8～93.4
哈西奈德	100.0	71.4～87.6	米非司酮	100.0	75.3～104
	200.0	74.2～85.4		200.0	80.5～101
	400.0	79.0～86.6		400.0	83.8～98.2

中华人民共和国出入境检验检疫行业标准

SN/T 2649.1—2010

进出口化妆品中石棉的测定 第1部分:X射线衍射-扫描电子显微镜法

Determination of asbestos in cosmetics for import and export—Part 1:X-ray diffraction and scan electron microscopy method

2010-11-01 发布　　　　2011-05-01 实施

中华人民共和国国家质量监督检验检疫总局 发布

前　言

SN/T 2649《进出口化妆品中石棉的测定》分为两个部分：

——第1部分：X射线衍射-扫描电子显微镜法；

——第2部分：X射线衍射-偏光显微镜法。

本部分为SN/T 2649的第1部分。

本部分按照GB/T 1.1—2009给出的规则起草。

本部分由国家认证认可监督管理委员会提出并归口。

本部分起草单位：中国检验检疫科学研究院、中华人民共和国江苏出入境检验检疫局。

本部分主要起草人：闫妍、李俊芳、卢晓静、李淑娟、封亚辉。

进出口化妆品中石棉的测定 第1部分:X射线衍射-扫描电子显微镜法

1 范围

SN/T 2649 的本部分规定了化妆品中石棉含量测定的X-射线衍射及扫描电子显微镜法。

本部分适用于以滑石粉为原料的粉质类化妆品中石棉含量的测定。

2 规范性引用文件

下列文件对于本文件的应用是必不可少的。凡是注日期的引用文件,仅注日期的版本适用于本文件。凡是不注日期的引用文件,其最新版本(包括所有的修改单)适用于本文件。

GB/T 6682 分析实验室用水规格和试验方法

SN/T 2649.2 进出口化妆品中石棉的测定 X射线衍射光谱-偏光显微镜法

3 术语和定义

下列术语和定义适用于本文件。

3.1

石棉 asbestos

包括纤维状蛇纹石(温石棉)和纤维状角闪石类(如:青石棉、铁石棉、直闪石石棉、透闪石石棉及阳起石石棉)硅酸盐矿物。

3.2

石棉的化学组成 chemical composition of asbestos

蛇纹石石棉又称温石棉,化学式为:$Mg_3Si_2O_5(OH)_4$。

角闪石石棉包括五个亚种:青石棉,化学式为:$Ma_2(Mg.Fe.Al)_5Si_8O_{22}(OH)_2$;直闪石石棉,化学式为:$(Mg.Fe^{2+})_7Si_8O_{22}(OH)_2$;铁石棉,化学式为:$(Fe^{2+}.Mg)_7Si_8O_{22}(OH)_2$;透闪石石棉,化学式为:$Ca_2Mg_5Si_8O_{22}(OH)_2$ 和阳起石石棉,化学式为:$Ca_2Mg_5Si_8O_{22}(OH)_2$。

3.3

纤维状粒子 fiber particle

长径比大于3的粒子。

3.4

初步分析试样 first analysis sample

经灰化、过筛处理后的分析试样。

3.5

二次分析试样 second analysis sample

经甲酸处理后的初步分析试样,用于定量分析。

4 方法提要

采用X射线衍射仪及扫描电子显微镜对粉状化妆品中石棉进行定性分析,确定是否含有石棉。对于被判定为含有石棉的试样,用X射线衍射分析方法,进行定量分析。

5 试剂和材料

除非另有说明,所用试剂均为分析纯。所用水为GB/T 6682规定的一级水。

5.1 甲酸溶液:20%(质量分数)。

5.2 石棉标准样品:温石棉,角闪石石棉。

6 仪器与设备

6.1 X射线衍射仪:配滤膜专用Zn基底标准板。

6.2 扫描电子显微镜:配有能谱仪。

6.3 高温炉:控温精度450 ℃±10 ℃。

6.4 分析天平:感量0.1 mg。

6.5 玛瑙研钵。

6.6 玻璃纤维滤膜:直径25 mm,孔径0.45 μm。

6.7 负压过滤装置。

6.8 超声波振荡器:水浴控温精度30 ℃±1 ℃。

6.9 烘箱或红外干燥装置。

6.10 瓷坩埚。

6.11 标准筛:孔径45 μm。

6.12 具塞三角烧瓶:100 mL、250 mL。

6.13 磁力搅拌器。

6.14 微量移液管:20 μL。

7 定性测定

7.1 初步分析试样制备

准确称取2 g(精确至0.1 mg)试样置于瓷坩埚(6.10)中,放入450 ℃±10 ℃的高温炉(6.3)中,灰化1 h去除有机物质,置于干燥器冷却至室温称量,按式(1)计算灼烧减量。在玛瑙研钵(6.5)中磨碎至全部通过孔径45 μm标准筛(6.11),混匀作为初步分析试样待用。

$$LOI=\frac{m_0-m_1}{m_0}\times 100\% \qquad \cdots\cdots(1)$$

式中:

LOI——灼烧减量,%;

m_0——试样质量,单位为克(g);

m_1——灼烧后试样质量,单位为克(g)。

注1:也可使用低温灰化装置对有机成分进行灰化。

注2:如果只对石棉进行鉴定,不需要定量分析,则不需要计算LOI。

7.2 初步分析试样的定性测定

7.2.1 X射线衍射法

将样品架置于毛玻璃板上,装入初步分析试样(7.1),垂直压制成型。将贴毛玻璃的一面作为测试面。按推荐的X射线衍射分析条件(参见SN/T 2649.2),确认初步分析试样是否存在石棉的特征衍射峰(参见SN/T 2649.2)。进行三次平行实验。如果三次实验中有一次发现有石棉特征衍射峰,则按照7.2.2步骤确认。如果均没有发现石棉特征衍射峰,判定为未检出石棉。

7.2.2 扫描电子显微镜法

7.2.2.1 样品前处理

取三份适量初步分析试样(7.1),均匀放在贴有导电胶或双面胶的扫描电子显微镜样品载台上,用洗耳球吹去样品表面的颗粒,再镀上一层导电膜待测。

7.2.2.2 测定

7.2.2.2.1 对X衍射测定检出含蛇纹石矿物的试样,将制备好的三个测试样(7.2.2.1)放在扫描电子显微镜下观察(参见附录A),在3 000倍~10 000倍的放大倍数下移动视野并计数,每个试样至少观测1 000个粒子,记录标本中纤维粒子数。如果三个试样合计3 000个粒子中,纤维状粒子达到4个或4个以上,且能谱测试结果显示纤维区域含有镁、硅等元素,则判定为该测试样含石棉;否则判定为不含石棉。

7.2.2.2.2 对X衍射测定检出含角闪石类矿物的试样,将制备好的三个测试样(7.2.2.1)放在扫描电子显微镜下观察,在3 000倍~10 000倍的放大倍数下移动视野并计数,每个试样至少观测1 000个粒子,记录标本中纤维粒子数。如果三个试样合计3 000个粒子中,纤维状粒子达到4个或4个以上,能谱测试结果显示纤维区域含有镁、硅等元素且含有钙、镁、铁其中的一种元素,则判定为含石棉;否则判定为不含石棉。

8 石棉的判定

8.1 判定程序见图1。

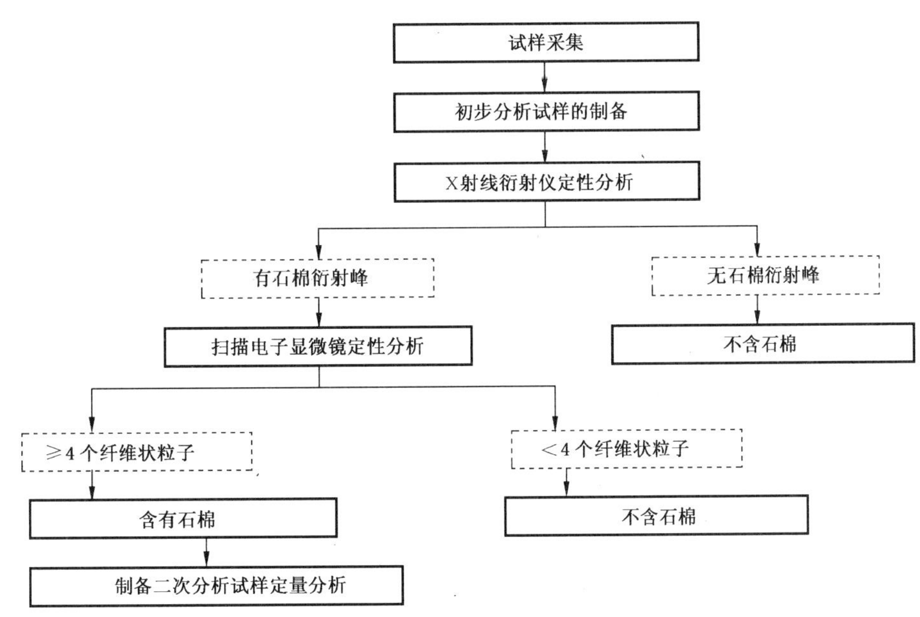

图1 石棉的判定程序

8.2 如果在X衍射定性分析结果中，出现了石棉衍射特征峰，无论其强弱，只要出现了一个或一个以上特征峰，同时在扫描电子显微镜的定性分析结果中，三个样本合计3 000个粒子中，石棉的纤维状粒子达到4个或4个以上，则判定该试样中含有石棉。然后按照第9章中进行X衍射定量分析。

8.3 如果在X衍射定性分析结果中，虽然出现了石棉衍射特征峰，但是在扫描电子显微镜的定性分析结果中，三个样本合计3 000个粒子中，石棉的纤维状粒子不满4个，则判定试样中不含有石棉。

8.4 如果在X衍射定性分析结果中，未出现石棉矿物衍射特征峰，则判定该试样中不含石棉。

9 定量测定

参见SN/T 2649.2。

10 方法的最低定量限

本方法最低定量限为1%（质量分数）。

附　录　A
（资料性附录）
扫描电子显微镜的规格

A.1　具有扫描显微镜的标准配备。

A.2　加速电压 0 kV～30 kV，放大倍数 20～200 000，连续可调。

A.3　配有能谱仪及标准元素数据库用于元素定性定量分析。

A.4　标准品中石棉纤维的扫描电子显微镜照片（见图 A.1、图 A.2、图 A.3）。

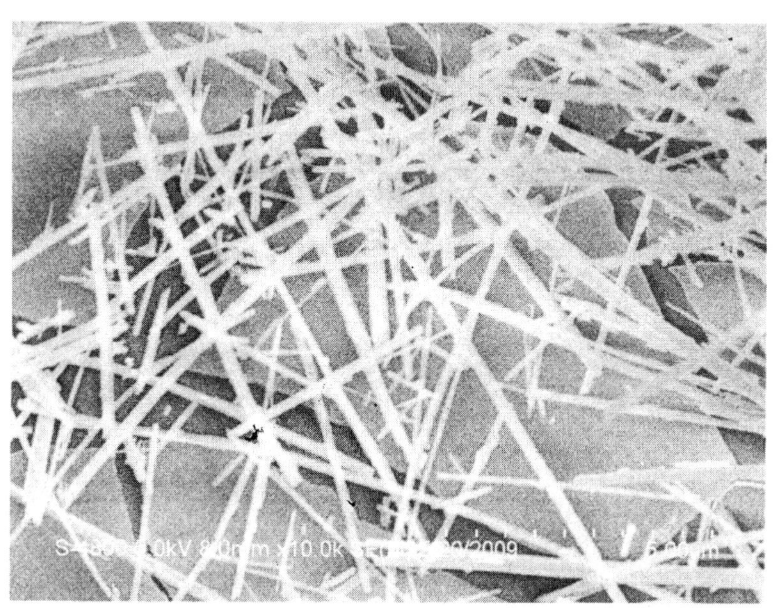

图 A.1　铁石棉标准品的扫描电子显微镜照片

图 A.2　青石棉标准品的扫描电子显微镜照片

图 A.3　温石棉标准品的扫描电子显微镜照片

中华人民共和国出入境检验检疫行业标准

SN/T 2649.2—2010

进出口化妆品中石棉的测定 第2部分:X射线衍射-偏光显微镜法

Determination of asbestos in import and export cosmetics—Part 2:X-ray diffraction and polarized light microscope method

2010-11-01 发布

2011-05-01 实施

中华人民共和国国家质量监督检验检疫总局 发布

前　言

SN/T 2649《进出口化妆品中石棉的测定》分为两个部分：

——第1部分：X射线衍射-扫描电子显微镜法；

——第2部分：X射线衍射-偏光显微镜法。

本部分为SN/T 2649的第2部分。

本部分按照GB/T 1.1—2009给出的规则起草。

本部分由国家认证认可监督管理委员会提出并归口。

本部分主要起草单位：中华人民共和国江苏出入境检验检疫局、中国检验检疫科学研究院。

本部分主要起草人：李建军、封亚辉、程薇、卢志刚、孙国防、王亚春、范欣、闫妍。

进出口化妆品中石棉的测定
第2部分:X射线衍射-偏光显微镜法

1 范围

SN/T 2649 的本部分规定了化妆品中X射线衍射-偏光显微镜法测定石棉的定性和定量方法。

本部分适用于以滑石粉为原料的化妆品中石棉的测定。

2 规范性引用文件

下列文件对于本文件的应用是必不可少的。凡是注日期的引用文件,仅注日期的版本适用于本文件。凡是不注日期的引用文件,其最新版本(包括所有的修改单)适用于本文件。

GB/T 6682 分析实验室用水规格和试验方法

3 术语和定义

下列术语和定义适用于本文件。

3.1

石棉 asbestos

蛇纹石类纤维状硅酸盐矿物(温石棉)和角闪石类的纤维状硅酸盐矿物(如:铁石棉、青石棉、透闪石、阳起石、直闪石),长径比大于3。

3.2

初步分析试样 primary analytical sample

经灰化、过筛处理后的分析试样。

3.3

二次分析试样 secondary analytical sample

经甲酸处理后的初步分析试样,用于定量分析。

3.4

纤维状粒子 fiberous particles

长径比大于3的粒子。

4 方法提要

试样经灰化、研磨制成初步分析试样,以X射线衍射并辅以偏光显微镜法测定,确认初步分析试样中有无石棉。

初步分析试样经甲酸处理,富集于玻璃纤维滤膜上干燥后,制成二次分析试样,用X射线衍射基底标准吸收修正法(参见附录A)测定石棉衍射强度,根据衍射强度计算石棉含量。

5 试剂和材料

除另有说明外,所用试剂均为分析纯,所用水至少达到GB/T 6682 规定的二级水纯度。

5.1　石棉标准样品，温石棉、铁石棉、青石棉、透闪石、阳起石和直闪石。

5.2　甲酸溶液，20%（质量分数）。

5.3　折光率油（浸油），折射率 $n_D^{25℃}=1.515$。

5.4　载玻片。

5.5　盖玻片。

6　仪器和设备

6.1　偏光显微镜，技术规格参见附录 B。

6.2　X 射线衍射仪，技术规格参见附录 C，配滤膜专用锌基底标准板（定量分析时用），推荐配备有旋转试样台。

6.3　高温炉，控制温度在 450 ℃±10 ℃。

6.4　分析天平，感量 0.1 mg。

6.5　玻璃纤维滤膜，直径 25 mm，孔径 0.45 μm。

6.6　负压过滤装置。

6.7　超声波振荡器，控制水浴温度在 30 ℃±1 ℃。

6.8　标准筛，孔径 45 μm。

6.9　微量移液管，20 μL。

7　试样

样品经充分混合均匀，取约 20 g 作为分析试样，置于洁净的容器中密闭保存。

8　定性测定

8.1　初步分析试样制备

准确称取 2 g（精确至 0.1 mg）分析试样（第 7 章）置于瓷坩埚中，放入高温炉（6.3）中，在 450 ℃至少灰化 1 h，置于干燥器冷却至室温，称量，按式（1）计算灼烧减量。在玛瑙研钵中磨碎至全部通过孔径 45 μm 标准筛（6.8），混匀作为初步分析试样待用。

$$LOI=\frac{m_0-m_1}{m_0}\times 100\% \qquad \cdots\cdots(1)$$

式中：

LOI——灼烧减量，%；

m_0——试样质量，单位为克（g）；

m_1——灼烧后试样质量，单位为克（g）。

注 1：也可使用等离子低温灰化装置对有机成分进行灰化。

注 2：如果只对石棉进行鉴定，不需要定量分析，则不需要计算 LOI 值。

8.2　初步分析试样的定性测定

8.2.1　X 射线衍射法

将初步分析试样（8.1）均匀地填充在 X 射线衍射分析仪（6.2）试样架上，按附录 C 推荐 X 射线衍射定量分析条件,确认初步分析试样是否存在石棉的特征衍射峰(参见附录D),进行3次平行试验。如果三次试验中有一次发现有石棉特征衍射峰,则按照8.2.2步骤确认。如果均没有发现石棉特征衍射峰,判定为未检出石棉。

注:X射线衍射法很难区分透闪石和阳起石,本标准认为是同一种物质。

8.2.2 偏光显微镜法

8.2.2.1 标本的制作

准确称取20 mg(精确至0.1 mg)初步分析试样(8.1)置于100 mL具塞三角烧瓶中,加入40 mL水摇匀,于磁力搅拌器上搅拌数分钟,搅拌的同时用微量移液管(6.9)分别吸取20 μL溶液,滴在三块洁净的载玻片(5.4)上。自然干燥后,盖上洁净的盖玻片(5.5),于盖玻片边缘滴入折射率浸油(5.3),使盖玻片紧贴载玻片,保证矿物颗粒不重叠和不呈悬浮状态。

8.2.2.2 显微观测

标本(8.2.2.1)置于偏光显微镜(6.1)载物台上,用10倍色散物镜在单偏光下观察纤维粒子形貌,在直径100 μm的圆内对纤维粒子进行计数,并移动视野,至少观测100个粒子,记录标本中纤维粒子数。平行测定三次。

如果三次平行测定中合计观测到300个粒子中有4个或者4个以上纤维粒子以上则判定为含有石棉,按照步骤8.2.2.3继续检测。如果少于4个纤维粒子则判定为不含有石棉。

8.2.2.3 石棉种类确认

在正交偏光下对观察到的纤维粒子确认有无表1中的消光角纤维,对有消光角的标本,用40倍物镜观测其振动方向,以确认石棉的种类。

表1 各种石棉的消光角

石棉的种类	消 光 角
温石棉	c^ Np=0°~7°
铁石棉	c^ Ng=10°~15°
青石棉	c^ Np=3°~21°
透闪石	C^ Ng=10°~21°
阳起石	C^ Ng=12°~17°
直闪石	平行(斜方晶系)

注:也可以采用其他方法进行确认,如相差显微镜、透射电子显微镜等方法。

9 石棉的判定

9.1 判定程序见图1。

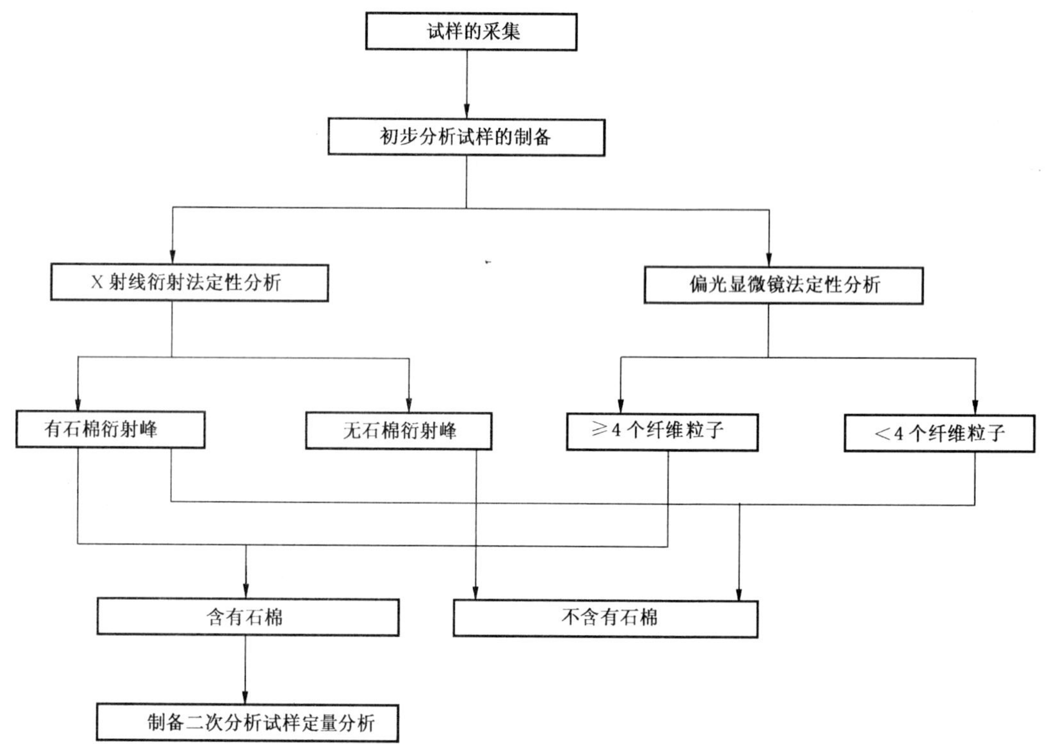

图 1 石棉的判定程序

9.2 如果在 X 射线衍射定性分析结果中，出现了附录 D 所示的石棉衍射特征峰，无论其强弱，只要出现了一个或一个以上特征峰，同时在偏光显微镜的定性分析结果中，三个样本合计 300 个观测粒子中，石棉的纤维状粒子达到 4 个或 4 个以上，则认定该试样中含有石棉。然后按照步骤第 10 章进行 X 射线衍射定量分析。

9.3 如果在 X 射线衍射定性分析结果中，虽然出现了附录 D 所示的石棉衍射特征峰，但是在偏光显微镜的定性分析结果中，三个样本合计 300 个观测粒子中，石棉的纤维状粒子不满 4 个，则认为试样中不含有石棉。

9.4 如果在 X 射线衍射定性分析结果中，未出现图附录 D 所示石棉矿物衍射特征峰，则判定该试样中不含石棉。

10 定量测定

10.1 二次分析试样制备

准确称取初步分析试样(8.1)100 mg(精确至 0.1 mg)，放入 250 mL 具塞锥形瓶中，加入 20 mL 甲酸溶液(5.2)和 40 mL 水。置于 30 ℃±1 ℃超声波振荡器(6.7)中分散 1 min，静置 2 min，重复操作 6 次后，转移至装有玻璃纤维滤膜(6.5)的负压过滤装置(6.6)中，抽滤，取出滤膜，在 105 ℃烘箱或红外干燥装置中干燥 2 h，置于干燥器中冷却待用。

注：对于石棉含量较高的试样，也可以采用 K 值法(参见附录 E)、标准添加法或内标法进行测定。

10.2 标准试样的制备

根据定性结果分别准确称取对应的石棉标准样品(5.1)各 0.5 mg、1.0 mg、2.0 mg、3.0 mg、5.0 mg

(精确至 0.1 mg),按 10.1 步骤制备标准试样。

10.3 定量测定

10.3.1 仪器工作条件

由于测试结果取决于所使用的仪器,因此不可能给出 X 射线衍射仪的普遍参数。附录 C 仪器工作条件、测量条件已被证明对测试是合适的。

10.3.2 基底标准锌板衍射强度的测定

预先将每只待用玻璃纤维滤膜(6.5)固定在 X 射线衍射仪(6.2)试料台的锌标准板上,按照仪器条件(10.3.1)测量锌标准板衍射强度 I_{Zn}^{0}。

10.3.3 标准试样测定

将标准试样(10.2)分别固定在 X 射线衍射仪(6.2)的试料台上,按照仪器条件(10.3.1)分别测量加载试样后基底标准锌板 X 射线衍射强度 I_{Zn} 和标准试样(10.2)的 X 射线衍射强度 I_m,根据式(2)、式(3)、式(4)计算修正后标准试样衍射强度 I。根据修正后标准试样衍射线强度 I 与试样的质量 W 关系制作工作曲线,归一化后求出式(5)。

$$I = I_m \cdot K_f \quad \cdots\cdots (2)$$

$$K_f = \frac{-R\ln T}{1 - T^R} \quad \cdots\cdots (3)$$

$$T = I_{Zn} / I_{Zn}^{0} \quad \cdots\cdots (4)$$

$$I = a \times W + b \quad \cdots\cdots (5)$$

式中:

I ——在衍射角 θ_m 时修正后的试样的衍射强度;

I_m ——在衍射角 θ_m 时测量试样的衍射强度;

K_f ——吸收校正因子;

R ——Zn 标准板与试样 m 的衍射角 θ 的正弦比($\sin\theta_{Zn}/\sin\theta_m$);

I_{Zn}^{0} ——在衍射角 θ_{Zn} 时加载试样前锌标准板的衍射线强度;

I_{Zn} ——在衍射角 θ_{Zn} 时加载试样后锌标准板的衍射线强度;

a ——工作曲线的斜率;

b ——工作曲线的截距。

10.3.4 试样测定

按照 10.3.3 步骤测定二次分析试样(10.1),按照式(2)计算修正后的二次分析试样衍射强度。按照式(5)计算出二次分析试样中石棉的质量。

11 结果计算

试样中的待测石棉含量按式(6)计算:

$$c = c_0 \times (1 - LOI/100) \quad \cdots\cdots (6)$$

式中：

c ——试样中待测石棉组分含量,%；

c_0 ——二次分析试样中待测石棉组分含量,%；

LOI——样品的灼烧减量,%。

12 方法的最低定量限

本方法最低定量限为1%(质量分数)。

附　录　A
（资料性附录）
基底标准吸收修正法

基底标准吸收修正法是利用承载试样前后基底标准物质的衍射线强度变化量，对试样引起的 X 射线吸收的影响进行修正，不管试样的含量是多少，用纯的定量物质制备的标准曲线均可原封不动地适用，也是一种适用于微量含量的方法。

本标准使用锌基底标准板作为试样吸收修正的基底标准物质，将微孔滤膜直接放置在锌基底标准板上。基底标准吸收修正法的原理如图 A.1 所示。

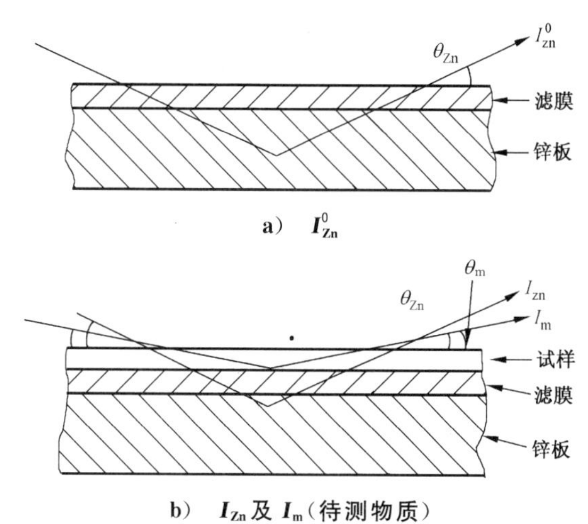

a）I_{Zn}^0

b）I_{Zn} 及 I_m（待测物质）

θ_{Zn}，θ_m ——锌板与待测物质的衍射角；

I_{Zn}^0，I_{Zn} ——安装了待测物质之前与之后的滤膜的锌的衍射强度；

I_m ——对象物质的衍射强度。

图 A.1　以锌板为基底标准的吸收修正直接法的原理图

I_{Zn}^0 为承载试样前滤膜的锌标准板的衍射线强度［图 A.1a)］。I_{Zn} 和 I_m 分别为承载试样后滤膜的锌标准板的衍射线强度和试样 m 的衍射线强度［图 A.1b)］。试样 m 在 X 射线穿过时产生吸收，承载试样后滤膜的锌标准板的衍射线强度减小（$I_{Zn}<I_{Zn}^0$）。根据其减少率 $T=(I_{Zn}/I_{Zn}^0)$ 利用式(A.1)计算出修正系数 K_f。

$$K_f = \frac{-R\ln T}{1-T^R} \qquad \text{(A.1)}$$

式中：

R——锌标准板与定量物质 m 的衍射角 θ 的正弦比（$\sin\theta_{Zn}/\sin\theta_m$）。

根据式(A.2)中求出修正衍射线强度 I。

$$I = I_m \cdot K_f \qquad \text{(A.2)}$$

根据衍射线强度(I)与试样的质量(m)关系制作的标准曲线中求出试样中待测石棉的含量。

附　录　B
（资料性附录）
偏光显微镜的规格

B.1　具有偏光显微镜的标准配备。

B.2　配备透过照明光源（卤素 100 W 以上），在照明侧配备偏振镜（起偏镜），在观察侧配备检偏镜（检偏振器），可分别正交。

B.3　载物台可 360°旋转，可安装至少 1 片以上玻璃载片（标准形），并可以移动。旋转角度可以测量。

B.4　配备 10 倍（数值孔径 0.25 以上）及 40 倍（数值孔径 0.70 以上）物镜。

B.5　转换器可同时安装上述物镜，可以调整试样旋转。

B.6　配备 10 倍或 15 倍目镜，并带有用于计测的十字划线。

B.7　最好用插入绿色滤光片的单色光进行观察。

附　录　C
（资料性附录）
X 射线衍射装置的定性分析条件

表 C.1　X 射线衍射装置的定性分析条件

设 定 项 目	检 测 条 件
X 射线对阴极	铜(Cu)
管电压/kV	40
管电流/mA	40
单色器(去除 Kβ 线)	Ni 过滤器
发散狭缝 DS/mm	0.2
防散射狭缝 SS/mm	3
探测器	X'Celerator 阵列检测器
扫描范围(2θ)/(°)	5～70
步长/[(°)/步]	0.02
扫描速度/(s/步)	1

表 C.2　基底标准吸收修正法 X 射线衍射仪的测量条件

程序名称	起始角度 °	终止角度 °	步长 (°)/步	扫描速度 s/步	发散狭缝 mm	防散射狭射 mm
Zn 标准板	42.2	44.2	0.02	0.5	1	3
温石棉	11.0	13.0	0.02	1	1	3
铁石棉	10.0	11.5	0.02	1	1	3
青石棉	10.0	11.5	0.02	1	1	3

注 1：透闪石、阳起石和直闪石基底标准吸收修正法 X 射线衍射仪的测量条件参照表 C.2 条件进行确定，扫描范围确定原则是定量衍射线前后 2°～3°左右。

注 2：在 C.2 中给定的扫描范围内如果有干扰峰，需要重新选定其他特征峰范围扫描进行定量分析，或者采取样品前处理、软件分峰等技术去除干扰。

附　录　D
（资料性附录）
各种石棉 X 射线衍射峰扫描图

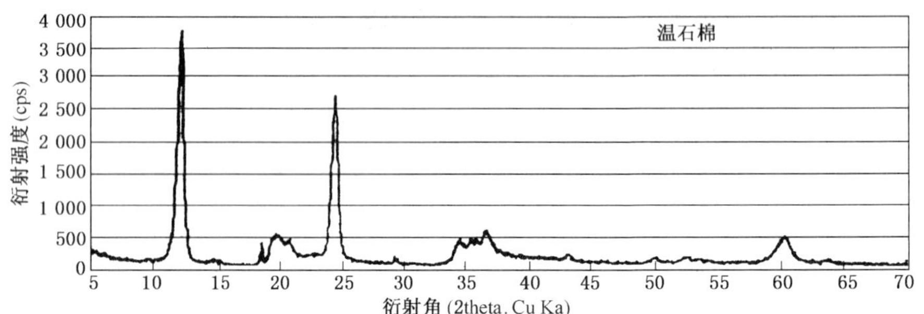

图 D.1　温石棉 X 射线衍射峰扫描图

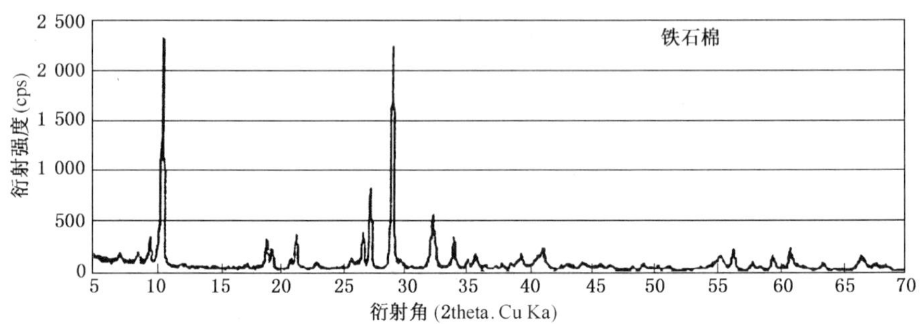

图 D.2　铁石棉 X 射线衍射峰扫描图

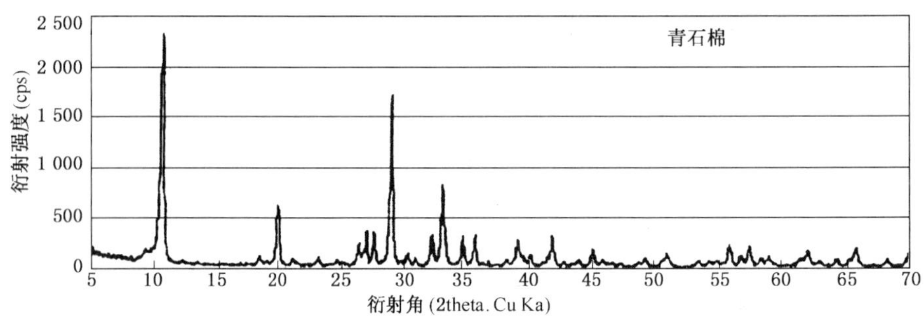

图 D.3　青石棉 X 射线衍射峰扫描图

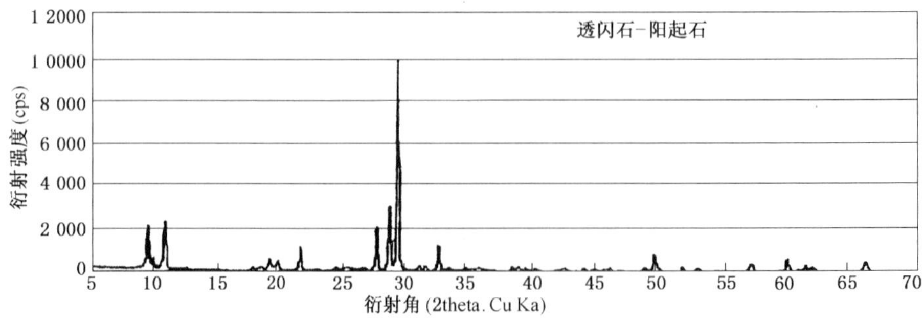

图 D.4　透闪石-阳起石 X 射线衍射峰扫描图

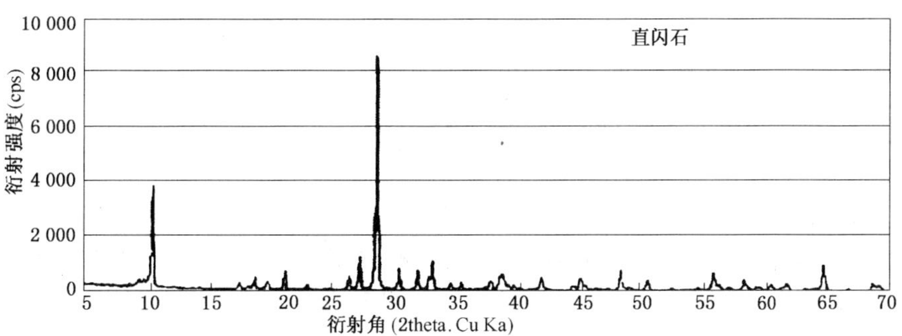

图 D.5 直闪石 X 射线衍射峰扫描图

附 录 E
（资料性附录）
K 值法试验步骤

E.1 取待测石棉的标准物质与 α-Al_2O_3 或其他参比物质按 1∶1 混合均匀，一般用酒精湿法混样。在选定的实验条件下，分别测量待测石棉和参比物质衍射峰强度，求出 K 值（参比强度值）。

E.2 将待测试样混入一定比例的参比物质（α-Al_2O_3），测定两者的衍射峰强度，代入 K 值法公式，计算出待测试样中石棉的含量。

其中：测 K 值时，重复装样和测量次数不少于 5 次，测未知样时，不少于 3 次。

E.3 测量结果计算见式（E.1）、式（E.2）：

$$K=(c_S/c_X)\times(I_X/I_S) \qquad \cdots\cdots(E.1)$$

$$c=c_X/(1-c_S) \qquad \cdots\cdots(E.2)$$

式中：

c ——待测试样中待测石棉含量，%；

c_X ——混合样中待测石棉含量，%；

c_S ——混合样中参比物质含量，%；

I_X ——混合样中待测石棉衍射峰强度；

I_S ——混合样中参比物质衍射峰强度；

K ——待测石棉和参比物质强度比值。